材料科学研究与工程技术系列

板材成形原理与方法

Sheet Metal Forming Theory and Method

主 编 于海平 刘 伟

哈尔滨工业大学出版社
HARBIN INSTITUTE OF TECHNOLOGY PRESS

内 容 简 介

本书系统地介绍了板材成形基础理论和成形工艺方法两部分内容,主要包括板材成形基础、板材成形性能及试验方法、板材塑性失稳和典型板材成形方法与工艺分析等。前者是后者的共性理论基础,后者是前者的典型应用实践。二者结合可强化读者对板材成形问题的认识,提高分析和解决板材成形问题的能力。

本书可作为高等学校材料成型及控制工程专业本科生教材,也可供其他相关专业研究生和从事板材塑性加工的工程技术人员参考。

图书在版编目(CIP)数据

板材成形原理与方法/于海平,刘伟主编.
—哈尔滨:哈尔滨工业大学出版社,2023.9
ISBN 978－7－5767－0949－0

Ⅰ.①板… Ⅱ.①于… ②刘… Ⅲ.①板材冲压—成型
Ⅳ.①TG386.41

中国国家版本馆 CIP 数据核字(2023)第 127267 号

策划编辑　许雅莹
责任编辑　李青晏
封面设计　刘长友
出版发行　哈尔滨工业大学出版社
社　　址　哈尔滨市南岗区复华四道街 10 号　邮编 150006
传　　真　0451－86414749
网　　址　http://hitpress.hit.edu.cn
印　　刷　哈尔滨午阳印刷有限公司
开　　本　787 mm×1 092 mm　1/16　印张 15.75　字数 376 千字
版　　次　2023 年 9 月第 1 版　2023 年 9 月第 1 次印刷
书　　号　ISBN 978－7－5767－0949－0
定　　价　44.00 元

(如因印装质量问题影响阅读,我社负责调换)

前　言

本书主要以室温下常规刚模冲压成形为主要工艺形式,系统介绍相关的板材成形原理和工艺方法。同时,考虑到目前室温下难变形板材的应用越来越广,以高强钢和钛合金板材为加工对象的热成形技术得到广泛应用,因此本书也介绍了热冲压成形的基础知识和工艺内容。

随着学科发展,板材成形专业课不能仅限于目前成形工艺特点和变形规律,需要强化本科生教学阶段成形工艺与板材成形基础理论知识的关联,提高读者对板材成形问题的分析和解决能力。再从应用角度拓展知识范围,通过板材成形理论知识在板材成形工艺方法上的应用,拓展读者的知识面和提高实践能力。

本书由于海平和刘伟主编。于海平编写第 1～5 章,刘伟编写第 6～10 章。

哈尔滨工业大学李春峰教授对书稿进行了认真审阅并提出了许多有益意见;从教材选题立项和出版,哈尔滨工业大学材料科学与工程学院教材工作领导小组提出了许多修改建议,在此深表感谢。

由于编者水平有限,书中难免存在疏漏和不足之处,敬请读者批评指正。

编　者

2023 年 4 月

目　　录

第1章　绪论 ……………………………………………………………………… 1

1.1　板材成形定义和内涵 ……………………………………………………… 1

1.2　板材成形技术特点与应用 ………………………………………………… 1

1.3　板材冲压成形分类 ………………………………………………………… 2

1.4　板材成形技术发展趋势 …………………………………………………… 6

第2章　板材成形基础 …………………………………………………………… 7

2.1　板材成形的物理基础 ……………………………………………………… 7

2.2　板材成形的应力与应变 …………………………………………………… 16

2.3　板材成形工艺的力学特点与分类 ………………………………………… 23

2.4　板材冲压变形趋向性规律 ………………………………………………… 29

2.5　板材成形问题的分析方法 ………………………………………………… 35

思考练习题 ……………………………………………………………………… 37

第3章　板材成形性能及试验方法 ……………………………………………… 39

3.1　成形性能及试验方法分类 ………………………………………………… 39

3.2　间接试验方法 ……………………………………………………………… 40

3.3　直接试验方法 ……………………………………………………………… 50

3.4　板材成形性能与材料特性关系 …………………………………………… 58

3.5　板材变形的试验研究方法 ………………………………………………… 59

思考练习题 ……………………………………………………………………… 62

第4章　板材塑性失稳 …………………………………………………………… 64

4.1　受压失稳机理 ……………………………………………………………… 64

4.2　失稳起皱的分类和控制方法 ……………………………………………… 66

4.3　受拉失稳机理 ……………………………………………………………… 74

4.4　失稳破裂的分类和控制方法 ……………………………………………… 90

思考练习题 ……………………………………………………………………… 92

第5章　弯曲 ……………………………………………………………………… 93

5.1　弯曲变形机理和特殊性 …………………………………………………… 94

5.2　弯矩和弯曲力计算 ………………………………………………………… 104

5.3　弯曲回弹及控制方法 ……………………………………………………… 107

5.4　弯曲成形极限(最小相对弯曲半径)及影响因素 ………………………… 114

5.5　弯曲毛坯长度 ……………………………………………………………… 116

5.6 圆管弯曲 …………………………………………………………………………… 118

5.7 其他板材弯曲方法 …………………………………………………………………… 120

思考练习题 ……………………………………………………………………………… 123

第6章　拉深 ……………………………………………………………………………… 124

6.1 拉深的概念与分类 …………………………………………………………………… 124

6.2 圆筒形件的拉深原理 ………………………………………………………………… 126

6.3 拉深系数 ……………………………………………………………………………… 135

6.4 缺陷形式及控制方法 ………………………………………………………………… 138

6.5 多次拉深 ……………………………………………………………………………… 143

6.6 盒形件拉深 …………………………………………………………………………… 151

6.7 拉深工艺计算 ………………………………………………………………………… 154

思考练习题 ……………………………………………………………………………… 156

第7章　曲面零件成形 …………………………………………………………………… 158

7.1 曲面零件的成形原理 ………………………………………………………………… 158

7.2 球面零件的成形方法 ………………………………………………………………… 167

7.3 抛物面形零件的成形方法 …………………………………………………………… 169

7.4 锥面零件的成形方法 ………………………………………………………………… 171

思考练习题 ……………………………………………………………………………… 174

第8章　冲裁 ……………………………………………………………………………… 175

8.1 基本概念和分类 ……………………………………………………………………… 175

8.2 冲裁变形分析 ………………………………………………………………………… 176

8.3 冲裁件断面质量 ……………………………………………………………………… 179

8.4 冲裁间隙 ……………………………………………………………………………… 181

8.5 冲裁力和降低冲裁力的方法 ………………………………………………………… 186

8.6 精密冲裁 ……………………………………………………………………………… 187

8.7 其他冲裁方法 ………………………………………………………………………… 189

思考练习题 ……………………………………………………………………………… 193

第9章　其他成形方法 …………………………………………………………………… 194

9.1 胀形 …………………………………………………………………………………… 194

9.2 翻边 …………………………………………………………………………………… 202

9.3 扩口和缩口 …………………………………………………………………………… 210

思考练习题 ……………………………………………………………………………… 214

第10章　板管成形新工艺 ……………………………………………………………… 217

10.1 管材内高压成形 …………………………………………………………………… 217

10.2 高强钢板热冲压成形 ……………………………………………………………… 228

10.3 钛合金板材热成形 ………………………………………………………………… 236

参考文献 ………………………………………………………………………………… 245

第1章 绪 论

1.1 板材成形定义和内涵

板材成形原理与方法是一门通过模具或其他介质进行板材塑性成形加工的专业技术课程。

广义上讲,板材成形是借助于常规或专用冲压设备动力,或特种物理场能量,使板材在模具型腔内受到变形力并产生塑性变形或分离,从而获得一定形状、尺寸和性能的零件的塑性加工技术。狭义上讲,板材成形主要指传统室温刚模冲压加工,是一种冷变形加工方法,又称为板料冲压、冷冲压或板料成形等。板材成形是金属塑性加工的一大类主要方法,隶属于材料成形工程技术,本质是使板料按要求完成可控制的变形过程。

近年来,一方面,以特种能场或介质(如声、光、电、磁、热等)为力源来加工板料的特种板材成形方法快速发展乃至成熟,虽然相关变形行为各异,变形控制方法各有不同,甚至成形件性能也发生显著变化,但是特种板材成形技术仍以一般板材成形基本原理为基础。另一方面,虽然在一般板材成形工艺、设备方面的创新及计算机技术在板材成形中的开发应用等方面取得很大进展,如充液成形、气胀成形、轴压成形、柔性多点冲压和拉形、板材成形的计算机数值模拟软件和人工智能技术的开发等,但板材成形的基本原理则很少变化。板料、模具和设备是板材成形加工三要素。其中,板料是成形加工的对象,模具是专用模型与工具,设备是板材成形的动力来源。图1.1所示为板材成形加工各要素之间的相互关系。

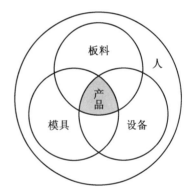

图 1.1 板材成形加工各要素之间的相互关系

1.2 板材成形技术特点与应用

与塑性加工的其他方法相比,使用模具的板材成形有其独特优点。首先,生产效率高。一般冲压设备的行程次数为每分钟几十次,高速冲床每分钟达数百次、千次以上,而且每一次冲压行程有可能得到一个产品零件。其次,加工对象范围广,主要体现在材料种类和尺寸范围,如可加工金属材料(钢、铝、镁、钛、合金等)和非金属材料(胶木、有机玻璃、纸板、皮革等),可加工零件尺寸小到微米级,大到汽车覆盖件、飞机蒙皮、大型锅炉封头等。再次,产品质量好、强度高。板材成形产品由模具精度保证了可不需要再机加工的尺寸和形状,且不破坏(冷轧板材)表面质量,冷变形硬化效应提高了零件强度;模具长寿命保证了产品形状、精度和性能的稳定性。最后,一般没有切屑碎料生成,金属材料利用率高,且通常不需要加热设备,不影响空气质量,节省了材料同时降低能耗。因此,总的来说,板材成形是一种节能、高效及绿色程度较高的加工技术。

由于具有如此优越性,板材成形加工在国民经济各个领域中应用范围广泛。例如,在航空航天、军工、机械、农机、电机、电子电气、信息、交通、化工、医疗器械、日用电器及轻工等领域都用到板材成形件。在飞机、火车、汽车、拖拉机上有很多大、中、小型冲压件。轿车车身、车架等零部件都是冲压加工的。据有关调查统计,汽车的零部件中有 $60\%\sim70\%$ 的冲压件;自行车、缝纫机和手表里有 80% 的冲压件;电视机、收录机、摄像机里有 90% 的冲压件。还有,食品级金属盒罐、钢制锅壶、搪瓷盆碗及不锈钢餐具,全都是使用模具的冲压加工产品。板材成形生产的零件适合各种环境,如高温、低温、真空、压力、腐蚀,等等。

由此可知,板材零件是汽车、航空航天、武器装备、日常生活中量大面广的一大类零件,板材成形技术是国民生产和生活的重要物质保障技术,又是推动汽车、航空航天、武器装备产品更新换代的基础技术。

当然,以传统冲压为代表的板材成形加工也存在一定的问题和不足。一方面表现在成形加工时存在一定的噪声和振动两种公害;另一方面,大型及复杂零件模具制造过程复杂、周期长、成本高,在小批量生产中受到限制,更适合大批量生产,同时生产高精度零件不经济。

1.3 板材冲压成形分类

室温下板材冲压方法形式多样,按照变形性质分为分离工序和成形工序两大类。分离工序,即冲压件与板料沿一定轮廓线相互分离,同时冲压件分离断面也要满足一定要求。如落料、冲孔、剪切、切口、切边、剖切等。成形工序,即冲压毛坯在不被破坏的情况下发生塑性变形,并转化成所要求的成品形状,同时应满足尺寸和精度方面的要求,如弯曲、拉深、胀形、翻边、缩口、扩口和旋压等。上述工艺形式详见表1.1和表1.2。

表 1.1 分离工序

工序	图例	特点及应用范围
落料		用模具沿封闭线冲切板料,冲下的部分为工件,其余部分为废料
冲孔		用模具沿封闭线冲切板料,冲下的部分为废料,板料上形成的孔结构为工件

续表 1.1

工序	图例	特点及应用范围
剪切	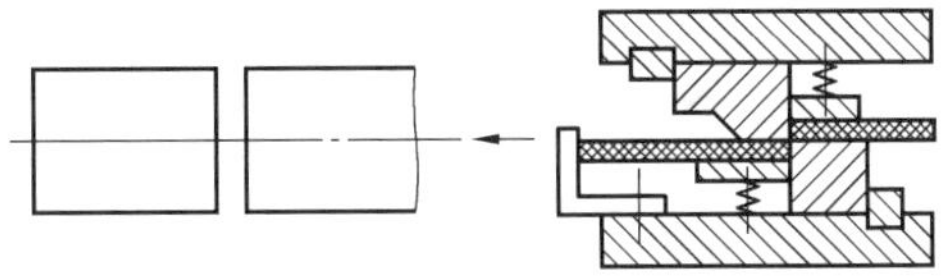	用剪刀或模具沿不封闭切断线切断板料
切口	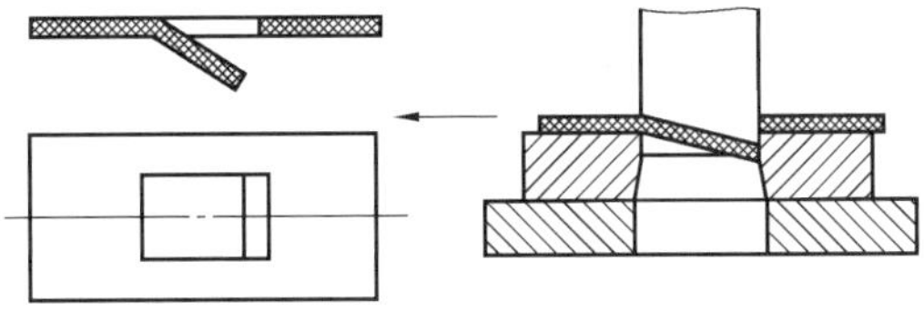	在坯料上将板料部分切开,切口部分同时发生弯曲
切边	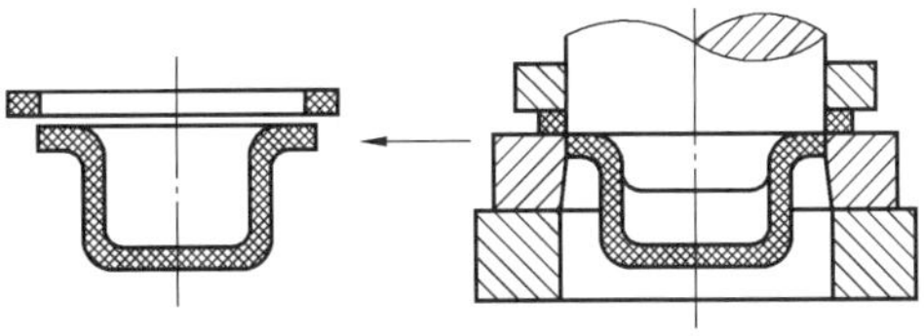	将拉深或成形后的半成品边缘部分的多余材料切掉
剖切	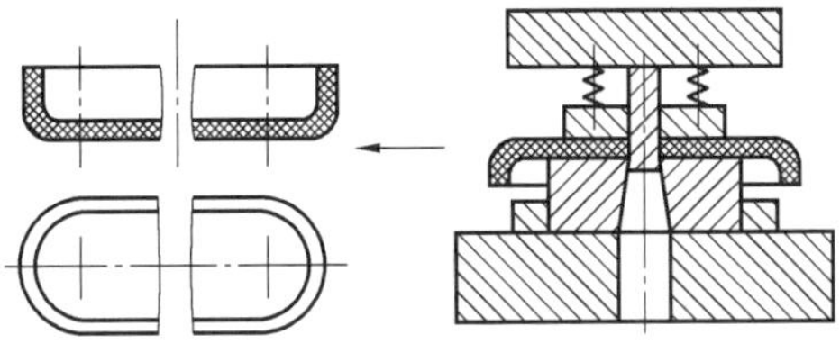	将半成品切开成两个或多个工件,常用于成双冲压

表 1.2 成形工序

工序	图例	特点及应用范围
弯曲	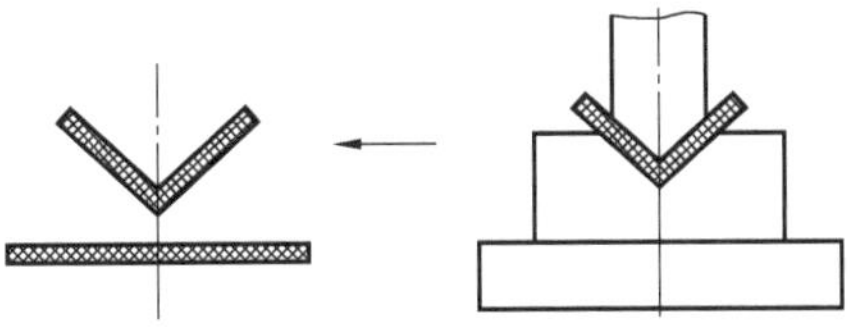	将板料弯曲成一定曲率、一定角度,形成一定形状
卷圆	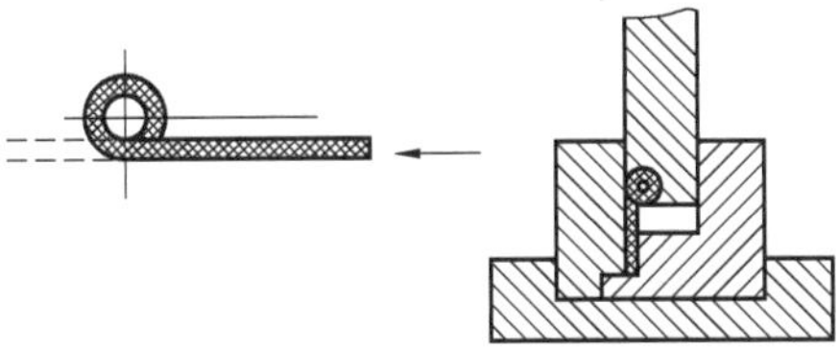	将板料端部卷圆

续表 1.2

工序	图例	特点及应用范围
扭曲		将平板毛坯的一部分相对于另一部分扭转一个角度
拉深		将板料毛坯压制成开口空心工件,壁厚基本不变
变薄拉深		用减小壁厚、增加工件高度的方法来改变空心件的尺寸,得到要求的底厚、壁薄的工件
翻边 孔的翻边		将板料或工件上有孔的边缘翻成竖立边缘
翻边 外缘翻边		将工件的外缘翻成圆弧或曲线状的竖立边缘
缩口		将空心件的口部缩小
扩口		将空心件的口部扩大,常用于管子

续表 1.2

工序	图例	特点及应用范围
起伏		在板料或工件上压出筋条、花纹或文字,使起伏处各部分变薄
卷边		将空心件的边缘卷成一定的形状
胀形		使空心件或管料的一部分沿径向扩张,呈凸肚形
旋压		利用擀棒或滚轮将板料毛坯擀压成一定形状(分变薄和不变薄两种)
整形		把形状不太准确的工件校正成形
校平		将毛坯或工件不平的面或弯曲面予以压平
压印		改变工件厚度,在表面上压出文字或花纹

1.4　板材成形技术发展趋势

国内外最新的板材成形技术发展方向和动向主要有以下几个方面：

（1）板材成形的自动化、无人化、精密化和智能化，满足节能性与环保性要求，产品从设计开始进入闭环控制，过程中综合考虑工艺、材料、模具和设备的要求。

（2）批量要求呈现三种趋势——大批量生产、多品种小批量、个性定制化，其中后者数量多以个位数计。

（3）板材成形的基础理论研究，如变形过程数值解析、全工艺流程的计算机模拟和优化设计。

（4）冲压新工艺、特种能场成形工艺及新模具的研究和开发，如声、光、电、磁能场驱动成形，冲锻复合工艺，特种拉深等。

（5）板材成形新材料的开发与应用，如高强度、高塑性钢板（吉帕钢），铝、镁、钛合金及各种复合金属板材、热塑性复合材料等。

（6）模具新材料、热处理新技术及新型板材成形装备的研制、开发和应用。

（7）成形工艺及模具的 CAD/CAM/CAE 数字化技术。

（8）冲压模具、压力机等冲压装备将向大型化、高速化、精密化、智能化方向发展。

（9）提速专业人才培养，提升技术创新能力，提高板材成形技术队伍的整体素质和生产企业的核心竞争力。

第 2 章　板材成形基础

2.1　板材成形的物理基础

2.1.1　金属的晶体构造

由金属学知识可知,一块光亮均匀的金属是由许许多多形状不规则的小颗粒杂乱地嵌合而成的。这种小颗粒,金属学中称为晶粒或单晶体。而单晶体是金属原子按照一定的规律在空间排列而成的。每个原子都在晶体中占据一定的位置,排列成一条条的直线,形成一个个的平面,原子之间都保持着一定的距离。通常可以利用如图 2.1 所示的空间格网来描述单晶体的结晶构造。在格网的每一个结点上都排列着一个原子,这种格网称为单晶体的空间晶格。

单晶体的空间晶格又可以看作由许多相同的晶格单元积累叠合而成,如图 2.1 所示。一般金属的晶格单元多为以下 3 种形式,其中 a、c 表示原子的间距。

(1)体心立方晶格如图 2.2 所示。具有这种晶格的金属如 α—铁、铬等。

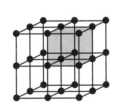
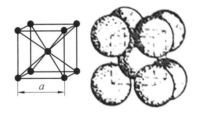

图 2.1　单晶体的空间晶格　　　　　图 2.2　体心立方晶格

(2)面心立方晶格如图 2.3 所示。具有这种晶格的金属如 γ—铁、铜、铝、镍和铅等。

(3)密排六方晶格如图 2.4 所示。具有这种晶格的金属如镁、钛和锌等。

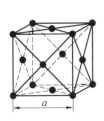
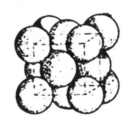
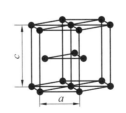

图 2.3　面心立方晶格　　　　　　　图 2.4　密排六方晶格

不同金属的原子之所以各自按照一定的规律在空间集结,是因为原子之间物理化学力的作用结果,取决于金属本身的性质。

从晶格单元的构成不难看出,单晶体中沿着不同的结晶面和结晶方向,原子分布的密度不同。各种类型的晶格,原子分布最密的结晶方向如图 2.5 所示。互不平行的这种晶面在体心立方晶格中共有 6 个,面心立方晶格中共有 4 个,密排六方晶格中只有 1 个。而在每一个这种晶面上,互不平行的原子分布最密的结晶方向在体心立方晶格中是 2 个,面心立方晶格中是 3 个,密排六方晶格中也是 3 个。

(a) 体心立方晶格　　　　(b) 面心立方晶格　　　　(c) 密排六方晶格

图 2.5　3 种晶格的结晶方向

(影线所在面表示晶面,箭头表示结晶方向)

由于沿着不同的结晶面和结晶方向,单晶体原子分布的密度不同,所以单晶体各个方向的物理、化学及机械性质也不一致,表现出各向异性的现象。多晶体由许许多多不同方位的晶粒机械嵌合而成,则每一个单晶体的各向异性就会互相抑制抵消,一般金属就可以看作是各向同性的物体。

2.1.2　金属的变形

金属在外力作用下产生的变形包括弹性变形和塑性变形两个发展阶段。两个阶段既相互区别又相互关联。

1. 弹性变形

没有外力时,金属晶格中的原子处于稳定的平衡状态(图 2.6(a)、图 2.13(a))。外力的作用破坏了这种平衡,引起了原子间距离的改变,造成了晶格的畸变(图 2.6(b)、图 2.13(b)),使晶格中的原子处于不稳定的状态。晶格的畸变必然表现为整个晶体的变形。外力除去以后,晶格中的原子因为内力的作用,立即恢复到原来稳定平衡的位置,晶格的畸变和整个晶体的变形也立即消失。这就是金属弹性变形的实质。既然是原子间距离变化的结果,弹性变形的变形量是微小的。

2. 塑性变形

如果外力继续加大,金属晶格的弹性畸变程度也随之而加大。当外力和畸变到达一定程度时,晶格的一部分即相对另一部分产生较大的错动,如图 2.6(c) 及图 2.13(c) 所示,错动以后的晶格原子在新的位置与其附近的原子组成新的平衡。这时如果卸去外力,原子间的距离虽然仍可恢复原状,但是错动了的晶格却不再回到其原始位置,如图 2.6(d) 及图 2.13(d) 所示。于是,晶体产生了一种不可恢复的永久变形——塑性变形。既然是晶格错动造成的,塑性变形可以产生比弹性变形大得多的变形量。

由此可见,金属在塑性变形过程中必须首先经过弹性变形阶段,即在外力作用下金属晶格先产生晶格的畸变,外力继续加大时,才产生晶格之间的错动。由于在晶格的错动过程中晶格的畸变依然存在,因此在塑性变形过程中弹性变形和塑性变形是同时存在的。外力消除后,总变形量中的弹性变形也就消失。

3. 塑性变形的两种方式

晶格的错动实质上是由切应力引起的。错动通常有滑移与孪生两种形式。

(1)滑移。

当切应力达到某一临界值时,晶体的某一部分即沿着一定的晶面向着一定的方向,与另一部分之间做相对移动,这种现象称为滑移。而上述晶面称为滑移面,上述方向称为滑移方向。图 2.6 所示为晶格滑移示意图。

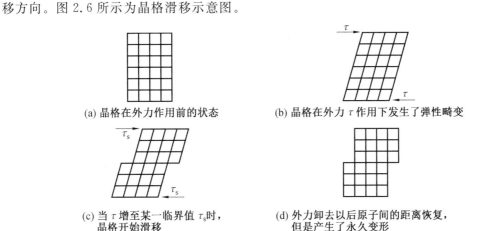

(a) 晶格在外力作用前的状态　　　(b) 晶格在外力 τ 作用下发生了弹性畸变

(c) 当 τ 增至某一临界值 τ_s 时,　　(d) 外力卸去以后原子间的距离恢复,
晶格开始滑移　　　　　　　　　　但是产生了永久变形

图 2.6　晶格滑移示意图

金属的滑移面一般都是晶格中原子分布最密的晶面,滑移方向则是原子分布最密的结晶方向,因为沿着原子分布最密的面和结晶方向滑移的阻力最小。金属晶格中,原子分布最密的晶面和结晶方向越多,产生滑移的可能性越大,金属的可塑性越好。3 种晶格的滑移面与滑移方向的数量见表 2.1。

表 2.1　3 种晶格的滑移面与滑移方向的数量

晶格种类	不平行滑移面的数量	滑移面上不平行滑移方向的数量	滑移系统(滑移可能性)总数
体心立方晶格	6	2	6×2＝12
面心立方晶格	4	3	4×3＝12
密排立方晶格	1	3	1×3＝3

镁、钛及其合金具有密排六方晶格,滑移系统(滑移可能性)数量少,因此可塑性差,属于低塑性材料。

但是实际金属的滑移过程要复杂得多。首先,滑移并非只是在一个单一的晶面上进行的,同时参加滑移的有若干个平行的晶面——滑移层。滑移层的厚度可达 50 nm 左右,在滑移层之间形成一种阶梯状。当变形程度很大时,两个滑移层间的阶梯可达 120 nm 左右,如图 2.7 所示。于是,塑性变形时可以在金属表面观察到滑移的痕迹——无数互相平行的线条,这种线条就是滑移线。

其次,单晶体在滑移过程中,由于滑移层内晶格逐渐破碎,附近的晶格逐渐畸变,因此滑移面出现起伏歪扭,如图 2.8 所示,于是晶体的滑移阻力即变形抵抗力逐渐加大。变形越发展,阻力也越大,这种现象称为冷作硬化或应变强化。

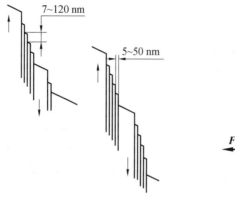
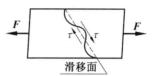

图 2.7　滑移层阶梯　　　　　图 2.8　滑移面起伏歪扭

最后,晶体在外力的作用下,各个滑移系统或滑移面上的切应力是不同的。其中必然有一个滑移面上的切应力最先达到临界值,最先开始滑移。但是在滑移过程中阻力逐渐加大,因此外力也必须相应地增加。这时,其他方位晶面上的切应力也加大起来。当某个新的晶面上切应力达到临界值时,这个新晶面也将参加滑移。由此可见,在塑性变形过程中,滑移实际上是由许多滑移系统参差交替进行的,称为交错滑移。

前已述及,单晶体的滑移是因为滑移面上的切应力达到某一临界值后,两部分晶格之间出现的一种相对移动。临界切应力的大小可以根据金属物理理论推算出来。但是这种理论计算值往往要比实际数值大 100～1 000 倍,甚至更大。理论和实际之间的这种矛盾可以用位错理论来解释。

单晶体在成长过程中,由于受到各种因素的影响,结晶组织的规律性会遭到破坏。于是,有的结晶面上就有可能多出一个原子或缺少一个原子。原子的排列即不再是有规则的直线格网,产生了错移。这种错移,结晶学上称为位错。

图 2.9 和图 2.10 分别展示了简单立方晶体中存在刃型位错和螺型位错时,在位错周围原子的排列情况。从图中可以看出,在距离位错线较远地区,它发生很小的弹性畸变,原子排列接近完整晶体。但在位错线附近,则产生了严重的错排,弹性畸变也很严重,存在很大的应力集中,因此晶体能在比较低的应力作用下开始滑移。位错在滑移时,并不像完整晶体滑移那样需要整排(代表整个晶面)的原子一起顺着外力方向移动一个原子间距,而是通过位错线或位错附近的原子逐个移动很小的距离来完成的。这样,推动一列原子比同时推动许多列原子所需要的外力要小得多;另外,推动一个位错线上的原子也比推动一个处于平衡位置上的原子所需的外力要小得多。

刃型位错和螺型位错的滑移过程如图 2.11 和图 2.12 所示。

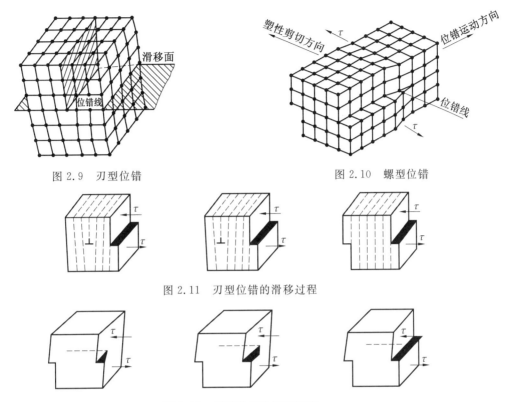

图 2.9　刃型位错

图 2.10　螺型位错

图 2.11　刃型位错的滑移过程

图 2.12　螺型位错的滑移过程

（2）孪生。

晶体的另一种塑性变形方式称为孪生。

孪生也是在一定的切应力作用下,晶体的一部分相对于另一部分,沿着一定的晶面和方向发生转动的结果,其过程如图 2.13 所示。

孪生与滑移的主要差别如下：

①滑移过程是渐进的,而孪生过程是突然发生的。例如金属锡孪生时,可听到一种清脆的声音,称为"锡鸣"。其他的金属孪生时,也可听到类似的声音。由于孪生进行得非常迅速,因此从试验中很难了解其详细过程。目前一般认为密排六方晶格与体心立方晶格易于产生孪生；金属材料在冲击载荷下易于产生孪生。

②孪生时原子位置不能产生较大的错动,因此晶体取得较大永久变形的方式主要是滑移。

③孪生后,晶体内部出现空隙,易导致金属的破坏。

4. 晶间变形

滑移与孪生都是在每个晶体的内部进行的,称为晶内变形。而实际金属的变形情况就要复杂得多。

首先,金属是一个多晶体,多晶体中的每个单晶体（晶粒）都要受到四周单晶体（晶粒）的牵制,因此其变形不如自由单晶体单纯,可塑性也不易充分发挥。

其次,除了每个单晶体本身的变形以外,单晶体（晶粒）之间也会在外力的作用下相对

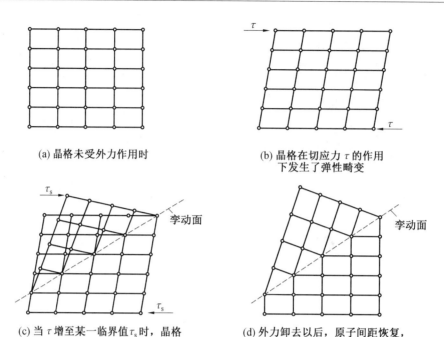

(a) 晶格未受外力作用时　　　　　(b) 晶格在切应力 τ 的作用
　　　　　　　　　　　　　　　　下发生了弹性畸变

(c) 当 τ 增至某一临界值 τ_s 时，晶格　　(d) 外力卸去以后，原子间距恢复，
　　突然沿一定晶面产生转动　　　　　　晶格产生了永久变形

图 2.13　晶格孪生过程示意图

移动而产生变形,这种变形称为晶间变形。但是,晶粒之间的相对移动破坏了晶粒的界面,降低了晶粒之间的机械嵌合作用,从而易于导致金属的破坏,因而晶间变形的变形量是有限的。脆性材料由于其晶间结合力弱,易于产生晶间破坏,所以可塑性差;而韧性材料由于其晶间结合力强,不易产生晶间破坏,所以可塑性好。

　　总之,由于多晶体中每个单晶体的晶内变形受到彼此之间的牵制和阻挠,而且存在晶间变形破坏的可能性,所以多晶体的变形比起自由单晶体,其性质复杂,可塑性差,变形抵抗力大。而凡是可以加强晶间结合力,减少晶间变形可能性,有利于晶内变形的产生与发展的因素,均有利于多晶体的塑性变形。例如:晶间有杂质存在时,由于降低了晶粒之间的结合力,晶间变形容易发生,不利于晶内变形的充分发挥,因而对多晶体的塑性变形不利;当多晶体的晶粒为均匀球状时,由于晶粒界面对于晶内变形的制约作用相对较小,所以具有较好的可塑性。又如,变形时由于压应力的存在和作用,增加了晶间变形的困难,脆性材料的晶内变形有可能产生与发展,结果增加了脆性材料的可塑性。

2.1.3　影响金属塑性变形的因素

　　除了应该研究金属塑性变形的内在原因之外,对于影响它的外部条件也应进行分析和研究,以便主观能动地创造条件促成事物的转化,充分调动材料的变形潜力,达到改进板材成形工艺的目的。

　　金属的塑性变形性质表现为屈服、应变强化和破坏三个方面。影响金属塑性变形的因素很多,大致可以归纳为以下两类:

　　第一类:机械因素。主要指金属塑性变形时的应力状态与应变状态。

第二类:物理因素。通常把这类因素称为变形条件,例如金属塑性变形时的变形温度与变形速度等。

1. 机械因素对于金属塑性变形的影响

成形时,金属的受力和变形情况是非常复杂的。但是归纳起来,不外乎是在拉、压的综合作用下,产生一定的拉应变与压应变,以达到预期成形的目的。

关于应力状态与应变状态的表示与确定方法,将在以后的章节里进行分析和讨论。这里仅就它们对于金属塑性变形的影响做简要说明。

一般说来,机械因素对金属的屈服与应变强化即金属的变形抵抗力影响不大,但是对金属的破坏则有比较显著的影响。

因为金属的塑性变形主要是依靠晶内的滑移作用,滑移阻力主要取决于金属的性质与晶格构造和金属原子间的物理化学力。而金属塑性变形时的破坏,则是由晶内滑移面上裂纹的扩展以及晶间变形时结合面的破坏造成的。压应力有利于封闭裂纹,阻止其继续扩展,有利于增加晶间结合力,抑制晶间变形,减少晶间破坏的倾向。所以金属变形时,压应力的成分越多,金属越不易被破坏,可塑性也就增加。与压应力相反,拉应力的成分越多,越不利于金属可塑性的发挥。

不难设想,在金属的应变状态中,压应变的成分越多,拉应变的成分越少,越有利于金属可塑性的发挥;反之,越不利于金属可塑性的发挥。这是因为,材料的裂纹与缺陷沿着拉应变的方向易于暴露和扩展,沿着压应变的方向不易暴露和扩展。

2. 物理因素对于金属塑性变形的影响

(1)变形温度的影响。

在板材成形中,有时也采用加热成形的方法,如热冲压成形、热介质充液成形、激光成形、时效成形、超塑性成形和热气胀成形等。加热的目的主要有三点:增加板材在成形中所能达到的变形程度;降低板材的变形抵抗力;提高工件的成形精度。这都是利用金属的加热软化性质。温度增加,金属软化,是由于产生了以下现象。

①回复现象和再结晶现象。金属塑性变形时,由于滑移层内的晶格遭到破坏,它附近的晶格产生畸变,部分原子处于不稳定的状态。当变形金属加热至相当温度后,晶格中的原子动能增加,原子的热振荡加强。不稳定状态的原子就有可能迅速回复到稳定位置,使晶格的畸变消除,因此金属得到了一定的软化。这就是回复现象。

回复现象只能消除晶格的畸变,不能消除由塑性变形引起的晶内和晶间破坏以及晶粒状态的变化,因而只能产生较小的软化作用。

温度再高,原子动能急剧增加,大大增加了原子变更位置(振荡)的幅度,使原子有可能重新排列。在变形金属中开始出现新的结晶核心,形成新的球状晶粒,从而使晶内和晶间的破坏得到了彻底修补。这就是再结晶现象。再结晶现象完全消除了冷作硬化效应,所以可以显著降低金属的变形抵抗力,提高金属的可塑性。

②新滑移体系。试验观察表明:变形温度增加时,由于原子间距离的改变和原子热振荡的作用,金属晶格会出现新的滑移体系。多晶体滑移体系的增加大大提高了金属的塑性。镁、钛等合金加热成形性能改善的主要原因之一就是滑移体系的增加。

③新的塑性变形方式——热塑性。当温度提高时,原子的热振荡加剧,晶格中的原子

处于一种不稳定的状态。当晶体受到外力作用时,原子就在内力的作用下向着最有利的方向转移,使金属产生塑性变形,这种变形方式称为热塑性。热塑性不同于滑移与孪生,它是金属在高温下塑性变形时新增加的一种变形方式,因而降低了金属的变形抵抗力,增加了可塑性。温度越高,热塑性越大。但温度低于回复温度时,热塑性的作用不显著。

一般说来,温度增加,金属软化。但在成形工艺中,温度因素的应用必须根据材料的温度—机械性能曲线以及加温可能对于材料产生的不利影响(例如晶间腐蚀、氢脆、氧化、脱碳等)合理选用,避免盲目性。

例如钛合金在 300~500 ℃ 的温度范围内,塑性指标有所降低,直到温度增至 500 ℃以上时,塑性指标才有显著增加。但在 800~850 ℃ 的高温下,钛合金不仅易于氧化、吸氢,而且还会出现晶粒长大与合金组织变化等有害现象。因此钛合金的合理加热温度一般为 600~700 ℃。

又如镁合金,加热温度超过 250 ℃ 后,塑性指标有显著增加。超过 430~450 ℃ 后又会出现热脆现象。所以成形的合理温度应该选为 320~350 ℃。

图 2.14 所示为钛合金的塑性—温度关系曲线。图 2.15 所示为镁合金的塑性—温度关系曲线。

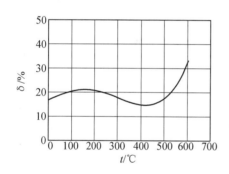

图 2.14 钛合金的塑性—温度关系曲线

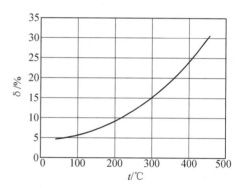

图 2.15 镁合金的塑性—温度关系曲线

另外,加热成形除了给工艺过程本身(如机床设备、工艺装备、工序安排、物流传输等)带来许多新情况、新问题需要面对与解决之外,在节能与环保方面也必须予以充分重视,应慎重抉择。

温度因素的应用不应单纯限于考虑加热一种方式。温度降低也能提高材料的强度指标,另外,对于有些面心立方晶格结构,如铝合金等金属材料在超低温下变形,能同时提高塑性和强度指标,即表现出"双增效应",所以在某些情况下也可以考虑深冷成形的方法,例如不锈钢零件的深冷拉深和固溶淬火态 2219 铝合金曲面零件的深冷成形。

(2)变形速度的影响。

变形速度对于金属塑性变形的影响是多方面的。

一方面,在高速变形下,可以通过试验观察到:金属的孪生作用加强了,滑移层更细,滑移线分布更密集。所以变形速度本身必然会影响到塑性变形发生发展的整个进程,增加滑移和孪生的临界切应力以及晶内和晶间破坏的极限应力,使金属的变形抵抗力增加,并有可能出现晶间脆裂。这些现象与金属晶格的类型、晶粒的成分和结构以及其他因素有关。

另一方面,变形速度还将通过温度因素,对金属的塑性变形过程产生影响。原因如下:在室温下冷压成形时,外力对于金属变形所做的功绝大部分(75%~90%)消耗于塑性变形并转化为热能。当变形速度很小时,变形体排出的热量完全来得及向周围介质中传播扩散,对于变形体本身的加热作用效果不大。变形速度越大,热量散失的机会越少,越有利于变形体本身的加热作用,变形体的温度也将越高,软化作用加强,从而可以减少金属的变形抵抗力,提高金属可能达到的变形程度。但是金属软化过程(回复、再结晶等)的实现需要一定的时间,因而也与变形速度的快慢密切相关。

由此可见,变形速度通过温度因素影响金属的塑性变形性质具有两重性:一方面,速度的提高有助于金属变形温度的增加,因而有利于金属的软化;另一方面,速度又决定了一定变形程度所占用的时间,因而决定了金属软化的可能性与软化程度的大小。所以在一定的变形速度下,金属得到的实际软化效果取决于以上两个因素的相互制约,很难得到一种适合于各种材料的统一结论。

从大量的试验资料分析,几乎所有的材料都存在一种临界变形速度。超过这一速度后,由于塑性变形来不及传播,材料塑性急剧下降。不同材料具有不同的临界变形速度,一般在很大的范围(15~150 m/s)之内变化;而在临界变形速度以内,变形速度增加,材料的变形抵抗力增加,塑性都有不同程度的提高,至少是保持不变,如图 2.16 所示。不同材料对于变形速度的反应不同,但是大体上可以分为以下三种类型。

①第一种:低速变形时塑性好,高速变形时塑性更好,例如奥氏体不锈钢。

②第二种:低速变形时塑性中等,高速变形时塑性相同或略有提高,例如铝合金、镍基合金、钴基合金等。

③第三种:低速变形时塑性低,高速变形时塑性相同或很少提高,例如钛合金。

因此,第一种材料最适于高速成形,第二种材料高速与常规成形方法均可,第三种材料,速度因素的作用不大,一般采用加热成形,利用温度因素提高其塑性。

至于目前板材成形工作中所用的常规成形方法,机床运动速度较低,对金属塑性变形性质的影响不大,而速度因素的考虑,主要基于零件的尺寸与形状。对于大尺寸的复杂零件,由于毛料各部分的变形极不均匀,材料的流动情况复杂,易于产生局部拉裂与皱褶,所以宜用更低的速度成形,以便操作控制。对于合适的板材,如第一种和第二种,为提高室温下塑性变形能力,可考虑采用高速成形方法,如电磁脉冲成形、电液成形和爆炸成形等。

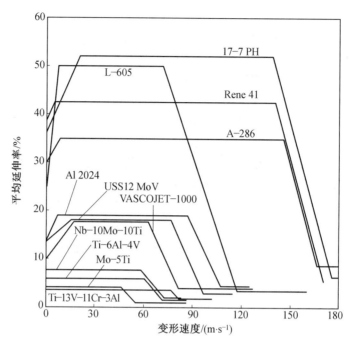

图 2.16　变形速度对板材塑性的影响

2.2　板材成形的应力与应变

物体受外力(面力和体力)作用后,其内各质点之间将产生相互作用的内力,单位面积上的内力称为应力。应力作用必然引起物体质点间的相对位移,即使物体产生应变。

2.2.1　板材成形应力状态与简化

假设从受力物体内任一点 Q 处,取出一个正六面体为单元体,虽然在该单元体的六个平面上作用有大小和方向均不完全相同的全应力 σ_{sx}、σ_{sy}、σ_{sz}(取直角坐标系的三个坐标轴平行于正六面单元体的棱边,下标 x、y、z 表示应力所作用的平面的法线方向),其中应力 σ_{si} 又可分解为平行于坐标轴的三个分量 $\sigma_{ij}(i,j=x,y,z)$,如图 2.17 所示。

因此,物体内一点的应力状态可以用九个应力分量表示,写成矩阵形式为

$$\sigma_{ij}=\begin{bmatrix}\sigma_x & \tau_{xy} & \tau_{xz}\\ \tau_{yx} & \sigma_y & \tau_{yz}\\ \tau_{zx} & \tau_{zy} & \sigma_z\end{bmatrix}\begin{array}{l}—作用在\ x\ 面上\\—作用在\ y\ 面上\\—作用在\ z\ 面上\end{array}$$

作用方向为 z
作用方向为 y
作用方向为 x

其中,σ_x、σ_y、σ_z 为正应力分量,τ_{xy}、τ_{xz}、τ_{yx}、τ_{yz}、τ_{zx}、τ_{zy} 为切应力分量。习惯上规定:若单元体平面上的外法线方向与坐标轴相同时,则令作用其上的应力分量方向与坐标轴相同者为正,反之为负。

由于单元体处于静力平衡状态,绕其各轴的合力矩等于零,因此切应力互等:

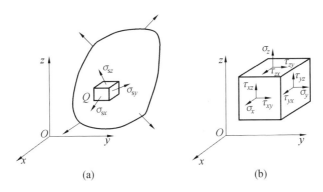

图 2.17　一点的应力状态示意图

$$\begin{cases} \tau_{xy} = \tau_{yx} \\ \tau_{yz} = \tau_{zy} \\ \tau_{zx} = \tau_{xz} \end{cases} \tag{2.1}$$

式(2.1)表明,为保持单元体的平衡,切应力总是成对出现的,则变形体内任一点的应力状态可简化为只有六个独立的应力分量。

对于板材成形,由于板厚度方向(常用 z 方向表示)的应力分量值为零或显著小于板平面内的两个相互垂直的应力分量,因此经常忽略板厚方向的应力分量(板材弯曲成形除外),即有 $\sigma_z = \tau_{xz} = \tau_{yz} = 0$,此时应力状态为

$$\boldsymbol{\sigma}_{ij} = \begin{bmatrix} \sigma_x & \tau_{xy} \\ \tau_{yx} & \sigma_y \end{bmatrix} \tag{2.2}$$

由于一点的应力状态具有张量属性,通过坐标转化,应力数值发生改变,而应力状态不变。因此,可以通过坐标转化,获得某一个坐标系,坐标平面上只有正应力而没有切应力。此时的坐标平面称为主平面,其上正应力被称为主应力。

在塑性加工中还常用等效应力的概念。它是一种假想的应力,表示一点的应力强度,其值为(假设 $\sigma_z = \sigma_3 = 0$)

$$\sigma_i = \sqrt{\sigma_1^2 - \sigma_1 \sigma_2 + \sigma_2^2} \tag{2.3}$$

在物体的塑性变形过程中,可以根据等效应力来判断是加载还是卸载。σ_i 增加,为加载过程;反之,为卸载过程。σ_i 不变时,对理想塑性材料而言,变形仍在增加,是加载过程;对加工硬化材料而言,则是中性变载。

2.2.2　板材成形应变状态

1. 板材成形一点的应变状态

塑性变形的大小可以用相对应变(又称工程应变)或真实应变(又称对数应变)来表示。

相对应变是以线尺寸增量与初始线尺寸之比来表示的,即

$$\delta = \frac{\Delta l}{l_0} \times 100\% = \frac{l_1 - l_0}{l_0} \times 100\% \tag{2.4}$$

式中　l_0——初始长度尺寸;

l_1 —— 变形后长度尺寸。

真实应变是变形后的线尺寸与变形前的线尺寸之比的自然对数值,即

$$\varepsilon = \ln \frac{l}{l_0} \tag{2.5}$$

相对应变的主要缺陷是忽略了变化的基长对应变的影响,从而造成变形过程的总应变不等于各个阶段应变之和。例如,将 50 cm 长的板试件拉伸至总长为 80 cm 时,总应变 $\delta = \frac{80-50}{50} \times 100\% = 60\%$;若将此变形过程视为两个阶段,即由 50 cm 拉长到 70 cm,再由 70 cm 拉长至 80 cm,则相应的应变量为 $\delta_1 = \frac{70-50}{50} \times 100\% = 40\%$,$\delta_2 = \frac{80-70}{70} \times 100\% = 14.3\%$,显然有 $\delta_1 + \delta_2 \neq \delta$。真实应变是无穷多个微小相对应变连续积累的结果,即

$$\varepsilon = \lim_{\Delta l \to 0} \sum_{i=0}^{n} \frac{\Delta l_i}{l_i} = \int_{l_0}^{l_1} \frac{\mathrm{d}l}{l} \tag{2.6}$$

因而真实应变具有可加性,更能够反映物体的实际应变程度。当然,若物体的变形很小时,相对应变值和真实应变值是非常接近的。

物体变形时,体内质点在所有方向上都会有应变。与应力状态分析类似,单元体的应变也有九个分量,写成矩阵形式为

$$\boldsymbol{\varepsilon}_{ij} = \begin{bmatrix} \varepsilon_x & \gamma_{xy} & \gamma_{xz} \\ \gamma_{yx} & \varepsilon_y & \gamma_{yz} \\ \gamma_{zx} & \gamma_{zy} & \varepsilon_z \end{bmatrix} \tag{2.7}$$

上述中,对正应变分量 ε_x、ε_y、ε_z,线尺寸伸长为正,缩短为负;对切应变分量 γ_{xy}、γ_{yx}、γ_{yz}、γ_{zy}、γ_{zx}、γ_{xz},其角标意义为:γ_{xy} 表示 x 方向的线元向 y 方向偏转的角度,其余类推。

与应力状态分析相仿,从应变的角度看,没有切应变的平面是主平面,主平面法线方向(应变主轴)上的线元没有角度的偏转,只有线应变,即主应变,一般用 ε_1、ε_2、ε_3 表示。

一定的应变状态,只有唯一的一组主应变(ε_1、ε_2、ε_3)。可以证明,这三个主应变的方向恰好互相垂直,与主应力的结论完全一样。以应变主轴作为坐标轴时,一点的应变状态可以表示为

$$\boldsymbol{\varepsilon}_{ij} = \begin{bmatrix} \varepsilon_1 & 0 & 0 \\ 0 & \varepsilon_2 & 0 \\ 0 & 0 & \varepsilon_3 \end{bmatrix} \tag{2.8}$$

塑性变形时的等效应变为

$$\varepsilon_i = \frac{\sqrt{2}}{3} \sqrt{(\varepsilon_1 - \varepsilon_2)^2 + (\varepsilon_2 - \varepsilon_3)^2 + (\varepsilon_3 - \varepsilon_1)^2} \tag{2.9}$$

它是作为衡量各个应变分量总的作用效果的一个可比指标,通常也称应变强度。

2. 板材冲压变形时的应力与应变状态特点

冲压变形中,大多数情况下在板材毛坯的表面上无法向的外力作用,或者作用在板面上的外力数值很小。因此,可以认为所有的冲压成形中,毛坯变形区都是属平面应力状态。如果板面内绝对值较大的主应力记为 σ_{ma},绝对值较小的主应力记为 σ_{mi},则比值

$$\alpha = \sigma_{mi} / \sigma_{ma} \tag{2.10}$$

可表示板材变形时的应力状态特点。α 的变化范围是

$$-1 \leqslant \alpha \leqslant 1$$

根据 α 的取值及板面内的应力 σ_{ma} 是拉应力还是压应力,板材冲压变形时的应力状态可概括为四种基本类型(图 2.18(a)):拉—拉($\alpha \geqslant 0$、$\sigma_{ma} > 0$)、拉—压($\alpha < 0$、$\sigma_{ma} > 0$)、压—拉($\alpha < 0$、$\sigma_{ma} < 0$)、压—压($\alpha \geqslant 0$、$\sigma_{ma} < 0$)。

物体塑性变形时遵循体积不变条件,即体内任一点的三个正应变分量满足

$$\varepsilon_1 + \varepsilon_2 + \varepsilon_3 = 0 \tag{2.11}$$

若以 ε_{ma}、ε_{mi} 分别表示板面内绝对值较大与较小的主应变,比值

$$\beta = \varepsilon_{mi} / \varepsilon_{ma} \tag{2.12}$$

可用来表示板材变形时的应变状态特点,其变化范围是

$$-1 \leqslant \beta \leqslant 1$$

由于塑性变形时的三个正应变分量不可能全部是同号的,并根据 ε_{ma} 与 ε_{mi} 的可能取值,板材冲压变形时的应变状态可概括为四种基本类型(图 2.18 (b)):拉—拉($\beta \geqslant 0$、$\varepsilon_{ma} > 0$)、拉—压($\beta < 0$、$\varepsilon_{ma} > 0$)、压—拉($\beta < 0$、$\varepsilon_{ma} < 0$)、压—压($\beta \geqslant 0$、$\varepsilon_{ma} < 0$)。

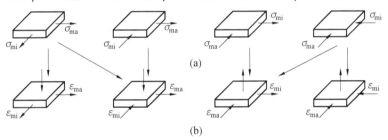

图 2.18　板材成形应力与应变状态的四种基本类型

2.2.3　应力应变关系:增量理论和全量理论

1. 增量理论

弹性变形时应力与应变之间的关系是线性的,复杂应力状态下,这种关系就是广义胡克定律。但是,在塑性变形时,虽然最终应力状态相同,但如果加载途径不一样,最终的应变状态也不相同。若分析每一加载瞬间,应变增量主轴与应力主轴重合,该瞬间的应变增量由当时的应力状态唯一地确定,这就是增量理论(又称流动理论)。在板材成形问题分析中,运用最多的是列维—米泽斯(Levy—Mises)理论,这一理论略去了大塑性变形中弹性变形的影响,其方程为

$$\frac{d\varepsilon_1}{\sigma_1 - \sigma_m} = \frac{d\varepsilon_2}{\sigma_2 - \sigma_m} = \frac{d\varepsilon_3}{\sigma_3 - \sigma_m} = k \tag{2.13}$$

式中　σ_m——平均应力,$\sigma_m = \dfrac{1}{3}(\sigma_1 + \sigma_2 + \sigma_3)$;

　　　k——常数。

由列维—米泽斯方程,并考虑到板材成形时板厚方向应力为零(如设 $\sigma_3 = 0$),得

$$\begin{cases} d\varepsilon_1 = \dfrac{d\varepsilon_i}{\sigma_i}\left(\sigma_1 - \dfrac{1}{2}\sigma_2\right) \\[2mm] d\varepsilon_2 = \dfrac{d\varepsilon_i}{\sigma_i}\left(\sigma_2 - \dfrac{1}{2}\sigma_1\right) \\[2mm] d\varepsilon_3 = -\dfrac{1}{2}\dfrac{d\varepsilon_i}{\sigma_i}(\sigma_1 + \sigma_2) \end{cases} \tag{2.14}$$

式中　$d\varepsilon_i$——等效应变增量；

　　　$d\varepsilon_1$、$d\varepsilon_2$、$d\varepsilon_3$——主应变分量增量。

2. 全量理论

在加载过程中，如果各应力分量按同一比例增加，且应力主轴的方向始终不变，这种加载方式称为比例加载。在比例加载的条件下，对增量理论的方程积分就可得到应变和应力全量之间的关系，这就是全量理论。方程为

$$\frac{\varepsilon_1 - \varepsilon_m}{\sigma_1 - \sigma_m} = \frac{\varepsilon_2 - \varepsilon_m}{\sigma_2 - \sigma_m} = \frac{\varepsilon_3 - \varepsilon_m}{\sigma_3 - \sigma_m} = k \tag{2.15}$$

式中　ε_m——平均应变，材料不可压缩时 $\varepsilon_m = 0$。

与增量理论的处理方法相同，可得

$$\begin{cases} \varepsilon_1 = \dfrac{\varepsilon_i}{\sigma_i}\left(\sigma_1 - \dfrac{1}{2}\sigma_2\right) \\[2mm] \varepsilon_2 = \dfrac{\varepsilon_i}{\sigma_i}\left(\sigma_2 - \dfrac{1}{2}\sigma_1\right) \\[2mm] \varepsilon_3 = -\dfrac{1}{2}\dfrac{\varepsilon_i}{\sigma_i}(\sigma_1 + \sigma_2) \end{cases} \tag{2.16}$$

由于全量理论比增量理论运算方便，实际应用过程中可不严格限于比例加载而略可偏离。例如学者波波夫在缩口、翻边分析时，曾运用全量理论得出了与试验符合的结果。

由塑性变形时应力和应变关系的增量理论（式（2.13）和式（2.14））或全量理论（式（2.15）和式（2.16））知，应变 $d\varepsilon_{ma}$ 或 ε_{ma} 必与应力 σ_{ma} 同号。也就是说，σ_{ma} 为拉应力时，$d\varepsilon_{ma}$ 或 ε_{ma} 必为伸长应变；σ_{ma} 为压应力时，$d\varepsilon_{ma}$ 或 ε_{ma} 必为压缩应变。

2.2.4　塑性条件

塑性条件又称屈服准则或屈服条件，它是描述不同应力状态下变形体内质点进入塑性状态并使塑性变形继续进行所必须遵循的条件。塑性条件的一般数学表达式为

$$f(\sigma_{ij}) = C \tag{2.17}$$

式中　$f(\sigma_{ij})$——应力分量的函数；

　　　C——与材料力学性能有关的常数，并与应变历史有关。

$f(\sigma_{ij}) < C$ 时，表明质点处于弹性状态；$f(\sigma_{ij}) = C$ 时，质点处于塑性状态。

1. 特雷斯卡（Tresca）屈服准则

特雷斯卡屈服准则认为：最大切应力达到某一临界值 K 时，材料就开始屈服。又称最大切应力理论，其表达式为

$$\tau_{\max} = \frac{\sigma_1 - \sigma_3}{2} = K \quad (\sigma_1 \geqslant \sigma_2 \geqslant \sigma_3) \tag{2.18}$$

式中 K——取决于材料性能和变形条件的常数,与应力状态无关。

K 的数值可由试验测得,如单向拉伸时,拉应力达到 σ_s 时(σ_s 为材料屈服强度),材料开始进入塑性状态。这时,$\tau_{max}=\sigma_s/2$,亦有 $K=\sigma_s/2$,即 $\sigma_1=\sigma_s$。

最大切应力理论形式上简单且与试验结果相符,分析和求解板材成形问题也有足够的精度。但是,三向主应力中忽略了中间主应力作用。

2. 米泽斯(Mises)屈服准则

米泽斯屈服准则认为:当质点应力状态的等效应力达到某一与应力状态无关的定值时,材料就屈服。通用表达形式为

$$\sigma_1-\sigma_3=\beta\sigma_s \tag{2.19}$$

式中 β——常数,β 值的变化范围为 $1\sim1.155$。

对于某些特定应力状态,β 值容易确定。如单拉、单向压缩、双向等拉、双向等压时,$\beta=1$;又如纯剪、平面应变时,$\beta=1.155$。在应力分量未知情况下,一般取 $\beta=1.1$。

对于板材冲压而言,有

$$\sigma_i=\sqrt{\sigma_1^2-\sigma_1\sigma_2+\sigma_2^2}=C \tag{2.20}$$

同样,用单向拉伸屈服时的应力状态(σ_s,0,0)代入,可得常数 $C=\sigma_s$。因此,米泽斯屈服准则的表达式为

$$\sigma_1^2-\sigma_1\sigma_2+\sigma_2^2=\sigma_s^2 \tag{2.21}$$

把屈服准则绘制在 $\sigma_1-\sigma_2$ 坐标系中,得到封闭曲线,此为屈服轨迹(图 2.19)。米泽斯屈服准则为一椭圆,特雷斯卡屈服准则为内接于米泽斯椭圆的六边形。在六个角点上,两个屈服准则是一致的;除这六点外,两个屈服准则有差别,按米泽斯屈服准则需要较大的应力才能使材料屈服。其中,D、H 等六点上两屈服准则的相对差别最大,为 15.5%。

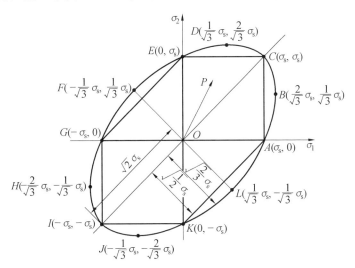

图 2.19 两种典型屈服准则的屈服轨迹

2.2.5 加工硬化及硬化曲线

在冲压生产过程中,毛坯形状的变化与零件形状的形成过程(即材料的塑性变形过

程)都是在常温下进行的。金属材料在常温下塑性变形的重要特点之一是加工硬化或应变强化。其结果是引起材料力学性能的变化,表现为材料的强度指标(屈服强度 σ_s 与抗拉强度 σ_b)随变形程度的增加而增加,同时塑性指标(延伸率 δ 与断面收缩率 ψ)随之降低。因此,在进行变形板坯内各部分的应力分析和各种工艺参数的确定时,必须考虑到加工硬化所产生的影响。

冷变形时材料的变形抗力随变形程度的变化用硬化曲线来表示。一般可用单向拉伸试验方法得到板材的硬化曲线,但是曲线的最大应变量受到出现缩颈的限制。缩颈前变形区材料的应变基本是均匀分布的,缩颈后出现集中的局部变形,应力状态也随着发生变化,这是单向拉伸试验的缺陷。对平板毛坯用液压胀形试验,经过一些换算可得到硬化曲线(详见 3.3 节)。图 2.20 所示为几种常用冲压板材的硬化曲线。

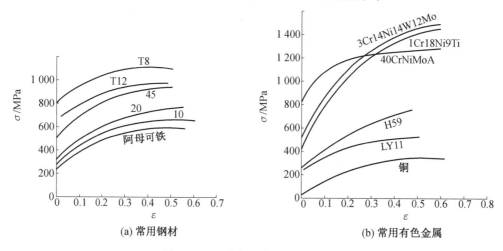

(a) 常用钢材　　　　　　　　(b) 常用有色金属

图 2.20　几种常用冲压板材的硬化曲线

为了实际应用的需要,有必要把硬化曲线用数学函数式表示出来。常用数学函数的幂次式,其形式为

$$\sigma = K\varepsilon^n \tag{2.22}$$
$$\sigma = \sigma_0 + K_1\varepsilon^{n_1} \tag{2.23}$$
$$\sigma = K_2(\varepsilon_0 + \varepsilon)^{n_2} \tag{2.24}$$

式中　σ_0、K_1、K_2、K、n_1、n_2、n、ε_0——材料常数。

式(2.23)忽略了弹性变形,适用于刚塑性板材。对于某些具有一定预应变的板材,可采用式(2.24)。由于解析简单,又能够满足工程分析上的精度要求,实际中式(2.22)最常用。

式(2.22)中的 n 称为材料的硬化指数(简称 n 值),是表明材料冷变形硬化性能的重要参数,部分冲压板材的 n 值和 K 值列入表 2.2。硬化指数 n 大时,表示在冷变形过程中材料的变形抗力随变形的增加而迅速地增大,材料的塑性变形稳定性较好,不易出现局部的集中变形和破坏,有利于提高伸长类变形的成形极限。

表 2.2　部分冲压板材的 n 值和 K 值

材料	n 值	K/MPa	材料	n 值	K/MPa
0.8F	0.185	708.76	T2	0.455	538.37
08Al(ZF)	0.252	553.47	H62	0.513	773.38
08Al(HF)	0.247	521.27	H68	0.435	759.12
08Al(Z)	0.233	507.73	QSn6.5−0.1	0.492	864.49
08Al(P)	0.25	613.13	A3	0.236	630.27
10	0.215	583.84	SPCC	0.212	569.76
20	0.166	709.06	SPCD	0.249	497.63
LF2	0.164	165.64	1Cr18Ni9Ti	0.347	1 093.61
LY12−O	0.192	366.29	L4−O	0.286	112.43

注:08Al 按其拉深质量分为四级(YB215−64),ZF(最复杂)用于拉深最复杂的零件;HF(很复杂)用于拉深很复杂的零件;F(复杂)用于拉深复杂的零件;P(普通)用于拉深普通的零件。SPCC 和 SPCD 为日本钢材牌号。

在更加近似的计算中,一般采用过细颈点的切线方程,即直线式 $\sigma = \sigma_c + D\varepsilon$ 作为应力与应变之间的数学表达式。D 为切线的斜率,称为应变强化模数或硬化模量,其值为 $D = \sigma_j$;σ_c 为切线在纵坐标轴上的截距,因为当 $\varepsilon = \varepsilon_j$ 时,$\sigma = \sigma_j$,所以 σ_c 容易求得,即 $\sigma_c = \sigma_j (1 - \varepsilon_j)$ 。则直线式的方程为 $\sigma = \sigma_j (1 - \varepsilon_j + \varepsilon)$ 。

直线式比幂次式更简单,虽然在小变形阶段有较大误差,但在大变形阶段还是足够近似,满足实际应用的。幂次式与直线式硬化曲线如图 2.21 所示。

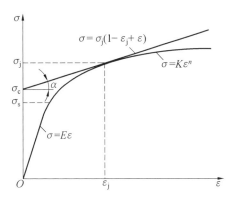

图 2.21　幂次式与直线式硬化曲线

2.3　板材成形工艺的力学特点与分类

基于板材成形最主要工艺形式——板材冲压为对象,介绍板材成形工艺的力学特点和分类。

2.3.1　板材冲压成形中毛坯的分析

在冲压成形过程中,为使板料毛坯改变其原始形状成为零件,必须在毛坯各部分之间形成一定的受力与变形关系,这是能够顺利地完成冲压成形的基本保证。

图 2.22 所示为几种典型冲压成形过程中毛坯的状态。在这四种成形工序中,A 是变

形区,它是在冲压成形中产生塑性变形的部分;B 是传力区,它的作用是把冲模的作用力传递给变形区;C 是自始至终都不参与变形的不变形区。图 2.22(b)中的 D 是暂不变形的待变形区,虽然在图示的状态下它不参与变形,但随冲压成形过程的进行,它将不断地进入变形区参与变形。有时传力区本身也是产生塑性变形的变形区,它在本身变形的同时,把模具的作用力传给另一个变形区,图 2.22(c)所示的曲面零件成形中的 E 就是这种情况。不变形区可能是传力区,也可能是不传力的已变形区或待变形区。

在冲压成形过程中各个区(部分)之间是在相互转化且不断变化的,例如待变形区内的板料不断地进入变形区,而变形区的金属又可能不断地进入已变形区并承担起传力的作用等。

对变形区与不变形区的判断,根本的方法是:如果毛坯内某个部分内任意两点的距离不产生变化,也就是它们之间不产生相对的位移,即使该部分产生总体的位移,或做等角速度的转动,这部分也一定不是变形区,而是非变形区。

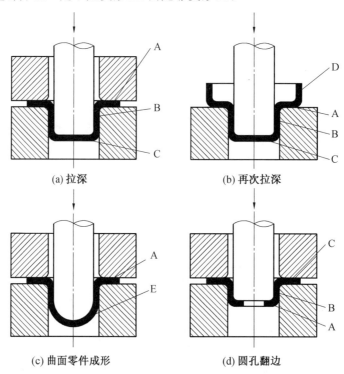

图 2.22　几种典型冲压成形过程中毛坯的状态

2.3.2　冲压变形的分类

从本质上看,冲压成形就是冲压毛坯的变形区在力的作用下产生相应的塑性变形,所以变形区内的应力状态和变形特点是决定冲压成形性质的基本因素。因此,根据变形区内的应力状态和变形特点进行的冲压成形方法分类,可以把成形性质相同的成形方法概括成同一个类型,便于进行体系化的研究和处理。

由前述可知,绝大多数冲压成形时毛坯变形区均处于平面应力状态。因此,使板料毛坯产生塑性变形的是作用于板面内方向上相互垂直的两个主应力。由于板厚较小,通常近似地认为这两个主应力在厚度方向上是均匀分布的。基于这样的分析,可以把各种形式的冲压成形中的毛坯变形区的受力状态与变形特点,在平面应力的应力坐标系中(冲压应力图)与相应的两向应变坐标系中(冲压变形图)以应力与应变坐标决定的位置来表示。反过来讲,在冲压应力图与冲压变形图中的不同位置代表着不同的受力情况与变形特点。为了说明这一点,做以下分析。

1. 冲压毛坯变形区受两向拉应力的作用

冲压毛坯变形区受两向拉应力的作用时,可以分为两种情况,即 $\sigma_r > \sigma_\theta > 0$ 且 $\sigma_t = 0$ 和 $\sigma_\theta > \sigma_r > 0$ 且 $\sigma_t = 0$。在这两种情况下,绝对值最大的应力都是拉应力。以下对这两种情况分别进行分析。

(1)当 $\sigma_r > \sigma_\theta > 0$ 且 $\sigma_t = 0$ 时,按全量理论(式(2.15))可以写出如下应力与应变的关系式:

$$\frac{\varepsilon_r}{\sigma_r - \sigma_m} = \frac{\varepsilon_\theta}{\sigma_\theta - \sigma_m} = \frac{\varepsilon_t}{\sigma_t - \sigma_m} = k \tag{2.25}$$

式中　ε_r、ε_θ 与 ε_t——轴对称冲压成形时的经向主应变、纬向主应变和厚度方向上的主应变;

　　　σ_r、σ_θ 与 σ_t——轴对称冲压成形时的经向主应力、纬向主应力与厚度方向上的主应力;

　　　σ_m——平均应力,其值为 $\sigma_m = \dfrac{\sigma_r + \sigma_\theta + \sigma_t}{3}$。

在平面应力时,式(2.25)具有如下形式:

$$\frac{3\varepsilon_r}{2\sigma_r - \sigma_\theta} = \frac{3\varepsilon_\theta}{2\sigma_\theta - \sigma_r} = \frac{3\varepsilon_t}{-(\sigma_r + \sigma_\theta)} = k \tag{2.26}$$

因为 $\sigma_r > \sigma_\theta > 0$,所以必定有 $2\sigma_r - \sigma_\theta > 0$ 与 $\varepsilon_r > 0$。这个结果表明:在两向拉应力的平面应力状态时,如果绝对值最大的拉应力是 σ_r,则在这个方向上的应变是正应变,即是伸长变形。

又因为 $\sigma_r > \sigma_\theta > 0$,所以必定有 $-(\sigma_r + \sigma_\theta) < 0$ 与 $\varepsilon_t < 0$,即在板料厚度方向上的应变是负的,即为压缩变形,厚度变薄。

在 σ_θ 方向上的变形取决于 σ_r 与 σ_θ 的数值:当 $\sigma_r = 2\sigma_\theta$ 时,$\varepsilon_\theta = 0$;当 $\sigma_r > 2\sigma_\theta$ 时,$\varepsilon_\theta < 0$;当 $\sigma_r < 2\sigma_\theta$ 时,$\varepsilon_\theta > 0$。

这时,σ_θ 的变化范围是 $\sigma_r \geqslant \sigma_\theta \geqslant 0$。当 $\sigma_r = \sigma_\theta$ 时,由式(2.26)得 $\varepsilon_r = \varepsilon_\theta > 0$ 及 $\varepsilon_t < 0$,为双向等拉应力状态;当 $\sigma_\theta = 0$ 时,由式(2.26)可得 $\varepsilon_\theta = -\dfrac{\varepsilon_r}{2}$,为单向拉应力状态。

根据上面的分析可知,这种变形情况处于冲压变形图中的 AON 范围(图2.23);而在冲压应力图中则处于 GOH 范围(图2.24)。

(2)当 $\sigma_\theta > \sigma_r > 0$ 且 $\sigma_t = 0$ 时,由式(2.26)可知,因为 $\sigma_\theta > \sigma_r > 0$,所以一定有 $2\sigma_\theta > \sigma_r > 0$ 与 $\varepsilon_\theta > 0$。这个结果表明:对于两向拉应力的平面应力状态,当 σ_θ 的绝对值最大时,则在这个方向上的应变是正的,即是伸长变形。

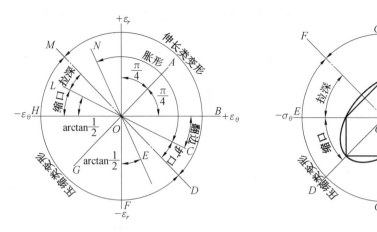

图 2.23　冲压变形图　　　　　　　　　图 2.24　冲压应力图

又因为 $\sigma_\theta > \sigma_r > 0$，所以有 $-(\sigma_\theta + \sigma_r) < 0$ 与 $\varepsilon_t < 0$，即在板厚方向上的应变是负值，是压缩变形，板厚变薄。

在 σ_r 方向上的变形取决于 σ_θ 与 σ_r 的数值：当 $\sigma_\theta = 2\sigma_r$ 时，$\varepsilon_r = 0$；当 $\sigma_\theta > 2\sigma_r$ 时，$\varepsilon_r < 0$；当 $\sigma_\theta < 2\sigma_r$ 时，$\varepsilon_r > 0$。

这时，σ_r 的变化范围是 $\sigma_\theta \geqslant \sigma_r \geqslant 0$。当 $\sigma_\theta = \sigma_r$ 时，$\varepsilon_\theta = \varepsilon_r > 0$，为双向等拉的应力状态；当 $\sigma_r = 0$ 时，$\varepsilon_r = -\dfrac{\varepsilon_\theta}{2} < 0$，为单向应力状态。

这种变形与受力情况处于冲压变形图中的 AOC 范围（图 2.23），处于冲压应力图中的 AOH 范围（图 2.24）。

上述两种冲压变形情况仅在最大应力的方向上不同，而两个应力的性质与比值范围以及它们引起的变形都是一样的。因此，对于各向同性的均质材料，这两种变形是完全相同的。

2. 冲压毛坯变形区受两向压应力的作用

冲压毛坯变形区受两向压应力的作用，这种变形也分两种情况，即 $\sigma_r < \sigma_\theta < 0$ 且 $\sigma_t = 0$ 和 $\sigma_\theta < \sigma_r < 0$ 且 $\sigma_t = 0$。

（1）当 $\sigma_r < \sigma_\theta < 0$ 且 $\sigma_t = 0$ 时，式（2.26）的分析可知：因为 $\sigma_r < \sigma_\theta < 0$，所以有 $2\sigma_r - \sigma_\theta < 0$ 与 $\varepsilon_r < 0$，这个结果表明：在两向压应力作用的平面应力状态时，如果绝对值最大的应力是 $\sigma_r < 0$，则在这个方向上的应变是负的，即压缩变形。

又因为 $\sigma_r < \sigma_\theta < 0$，所以必定有 $-(\sigma_r + \sigma_\theta) > 0$，即在板厚方向上的应变是正的，板料增厚。

在 σ_θ 方向上的变形取决于 σ_r 与 σ_θ 的数值：当 $\sigma_r = 2\sigma_\theta$ 时，$\varepsilon_\theta = 0$；当 $\sigma_r > 2\sigma_\theta$ 时，$\varepsilon_\theta < 0$；当 $\sigma_r < 2\sigma_\theta$ 时，$\varepsilon_\theta > 0$。

这时，σ_θ 的变化范围是 $\sigma_r \leqslant \sigma_\theta \leqslant 0$。当 $\sigma_r = \sigma_\theta$ 时，是双向等压的平面应力状态，故有 $\varepsilon_\theta = \varepsilon_r < 0$；当 $\sigma_\theta = 0$ 时，是单向受压的应力状态，所以 $\varepsilon_\theta = -\dfrac{\varepsilon_r}{2}$。这种变形情况处于冲压变形图的 GOE 范围（图 2.23），而在冲压应力图中则处于 COD 范围（图 2.24）。

（2）当 $\sigma_\theta < \sigma_r < 0$ 且 $\sigma_t = 0$ 时，由式（2.26）的分析可知：因为 $\sigma_\theta < \sigma_r < 0$，所以一定有

$2\sigma_\theta - \sigma_r < 0$ 及 $\varepsilon_\theta < 0$，这个结果表明：对于两向压应力作用的平面应力状态，如果绝对值最大的应力是 σ_θ，则在这个方向上的应变是负的，即是压缩变形。

又因为 $\sigma_\theta < \sigma_r < 0$，必定有 $-(\sigma_\theta + \sigma_r) > 0$ 和 $\varepsilon_t > 0$，即在板厚方向上的应变是正的，板厚增大。

在 σ_r 方向上的变形取决于应力 σ_r 与 σ_θ 的数值：当 $\sigma_\theta = 2\sigma_r$ 时，$\varepsilon_r = 0$；当 $\sigma_\theta > 2\sigma_r$ 时，$\varepsilon_r < 0$；当 $\sigma_\theta < 2\sigma_r$ 时，$\varepsilon_r > 0$。

这时，σ_r 的变化范围是 $\sigma_\theta \leqslant \sigma_r \leqslant 0$。当 $\sigma_\theta = \sigma_r$ 时，是双向等压的应力状态，所以 $\varepsilon_\theta = \varepsilon_r < 0$；当 $\sigma_r = 0$ 时，是单向受压的应力状态，所以有 $\varepsilon_r = -\dfrac{\varepsilon_\theta}{2} > 0$。这种变形情况在冲压变形图中处于 GOL 范围（图 2.23），而在冲压应力图中处于 DOE 范围（图 2.24）。

3. 冲压毛坯变形区受两个方向上异号应力的作用 1

冲压毛坯变形区受两个方向上异号应力的作用，而且拉应力的绝对值大于压应力的绝对值。

这种变形共有两种情况：

（1）当 $\sigma_r > 0$，$\sigma_\theta < 0$，$\sigma_t = 0$ 及 $|\sigma_r| > |\sigma_\theta|$ 时，由式（2.26）可知，因为 $\sigma_r > 0$ 及 $|\sigma_r| > |\sigma_\theta|$，所以有 $2\sigma_r - \sigma_\theta > 0$ 及 $\varepsilon_r > 0$，这个结果表明：在异号的平面应力状态时，如果绝对值最大的应力是拉应力，则在这个绝对值最大的拉应力方向上的应变是正的，即为伸长变形。

又因为 $\sigma_r > 0$ 与 $\sigma_\theta < 0$，所以必定有 $\varepsilon_\theta < 0$，即在压应力的方向上的应变是负的，是压缩变形。

这时，σ_θ 的变化范围是 $-\sigma_r \leqslant \sigma_\theta \leqslant 0$。当 $\sigma_\theta = -\sigma_r$ 时，$\varepsilon_r > 0$，$\varepsilon_\theta < 0$，而且 $|\varepsilon_r| = |\varepsilon_\theta|$；当 $\sigma_\theta = 0$ 时，$\varepsilon_r > 0$，$\varepsilon_\theta < 0$，而且 $\varepsilon_\theta = -\dfrac{\varepsilon_r}{2}$，这是单向受拉的应力状态。这种变形状态处于冲压变形图中的 MON 范围（图 2.23），而在冲压应力图中处于 GOF 范围（图 2.24）。

（2）当 $\sigma_\theta > 0$，$\sigma_r < 0$，$\sigma_t = 0$ 及 $|\sigma_\theta| > |\sigma_r|$ 时，利用式（2.26），用与前项相同的方法分析可得 $\varepsilon_\theta > 0$，即在异号应力作用的平面应力状态下，如果绝对值最大的应力是拉应力 σ_θ，则在这个方向上的应变是正的，是伸长变形；而在压应力 σ_r 方向上的应变是负的（$\varepsilon_r < 0$），是压缩变形。

这时，σ_r 的变化范围是 $-\sigma_\theta \leqslant \sigma_r \leqslant 0$。当 $\sigma_r = -\sigma_\theta$ 时，$\varepsilon_\theta > 0$，$\varepsilon_r < 0$，而且 $|\varepsilon_r| = |\varepsilon_\theta|$；当 $\sigma_r = 0$ 时，$\varepsilon_\theta > 0$，$\varepsilon_r < 0$，而且 $\varepsilon_r = -\dfrac{\varepsilon_\theta}{2}$。这种变形处于冲压变形图中的 COD 范围（图2.23），而在冲压应力图中则处于 AOB 范围（图 2.24）。

虽然这两种情况的表示方法不同，但从变形的本质上看是一样的。

4. 冲压毛坯变形区受两个方向上异号应力的作用 2

冲压毛坯变形区受两个方向上异号应力的作用，而且压应力的绝对值大于拉应力的绝对值。

这种变形共有两种情况：

（1）当 $\sigma_r > 0$，$\sigma_\theta < 0$，$\sigma_t = 0$，而且 $|\sigma_\theta| > |\sigma_r|$ 时，由式（2.26）可知，因为 $\sigma_r > 0$，$\sigma_\theta < 0$ 与 $|\sigma_\theta| > |\sigma_r|$，必定有 $2\sigma_\theta - \sigma_r < 0$ 及 $\varepsilon_\theta < 0$。这个结果表明：在异号应力的平面应力状态下，

如果绝对值最大的应力是压应力 σ_θ，则在这个方向上的应变是负的，是压缩变形。

又因为 $\sigma_r > 0$，$\sigma_\theta < 0$，必定有 $2\sigma_r - \sigma_\theta > 0$ 及 $\varepsilon_r > 0$，即在拉应力方向上的应变是正的，是伸长变形。

这时，σ_r 的变化范围是 $0 \leq \sigma_r \leq -\sigma_\theta$。当 $\sigma_r = -\sigma_\theta$ 时，$\varepsilon_r > 0$，$\varepsilon_\theta < 0$，而且 $\varepsilon_r = -\varepsilon_\theta$；当 $\sigma_r = 0$ 时，$\varepsilon_r > 0$，$\varepsilon_\theta < 0$，而且 $\varepsilon_r = -\dfrac{\varepsilon_\theta}{2}$。这种变形处于冲压变形图中的 MOL 范围（图 2.23），而在冲压应力图中则处于 EOF 范围（图 2.24）。

（2）当 $\sigma_\theta > 0$，$\sigma_r < 0$，$\sigma_t = 0$，而且 $|\sigma_r| > |\sigma_\theta|$ 时，利用式（2.26）的关系，并用与前项相同的分析方法可得 $\varepsilon_r < 0$，即在异号应力作用的平面应力状态下，如果绝对值最大的应力是压应力 σ_r，则在这个方向上的应变是负的，是压缩变形；而在拉应力作用方向上的应变是正的，是伸长变形。

这时，σ_θ 的取值范围是 $0 \leq \sigma_\theta \leq -\sigma_r$。当 $\sigma_\theta = -\sigma_r$ 时，$\varepsilon_\theta > 0$，$\varepsilon_r < 0$，而且 $\varepsilon_\theta = -\varepsilon_r$；当 $\sigma_\theta = 0$ 时，$\varepsilon_\theta > 0$，$\varepsilon_r < 0$，而且 $\varepsilon_\theta = -\dfrac{\varepsilon_r}{2}$。这种变形处于冲压变形图中的 DOE 范围（图 2.23），而在冲压应力图中则处于 BOC 范围（图 2.24）。

这四种变形与相应的冲压成形方法之间是相对应的，它们之间的对应关系用文字标注在图 2.23 与图 2.24 中。

上面分析的四种变形情况，相当于所有的平面应力状态，也就是说这四种变形情况可以把全部的冲压变形（单工序）概括为两大类别，即伸长类与压缩类。当作用于冲压毛坯变形区内的拉应力的绝对值最大时，在这个方向上的变形一定是伸长变形，称这种冲压变形为伸长类变形。根据上面的分析，伸长类变形在冲压变形图中占有 MON、NOA、AOB、BOC 及 COD 五个区间，而在冲压应力图中则占有 FOG、GOH、HOA 及 AOB 四个区间。

当作用于冲压毛坯变形区的压应力的绝对值最大时，在这个方向上的变形一定是压缩变形，称这种变形为压缩类变形。根据上面的分析，压缩类变形在冲压变形图中占有 MOL、LOH、HOG、GOF 与 FOD 五个区间，而在冲压应力图中则占有 FOE、EOD、DOC、COB 四个区间。MD 与 FB 分别是冲压变形图与冲压应力图中两类变形的分界线。分界线的右上方是伸长类变形，而分界线的左下方是压缩类变形。

由于这个分类方法的理论基础是冲压毛坯变形区的应力状态与变形的分析，所以它可以充分地反映不同类别的成形方法在变形方面的特点以及与变形密切相关的实际问题的差别。表 2.3 中列出了伸长类变形与压缩类变形在冲压成形工艺方面的特点。由表 2.3 可以清楚地看出，由于每一类别的冲压成形方法，其毛坯变形区的受力与变形特点相同，因而与变形有关的一些规律也都是一样的。

表 2.3　伸长类变形与压缩类变形对比

项目	伸长类变形	压缩类变形
变形区质量问题的表现形式	变形程度过大引起变形区破坏	压应力作用下失稳起皱
成形极限	(1)主要取决于板材的塑性,与厚度无关 (2)可用伸长率及成形极限图(FLD)判断	(1)主要取决于传力区的承载能力 (2)取决于抗失稳能力 (3)与板材厚度有关
变形区板厚的变化	减薄	增厚
提高成形极限的方法	(1)改善板材塑性 (2)使变形均匀化,降低局部变形程度 (3)工序间热处理	(1)采用多道工序成形 (2)改变传力区与变形区的力学关系 (3)采用防起皱措施

2.4　板材冲压变形趋向性规律

冲压成形的本质就是使毛坯按要求完成可控制的变形过程。在所有的冲压成形过程中,都是使冲压毛坯的某个部分或某几个部分以适当的方式变形,达到预期成形的目的,而同时又必须保证其他不应产生变形的部分不改变其本身的形状与尺寸。为了做到这一点,必须遵循冲压变形趋向性规律,对变形过程实行有效的控制。如果对毛坯的变形过程的控制不恰当,就会出现冲压加工的废品或发生影响冲压件质量的各种问题,使冲压工艺过程陷于失败。

在冲压生产中被用来控制变形过程的主要措施与因素是:正确确定毛坯的几何形状和尺寸;合理设计模具工作部分的几何形状与尺寸;适当地运用毛坯与模具表面之间的摩擦力;恰当地选定或改善板料毛坯的力学性能;综合考虑确定成形温度和速度条件等。而运用这些方法实现冲压变形控制的理论基础,则是以下几个变形趋向性规律。

2.4.1　冲压变形趋向性规律之一

在同一个冲模外力的直接作用下,毛坯的各个部分都有产生某种形式的塑性变形的可能,但是,由于受模具外力作用方式与毛坯各部分的几何形状与尺寸的不同,在所有各种可能发生的变形方式中,需要变形力最小的部分以需要变形力最小的方式首先变形。

这个规律对所有冲压成形过程都适用,以下通过实例说明。

在图 2.25 所示的冲压成形中,凸模直径 d 把毛坯分成两个部分。在这两个部分的分界处存在由凸模作用力 P 引起的内力。这个内力对毛坯两个部分的作用是一样的,其数值相同。

图 2.26 是用低碳钢板及用图中所示的毛坯尺寸进行冲压时的实测结果。图 2.26 的

右半部是为使毛坯的环形部分($\phi40\sim\phi73$ mm)产生翻边变形所需力与行程的关系曲线，其最大翻边力是 43.2 kN；图 2.26 的左半部是为使毛坯的环形部分($\phi73\sim\phi120$ mm)产生拉深变形所需的力与行程关系曲线，其最大拉深力是 63 kN。在这种情况下，由于毛坯内环形部分产生翻边变形所需的力小于毛坯外环形部分产生拉深变形所需的力，所以根据变形趋向性规律可以判断，产生的变形一定是毛坯内环形部分的翻边变形。

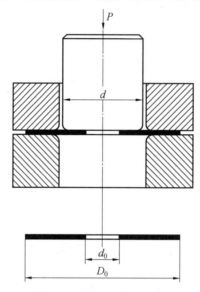

图 2.25　冲压变形趋向性原理分析示意图

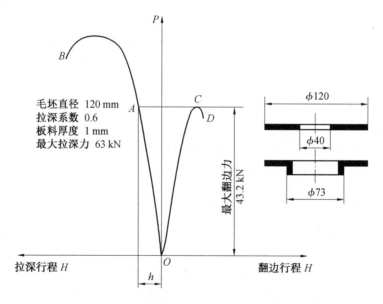

图 2.26　圆孔翻边变形趋向性条件

　　如果把试验用毛坯的外径尺寸由 $\phi120$ mm 减小到 $\phi96$ mm，则毛坯外环形部分($\phi73\sim\phi96$ mm)产生拉深变形所需力与行程的关系曲线如图 2.27 中左半部所示，其最大值降至 32.5 kN，小于最大翻边力的数值。根据冲压变形趋向性规律判断，在这种情况下产生的变形一定是外环形部分的拉深变形。

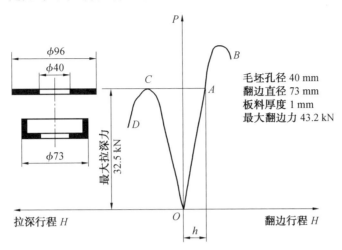

图 2.27　拉深变形趋向性条件

　　从上述分析可知,毛坯的形状与尺寸是冲压变形趋向性的决定因素,所以它也是在实际生产中用以控制冲压成形过程的主要措施。当然,在生产中也常用改变冲模工作部分的几何形状(圆角半径等)、摩擦条件、压边装置和模具的约束条件等方法实现对冲压变形的控制。

2.4.2　冲压变形趋向性规律之二

　　板材冲压成形过程中,如果变形区的变形与位移受到毛坯的几何形状因素或其他因素的影响或牵制,就可能在变形区和与之相邻的其他部分之间引发出诱发应力:(1)诱发应力与外力的方向不一致,也没有简单的平衡关系;(2)诱发应力以拉应力和压应力的形式并存,在毛坯不同部位上诱发应力所构成的内力的数值相等、方向相反。但是,由于受诱发应力作用的两个部分的形状与尺寸不同,可能产生的塑性变形方式也不同,则所产生塑性变形所需力的大小也不一样。因此,在数值相等的内力作用条件下,必定有一个部分以所需力最小的方式首先进入塑性变形状态。在这种情况下,为了判断冲压变形的进行情况,可以应用第二个冲压变形趋向性规律——在冲压毛坯的相邻部位上,受到由诱发应力引起的数值相等、方向相反的内力作用时,在所有可能产生的变形方式中,需要变形力最小的部位以需力最小的方式首先变形。

　　利用此规律,可以对与模具力作用无明显、直观的因果联系的变形问题做深入的分析,从诱发应力作用上寻找原因和解决办法。以曲面翻边变形的分析为例做如下简要说明。

　　图 2.28 所示为伸长类曲面翻边时模具与毛坯的示意图。在翻边模具的作用下,除在毛坯两侧直壁内产生与凸模力作用方向相同的拉应力外,还在宽度为 b_1 的两侧翼曲面部位上产生诱发应力。这个部位上的诱发应力是圆周方向的拉应力。同时,在宽度为 b 的底面上产生圆周方向的诱发压应力(图 2.29)。作用于这两个部位的诱发应力构成的两个内力数值相等、方向相反且相互平衡。由诱发应力引起的变形缺陷是:在宽度为 b 的底

面上可能产生压应力作用下的失稳起皱(图 2.30);在宽度为 b_1 的两侧翼面上可能产生因拉应力过度的开裂,开裂的方向与拉应力的作用方向垂直(图 2.30)。

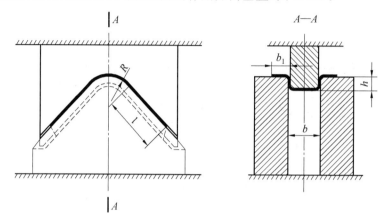

图 2.28   伸长类曲面翻边时模具与毛坯的示意图

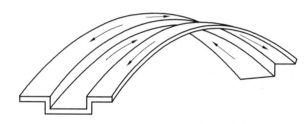

图 2.29   伸长类曲面翻边时诱发应力

图 2.30   诱发应力引起的底面起皱

在宽度为 b_1 的两侧翼曲面部位上的诱发应力 σ_θ 是拉应力,它在 $A—A$ 断面(图 2.28)形成的内力是

$$F_1 = 2\int_0^{b_1} \sigma_\theta t\,\mathrm{d}b \tag{2.27}$$

在宽度为 b 的底面部位上的诱发应力是压应力 σ_L,它在 $A—A$ 断面形成的内力是

$$F_2 = \int_0^b \sigma_\mathrm{L} t\,\mathrm{d}b \tag{2.28}$$

在冲压成形的初始阶段,凸模的压入深度 h 较小时,可不计高度为 h 的垂直侧壁上的内应力,并近似地取 $F_1 = F_2$,即

$$2\int_0^{b_1} \sigma_\theta t\,\mathrm{d}b = \int_0^b \sigma_\mathrm{L} t\,\mathrm{d}b \tag{2.29}$$

由式(2.29)可知,改变毛坯底面的宽度 b,可以使诱发应力 σ_θ 与 σ_L 的数值都发生变化。当底面宽度 b 增大时,在内力 $2\int_0^{b_1} \sigma_\theta t\, \mathrm{d}b$ 的数值不变的条件下,由于底面的横截面积增大,作用于底面的诱发应力 σ_L 的数值必然降低。另外,底面部分产生压缩变形所需的力又随其横截面积的增大而加大,结果必然使底面上圆周方向上的压缩变形减小。当然,这样的结果也势必对变形趋向性产生影响。伸长类曲面翻边时,底面部分的宽度 b 对其本身的圆周方向的压应力与压缩变形的影响,可由图 2.31 中的试验结果清楚地看出。

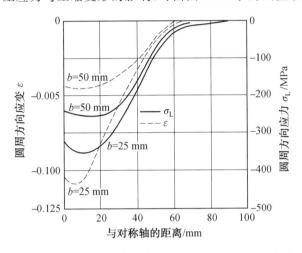

图 2.31　伸长类曲面翻边时底面宽度对本身压应力与压缩变形的影响

同样道理,伸长类曲面翻边时,毛坯底面宽度 b 对两侧翼面上的伸长变形也有影响。当底面宽度 b 增大时,底面的刚度增大,同样的变形可以承受更大的内力,其结果使两侧翼面上的伸长变形增大。图 2.32 是由毛坯底面宽度 b 增大引起的两侧翼面上伸长变形增大的试验结果(圆周方向的应变值是翻边过程结束后,在对称轴中心线部位测得)。

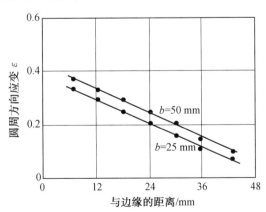

图 2.32　伸长类曲面翻边时底面宽度对两侧翼面变形的影响

用相同的分析方法可知,当毛坯两侧翼面部分的宽度变化时,由于它本身产生伸长变形的刚度发生变化,也必然引起它本身和底面上应力与变形的变化。

综合以上的分析与试验结果可知,利用关于诱发应力作用下的冲压变形趋向性规律,可以实现对毛坯不同部位的变形的有效控制,使变形过程的进展符合于冲压成高质量成品零件的要求。

2.4.3　冲压变形趋向性规律之三

在变形性质相同的同一个变形区内,只要板材是连续的,而且板厚与性能是均匀一致的,在各相邻部分之间也存在力的相互作用关系。变形区宽度较小的部位,其变形所需的内力也小,当然变形也大些。由于这部分的变形硬化也大于其相邻部分,因此变形得以扩展。所以加工硬化性能较强的材料,可使变形区内应变的分布更趋均匀。

变形趋向性规律之三:在变形性质相同的同一个变形区内,在变形区宽度小的部位上变形所需的内力也小,该部位的变形也大。

图 2.33 所示为变形区宽度尺寸对变形分布的影响,是应用第三个变形趋向性规律改进冲压工艺参数的一个实例。图 2.33(a)所示为某汽车发动机盖上的一个矩形孔,采用预先冲孔再行翻边的工艺制造。图中虚线是预冲孔的轮廓形状与尺寸。当采用过小的圆角半径 R 时,翻边时的切向伸长变形集中于圆角部位,导致开裂。在改变圆角半径的尺寸、增大圆角部分的变形区宽度后,最大的伸长变形降低 50% 以上(图 2.33(b))。

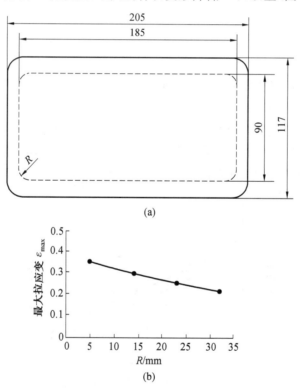

图 2.33　变形区宽度尺寸对变形分布的影响

上述三个冲压变形趋向性规律,各自的含义不同,分别适用于不同的冲压变形问题的分析。但是从本质上看,它们是一致的。如果把冲压毛坯中需要最小变形力的部分称为弱区,而把其他部分称为强区,则可以把这三个变形趋向性规律概括成一个具有普遍意义的规律:在冲压成形过程中,毛坯内产生塑性变形的变形区,一定是需要变形力最小的弱区,而且以需力最小的方式变形,或简言之,弱区先变形。

2.4.4　变形趋向性的稳定控制策略

在冲压成形过程中,毛坯的变形趋向性并不一定是始终不变的,也就是说在冲压成形过程的初始阶段里形成的变形趋向性条件,不一定在冲压成形的全过程都能够得到保证。在冲压成形时出现的冷变形硬化现象、变形区尺寸的变化与厚度的变化等三个因素,都是决定毛坯变形区产生塑性变形所需变形力的主要条件,所以这三个条件都可能使冲压成形初期已形成的变形趋向性条件(变形力最小的条件)发生变化,致使变形区以外的其他部分转变为需变形力最小的弱区,转化成为新的变形区。因此,在制订冲压工艺过程时,不但要保证成形初期的冲压变形趋向性,而且还应该考虑变形趋向性的稳定性条件,使在冲压成形的全过程里都能保证变形趋向性条件是成形过程所需要的。

2.5　板材成形问题的分析方法

薄板成形问题分析是以金属塑性变形的基本规律——屈服准则和应力应变关系为基础的,分析的目的是通过对各种成形过程中薄板的应力应变状态及其分布与变化规律的揭示,使人们更深入地认识和掌握薄板成形问题的特点和规律,探求和发展更为经济、有效的成形方法。而工程问题的求解,往往不是片面地强调方法的严谨,追求过高的精度,更重要的是简单便利、行之有效,且必须建立在科学的基础上。

相关文献中报道介绍求解塑性变形问题的方法很多,比较成熟的解法如:切取微体法(或称主应力法)、滑移线法、近似能量法(包括均匀能量法与上限法)、半试验解析法(如视塑性法与塑性材料力学法)等。但是广泛采用而且行之有效的方法主要有以下两种:主应力法和塑性材料力学法。

2.5.1　主应力法

主应力法是一种以某一板材变形区为研究对象,按应力求解的方法。这种方法以求解变形区主应力的分布规律为目标,然后根据问题的需要,求解应变分布和所需要的成形力,其处理步骤如下。

(1)分析变形区的应力应变状态,求解时以主应力作为未知数。在成形过程中,板材大多只有一面接触模具,而另一面是自由表面。垂直于自由表面的法向应力一定为零,因此板厚方向的平均应力不可能很大,与其余两个主应力相比,往往可以忽略不计。因此,板材变形工作大多可以认为是在平面应力状态下进行的。这时,未知主应力只有两个,求解这两个主应力,只需建立两个独立的方程式。

(2)建立变形区任一微体的平衡方程式,将两个未知主应力表示为点的坐标的函数。

(3)列出变形区任一微体的塑性方程式,通过变形时最大主应变 ε_{max} 的几何特点,将两个未知主应力表示为点的坐标的另一函数:

$$\begin{cases} \sigma_1 - \sigma_3 = \beta \sigma_i \\ \sigma_i = K \varepsilon_i^n \approx K \varepsilon_{\max}^n \end{cases} \tag{2.30}$$

在分析计算时为了简化起见,有时假设材料为理想塑性体,这时应力强度是与变形程度无关的常数,塑性方程式为

$$\sigma_1 - \sigma_3 = \beta \sigma_s \tag{2.31}$$

最后可根据实际情况,对计算结果加以修正。

(4)联立求解以上两方程,即可解出所有的主应力分量。

(5)应力分量求出后,即可根据式(2.16)求解应变分量,或进行其他的运算。

建议读者在学习本书成形方法各章内容之后,重读此节,以加深理解。

2.5.2　塑性材料力学法

塑性材料力学法是在20世纪50年代提出来的一种试验—解析法。这种方法与主应力法不同,不是以板材的整个变形区作为研究对象,而是仅着眼于变形区中的某一特定点。通过解析或试验求此点的应变,再由应变确定应力。所以这种方法可以避免繁复甚至不可解决的数学运算,在生产实践中便于推广应用。现将这种方法的简要步骤介绍如下。

(1)根据问题的需要,确定研究点所在部位,用解析计算法或试验测定法,求出该点的三个主应变分量。

①解析计算法。分析变形过程中研究点所在部位的应力应变状态,确定其变形主轴,再由板材变形前后的几何关系与体积不变条件,分析计算三个主应变分量:ε_1、ε_2、ε_t。

②试验测定法。在毛料表面作出小圆。变形以后,小圆即变为椭圆,椭圆的长、短轴即为两个主应变的方向。根据长、短轴的长度 $2r_{\max}$、$2r_{\min}$ 与小圆的原始直径 $2r_0$,以及体积不变条件,即可确定毛料在小圆处的三个主应变为

$$\varepsilon_1 = \ln \frac{r_{\max}}{r_0} \tag{2.32}$$

$$\varepsilon_2 = \ln \frac{r_{\min}}{r_0} \tag{2.33}$$

$$\varepsilon_t = -(\varepsilon_1 + \varepsilon_2) \tag{2.34}$$

(2)根据三个主应变确定其应变强度 ε_i,参见式(2.9)。

(3)根据材料的一般性应力应变关系:$\sigma_i = f(\varepsilon_i)$,确定此点的应力强度 σ_i。

(4)基于板厚方向应力为零的条件,根据以下各式,计算板平面内的主应力。

对于各向同性材料($r = 1$):

$$\sigma_1 = \frac{2}{3} \frac{\sigma_i}{\varepsilon_i} (2\varepsilon_1 + \varepsilon_2) = \frac{2}{3} \frac{\sigma_i}{\varepsilon_i} (\varepsilon_1 - \varepsilon_t) \tag{2.35}$$

$$\sigma_2 = \frac{2}{3} \frac{\sigma_i}{\varepsilon_i} (2\varepsilon_2 + \varepsilon_1) = \frac{2}{3} \frac{\sigma_i}{\varepsilon_i} (\varepsilon_2 - \varepsilon_t) \tag{2.36}$$

(5)利用静力平衡条件,根据主应力计算变形力。

【例2.1】　用直径 $D_0 = 95$ mm 的圆板拉深一直径 $d = 50$ mm 的筒形件。拉深前在毛料表面直径 80 mm 处作一小圆,小圆直径 $2r_0 = 2.50$ mm,在拉深某一阶段,小圆变为

椭圆,测得其长轴(沿毛料径向)为 2.81 mm,短轴(沿毛料周向)为 2.12 mm。假定板材的一般性应力应变关系为:$\sigma_i = 536\,\varepsilon_i^{0.23}$ MPa,忽略各向异性。试确定小圆处的主应变和主应力分量。

解

(1)小圆处的三个主应变为

周向

$$\varepsilon_\theta = \ln\frac{2.12}{2.50} = -0.166$$

径向

$$\varepsilon_r = \ln\frac{2.81}{2.50} = 0.117$$

厚向

$$\varepsilon_t = -(\varepsilon_\theta + \varepsilon_r) = 0.049$$

(2)小圆应变强度,由式(2.9)得

$$\varepsilon_i = \frac{\sqrt{2}}{3}\sqrt{(-0.166-0.117)^2 + (0.117-0.049)^2 + (0.049+0.166)^2} = 0.171$$

(3)因为 $\sigma_i = 536\,\varepsilon_i^{0.23}$,当 $\varepsilon_i = 0.171$ 时,应力强度为

$$\sigma_i = 536 \times 0.171^{0.23} = 357.1\,(\text{MPa})$$

(4)利用 $\sigma_t = 0$ 及式(2.35)、式(2.36),可以求得小圆处的径向应力 σ_r 及切向应力 σ_θ 为

$$\sigma_r = \frac{2}{3} \times \frac{357.1}{0.171}(0.117-0.049) = 94.7\,(\text{MPa})$$

$$\sigma_\theta = \frac{2}{3} \times \frac{357.1}{0.171}(-0.166-0.049) = -299.3\,(\text{MPa})$$

如果在平板毛料上,预先作出一系列小圆即可仿此求出应力应变分布。

这两种解题方法虽然得到了广泛的应用并且有一定的成效,但只是一种简化的近似解法,而且由于数学上的繁难,求解对象往往局限为轴对称问题。随着计算技术和计算机应用的发展,近年来利用计算机对板材成形过程进行模拟和分析取得了长足的进展,板材成形的计算机分析技术有两条途径:一条是基于非线性有限元力学理论的数值模拟;另一条是基于实践经验(包括试验),以计算机为思维载体的智能分析技术。

思考练习题

2.1　说明变形温度和变形速度对板材塑性变形的影响。

2.2　说明加工硬化对室温板材成形的影响,并给出两种以上典型的硬化曲线表达式。

2.3　进行冲压变形分类的意义?阐明提高伸长类变形和压缩类变形极限的方法策略?

2.4　简述板材冲压变形趋向性?趋向性控制因素有哪些?

2.5 掌握板材成形问题分析的主应力法和塑性材料力学法。

2.6 一矩形平板,长度和宽度方向的应变分别为$\varepsilon_1=0.21$、$\varepsilon_2=-0.11$,板料的原始厚度为 1 mm,求平板的变薄量。

2.7 在厚 1 mm 的冲压件的毛料上,事先印制直径为 2.5 mm 的坐标网圆圈,零件变形后测得某一处的圆圈变成长轴为 3 mm、短轴为 2.8 mm 的椭圆。已知材料的实际应力曲线为 $\sigma=294\,\varepsilon^{0.12}$ MPa。求该处材料的变薄量以及板平面内两主应力的数值。

2.8 在厚度为 0.8 mm、未变形的低碳钢板表面打一个小圆孔(直径为 5.0 mm)。然后按平面应力比例加载变形,卸载后圆形预制孔已变形为一个长轴为 6.1 mm、短轴为 4.8 mm 的椭圆。等效应力应变关系为

$$\sigma_i=600\,\varepsilon_i^{0.22}\ \text{MPa}$$

(1)假设加载是单调的,应力比 α 是多少?

(2)确定两个方向的拉伸载荷 T_1 和 T_2。

(3)计算等效应变。

第3章 板材成形性能及试验方法

3.1 成形性能及试验方法分类

板材成形（冲压）性能是指板料对各种冲压方法的适应能力，包括成形极限、保证冲压件形状与尺寸精度的难易程度、模具寿命和变形力等。高成形性能板材意味着便于加工，容易得到高质量和高精度的零件，生产率高，模具消耗低，不易产生废品等。板材成形性能如图 3.1 所示。

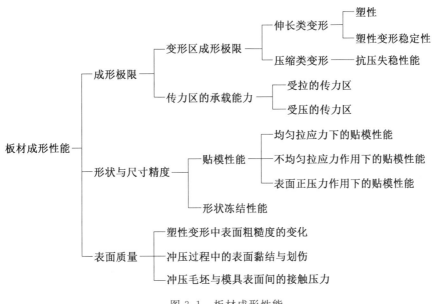

图 3.1 板材成形性能

各种不同的板材成形工艺，其应力状态、变形特点及变形区和传力区之间的关系等都不相同，对成形性能的要求也不一样。因此，可以分别研究伸长类变形和压缩类变形方法对板材冲压性能的要求。

板材冲压性能的试验方法很多，概括起来分为直接试验和间接试验两类，如图 3.2 所示。基于"典型模拟"思想，直接试验中板材的应力状态和变形情况与真实冲压时基本相同，所得结果也比较准确。基于"概括类比"思想，间接试验时板材的受力情况与变形特点都与实际冲压时有一定的差别，所得的结果也只能间接地反映板材的冲压性能，有时还要借助于一定的分析方法才能做到。常用的方法有：直接试验中的模拟试验和间接试验中的拉伸试验。

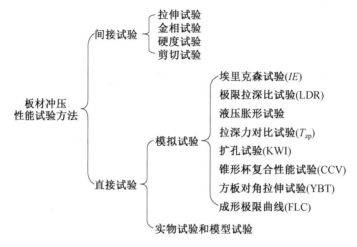

图 3.2   板材冲压性能试验方法

3.2   间接试验方法

间接试验方法包括拉伸试验、金相试验、硬度试验、剪切试验等。其中,拉伸试验是评价板材的基本力学性能及成形性能的主要试验方法。由于简单易行,所以是目前普遍采用的一种方法。

拉伸试验是利用图 3.3(a)所示尺寸符合要求的标准拉伸试样,在通用拉伸机上进行的。利用拉伸力-行程测试与记录装置,得到图 3.3(b)所示的拉伸曲线。经过必要的处理与计算,即可得到与成形性能有关的拉伸试验值:σ_s、σ_b、σ_s/σ_b、δ_u、δ、n、r、Δr、m、ϕ 值以及 $x(x_{\sigma_b})$ 值等。

3.2.1   拉伸试样

1. 常规拉伸试样(图 3.3(a))(参考 GB/T 228.1—2010《金属材料拉伸试验标准》)
常规拉伸试样又分比例试样和非比例试样两种。
比例试样的标距长度 l_0 按下式计算:

$$l_0 = k\sqrt{S_0} \tag{3.1}$$

式中 S_0——原始截面积;

k——系数,当 $k=5.65$ 时,为短比例试样;当 $k=11.3$ 时,为长比例试样(图 3.3(c))。

非比例试样的标距长度 l_0 与原始截面积无一定关系。

两种试样的平行部分长度应不小于 $l_0 + \dfrac{b_0}{2}$。试样宽度 b_0 通常为 10 mm、15 mm、20 mm、30 mm 等。试样宽度加工精度为:$b_0 = 10$ mm、15 mm 时,偏差为 ± 0.05 mm。

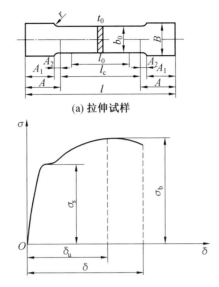

(a) 拉伸试样

(b) 拉伸曲线

b_0/mm	r/mm	$k=5.65$			$k=11.3$		
		l_0/mm	l_c/mm	试样编号	l_0/mm	l_c/mm	试样编号
10				P1			P1
12.5	$\geqslant 20$	$5.65\sqrt{S_0}$ $\geqslant 15$	$\geqslant l_0+b_0/2$ 仲裁试验: l_0+2b_0	P2	$11.3\sqrt{S_0}$ $\geqslant 15$	$\geqslant l_0+b_0/2$ 仲裁试验: l_0+2b_0	P2
15				P3			P3
20				P4			P4

注:1. 优先采用比例系数 $k=5.65$ 的比例试样。

2. 如需要,厚度小于 0.5 mm 的试样在其平行长度上可带小凸耳以便装夹引伸计。上下两凸耳宽度中心线间的距离为原始标距。

(c) 矩形截面标准比例试样

图 3.3 拉伸试样及拉伸曲线

2. 带小孔拉伸试样

为了评价非金属夹杂物引起的材料塑性降低特性及材料对裂缝的敏感性,常采用带小孔拉伸试样(图 3.4(a))。

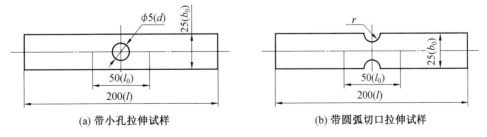

(a) 带小孔拉伸试样   (b) 带圆弧切口拉伸试样

图 3.4 带小孔及圆弧切口拉伸试样

3. 带圆弧切口拉伸试样

在研究平面应变下材料的拉伸特性时,采用带圆弧切口拉伸试样(图3.4(b))。例如在求x_{σ_b}值时,用这种试样得到平面应变下的抗拉强度。

3.2.2　拉伸试验值与冲压成形性能的关系

拉伸试验值与冲压成形性能有着密切的关系。本节主要讨论用常规拉伸试样所得到的几项主要性能参数。

1. 屈服强度

许多试验已经证明,屈服强度σ_s(图3.5)小,材料容易屈服,成形后回弹小,贴模性和定形性较好。图3.6所示为行李箱盖冲压贴模特性图,由图可知σ_s小,皱纹曲率半径大,即影响贴模的缺陷较小,贴模性较好。

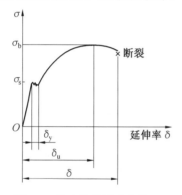

图3.5　单向拉伸试验曲线

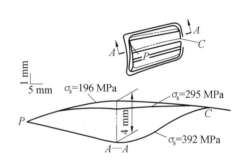

图3.6　行李箱盖冲压贴模特性图

2. σ_s/σ_b

σ_s/σ_b称为屈强比。较小的屈强比几乎对所有的冲压成形都是有利的。

小的屈强比对压缩类变形工艺有利。拉深时,如果板材的屈服点σ_s低,则变形区的切向压应力较小,材料起皱的趋势也小,用于防止起皱所必需的压边力和摩擦损失都相应地降低,对提高极限变形程度有利。例如,当低碳钢的$\dfrac{\sigma_s}{\sigma_b}\approx0.57$时,其极限拉深系数为$m=0.48\sim0.5$;而65Mn的$\dfrac{\sigma_s}{\sigma_b}\approx0.63$,其极限拉深系数则为$m=0.68\sim0.7$。

在伸长类变形工艺中,如胀形、拉形、拉弯、曲面零件成形等,当σ_s低时,为消除零件的松弛等弊病和为使零件的形状和尺寸得到固定(指卸载过程中尺寸的变化小),所必需的拉力也小。这时由于成形所必需的拉力与毛坯破坏时的拉断力之差较大,所以成形工艺的稳定性高,不容易出废品。

弯曲件所用板材的σ_s低时,卸载时的回弹变形也小,有利于提高弯曲零件的精度。

3. δ_u与δ

δ_u称为均匀延伸率,是在拉伸试验中开始产生局部集中变形(细颈时)的延伸率。δ称为总延伸率,或简称延伸率,它是在拉伸试验中试样破坏时的延伸率。δ与试样的相对长度有关,所以对所用试样的尺寸应有明确的规定。一般情况下,冲压成形都在板材的均匀变形范围内进行,所以 δ_u 对冲压性能有更直接的意义。

δ_u 表示板料产生均匀的或称稳定的塑性变形的能力,它直接决定板材在伸长类变形中的冲压性能。可以用 δ_u 间接地表示伸长类变形的极限变形程度,如翻边系数、扩口系数、最小弯曲半径、胀形系数,等等。试验结果表明,大多数材料的翻边变形程度都与 δ_u 呈正比例关系。

另外,板材的埃里克森试验值(IE)也与 δ_u 呈正比例关系。所以,具有很大胀形成分的复杂曲面拉深件用的钢板,要求具有很高的 δ_u 值。

4. 硬化指数 n

硬化指数 n,也称 n 值,它表示在塑性变形中材料硬化的强度。n 值大时,在伸长类变形过程中可以使变形均匀化,具有扩展变形区、减少毛坯的局部变薄和增大极限变形程度等作用。尤其对于复杂形状的曲面零件的成形工艺,当毛坯中间部分的胀形成分较大时,n 值的上述作用对成形性能的影响更为显著。具有不同 n 值材料的试验结果表明,n 值与胀形高度(埃里克森试验值)之间存在着近似正比例关系(图 3.7)。

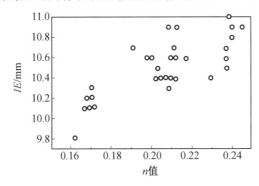

图 3.7　胀形高度(IE 值)与 n 值的关系

硬化指数 n 是评定板材冲压性能(成形极限、变形均匀性等)的重要指标。目前普遍采取的方法是根据拉伸试验得到的拉伸曲线确定 n 值。利用幂函数硬化曲线 $\sigma = K\varepsilon^n$ 在对数坐标系中为一直线作为前提,在拉伸曲线的均匀变形范围取两点(通常取 $\delta_1 = 0.05$,$\delta_2 = \delta_u$),在对数坐标系中计算出 n 值(即两点法)。部分典型板材的 n 值和 K 值见表 2.2。

由图 3.8 可以看出 n 值对硬化曲线的影响。相等的应变增量下,n 值越大,应力增量越小,可变形空间越大。考虑到板材的方向性,可取

$$n = \frac{1}{4}(n_0 + 2n_{45} + n_{90}) \tag{3.2}$$

式中　n_0、n_{45}、n_{90}——与轧制方向平行、$45°$ 及垂直方向截取试样测得的 n 值。

n 值也可通过理论分析确定。幂次式硬化曲线 $\sigma = K\varepsilon^n$ 过细颈点(ε_j,σ_j)切线的斜率为

$$\frac{d\sigma_j}{d\varepsilon_j} = Kn\varepsilon_j^{n-1} \tag{3.3}$$

试验曲线过细颈点的斜率可由以下分析求得。

拉伸试验中,拉力 F 等于实际应力与试件实际剖面面积的乘积($F = \sigma A$),则

$$dF = \sigma dA + A d\sigma \tag{3.4}$$

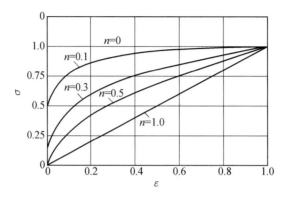

图 3.8　不同 n 值的硬化曲线

由体积不变条件 $A_0 l_0 = Al$，有

$$A = \frac{A_0 l_0}{l}$$

则

$$dA = -\frac{A_0 l_0 dl}{l^2}$$

$$dF = \sigma dA + A d\sigma = -\frac{\sigma A_0 l_0 dl}{l^2} + \frac{A_0 l_0}{l} d\sigma \qquad (3.5)$$

出现细颈时，拉力 F 达到最大值 F_{max}，这时 $dF = 0$，而此时 σ 为 σ_j，$d\sigma$ 为 $d\sigma_j$，l 为 l_j，dl 为 dl_j，于是

$$\frac{\sigma_j A_0 l_0 dl_j}{l_j^2} = \frac{A_0 l_0}{l_j} d\sigma_j$$

$$\sigma_j \frac{dl_j}{l_j} = d\sigma_j$$

而 $\dfrac{dl_j}{l_j} = d\varepsilon_j$，则

$$\frac{d\sigma_j}{d\varepsilon_j} = \sigma_j \qquad (3.6)$$

因试验曲线过细颈点切线的斜率应与幂次式过细颈点的斜率相等，所以

$$K n \varepsilon_j^{n-1} = \sigma_j \qquad (3.7)$$

解方程组

$$\begin{cases} \sigma_j = K \varepsilon_j^n \\ \sigma_j = K n \varepsilon_j^{n-1} \end{cases} \qquad (3.8)$$

得

$$n = \varepsilon_j \qquad (3.9)$$

n 值等于拉伸试验中试件出现细颈时的对数应变值 ε_j，图 3.9 说明了两者的正相关性。

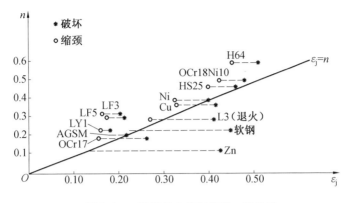

图 3.9　n 值与最大均匀应变 ε_j 的关系

5. 板厚方向性系数 r

板厚方向性系数 r，也称 r 值。它是板材拉伸试验中拉伸试样宽度应变 ε_b 与厚度应变 ε_t 之比，即

$$r = \frac{\varepsilon_b}{\varepsilon_t} = \frac{\ln \dfrac{b}{b_0}}{\ln \dfrac{t}{t_0}} \qquad (3.10)$$

式中　b_0、b 与 t_0、t——变形前后试样的宽度与厚度。

r 值的大小，表明板材在受单向拉应力作用时，平面宽度方向和厚度方向上的变形难易程度的比较。也表明在相同的受力条件下，板材厚度方向上的变形性能和平面方向上的差别，所以称为板厚方向性系数，有时也称为塑性应变比。当 $r>1$ 时，板材厚度方向上的变形比宽度方向上的变形困难。所以 r 值大的材料，在复杂形状的曲面零件拉深成形时，毛坯的中间部分在拉应力作用下，厚度方向上变形比较困难，即变薄量小。而在板料平面内与拉应力相垂直的方向上的压缩变形比较容易，结果使毛坯中间部分起皱的趋向性降低，有利于冲压加工的进行和产品质量的提高。

同样道理，r 值大时，也使筒形件的拉深极限变形程度增大。用软钢、不锈钢、铝、黄铜等所做的试验也证明了拉深变形程度与 r 值之间的关系（表 3.1）。

表 3.1　拉深变形程度与 r 值之间的关系

r 值	0.5	1	1.5	2
拉深比 $K = \dfrac{D}{d}$	2.12	2.18	2.25	2.5

板料的 r 值可以用拉伸试验的方法测定。r 值的大小，除取决于材料的性质外，也随拉伸试验中的延伸率的增大而稍有降低。因此，一般资料中都规定 r 值应取相对延伸率为 $15\% \sim 20\%$ 时测量的结果。

冲压生产所用的板材都是经过轧制的，其纵向和横向的性能不同，在不同方向上的 r 值也不一样。为了便于应用，常用下式计算板厚方向性系数的平均值，并作为代表板材冲压性能的一项重要指标：

$$\bar{r} = \frac{r_0 + r_{90} + 2r_{45}}{4} \tag{3.11}$$

式中 r_0、r_{90}、r_{45}——板材纵向(轧制方向)、横向和45°方向上的板厚方向性系数。

由图 3.10 可见,米泽斯屈服椭圆在坐标轴上有相同的交点,其偏心率随 r 值的增加而增加。由图可知,在拉深中的危险断面,其变形属于胀形性质,由于 r 值的增加而提高了屈服强度,其变形抗力增加。在法兰部分,即拉压结合的拉深变形区,其屈服应力反而由于 r 值的增加而减小。这两种效果都有助于拉深过程的顺利进行。

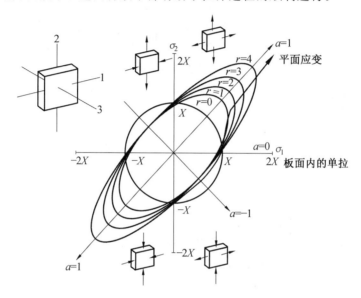

图 3.10   米泽斯屈服椭圆与 r 值的关系

6.板平面方向性 Δr

板平面方向性主要表现为机械性能在板平面内不同方向上的差别,但在表示板材机械性能的各项指标当中,板厚方向性系数对冲压性能的影响比较明显,所以在冲压生产中都用 Δr 来表示板平面方向性的大小。Δr 是板材平面内不同方向上板厚方向性系数 r 值的差值,其值为

$$\Delta r = \frac{r_0 + r_{90} - 2r_{45}}{2} \tag{3.12}$$

一方面,板平面方向性大时,在拉深、翻边、胀形等冲压过程中,能够引起毛坯变形的不均匀分布。其结果不但可能因为局部变形程度的加大而使总体的极限变形程度减小,而且还可能形成冲压件的不等壁厚,降低冲压件的质量。

另一方面,在圆筒形零件拉深时,板平面方向性明显地表现在零件口部形成的凸耳现象。板平面方向性越大,凸耳的高度也越大,这时必须增大切边余量,增加材料消耗。Δr 值对拉深件凸耳的影响如图 3.11 所示。

由于板平面方向性对冲压变形和冲压件的质量都是不利的,所以生产中都尽量设法降低板材的 Δr 值,而且有的国家对板材的 Δr 值也有一定的限制。表 3.2 给出了常用板材的 r 值及 Δr 值。

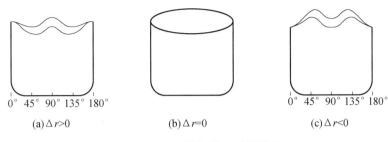

$$\text{(a)}\,\Delta r>0 \qquad\qquad \text{(b)}\,\Delta r=0 \qquad\qquad \text{(c)}\,\Delta r<0$$

图 3.11　Δr 对拉深件凸耳的影响

表 3.2　常用板材的 r 值及 Δr 值

材料	r_0	r_{45}	r_{90}	$\bar{r}$	Δr
沸腾钢	1.23	0.91	1.58	1.16	0.51
脱碳沸腾钢	1.88	1.63	2.52	1.92	0.57
钛镇静钢	1.85	1.92	2.61	2.08	0.31
铝镇静钢	1.68	1.19	1.90	1.49	0.60
钛	4.00	5.49	7.05	5.51	—
铜 O[①] 材	0.90	0.94	0.77	0.89	-0.10
铜 $\frac{1}{2}$H[②] 材	0.76	0.87	0.90	0.85	-0.04
铝 O 材	0.62	1.58	0.52	1.08	-1.01
铝 $\frac{1}{2}$H 材	0.41	1.12	0.81	0.87	-0.51
不锈钢	1.02	1.19	0.98	1.10	-0.19
黄铜 2 种 O 材	0.94	1.12	1.01	1.05	-0.14
黄铜 3 种 $\frac{1}{4}$H 材	0.94	1.00	1.00	0.99	-0.03

注:① O 表示退火态,铜 O 材指退火铜材。

② H 表示硬化态,铜 $\frac{1}{2}$H 材指半硬态铜材。

7. 应变速率敏感性指数 m

有些材料的塑性变形抵抗力不仅与变形程度 ε_i 有关,而且与应变速率 $\dot{\varepsilon}_i$ 有关。此类材料的本构关系可以表示为

$$\sigma_i = K\varepsilon_i^n \dot{\varepsilon}_i^m \qquad\qquad (3.13)$$

式中　m——应变速率敏感性指数。

m 值可由同一试样突然改变拉伸速度求得,如图 3.12 所示。由图示曲线可得

$$\sigma_1 = K\varepsilon^n \dot{\varepsilon}_1^m, \quad \sigma_2 = K\varepsilon^n \dot{\varepsilon}_2^m$$

则

$$\frac{\sigma_2}{\sigma_1} = \left(\frac{\dot{\varepsilon}_2}{\dot{\varepsilon}_1}\right)^m$$

故

$$m = \frac{\ln\left(\sigma_2/\sigma_1\right)}{\ln\left(\dot{\varepsilon}_2/\dot{\varepsilon}_1\right)}$$

因此,正的 m 值有增大材料变形抗力的作用。一般材料在室温下的 m 值都很小(小于 0.005),对变形抵抗力的影响不大,可以忽略不计。

在板材成形中,m 值对应变均化有重要作用。虽然 m 值原为超塑成形材料的一个重要性能参数,但是,在非超塑状态下,即使很小的 m 值,也将影响板材胀形成形极限。按 M—K 理论的解析结果表明,高的 m 值可使成形极限线的水平提高(外移)。m 值对提高伸长变形成形极限的贡献主要在拉伸失稳以后,大的 m 值使过缩颈延伸率得到了提高,如图 3.13 所示,从而显著地提高了材料的总体变形能力。

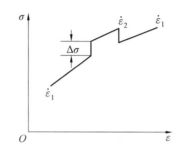

图 3.12　m 值试验曲线

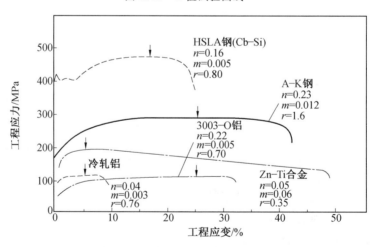

图 3.13　应力-应变曲线

8.ϕ 值

ϕ 值称为材料的宽度颈缩率(%),可用下式求得:

$$\phi = \frac{b_0 - b}{b_0} \times 100\% \tag{3.14}$$

式中　b_0——拉伸试样原始宽度;

　　　b——试样拉断后断裂处的最小宽度。

由图 3.14 可见,ϕ 值与 r 值正相关,因而对拉深变形有重要影响。

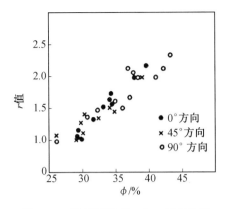

图 3.14　宽度颈缩率 ϕ 与 r 值的关系

9. $x(x_{\sigma_b})$ 值

x 值为双向等拉伸与单向拉伸的抗拉强度比值,即

$$x=\frac{双向等拉伸抗拉强度}{单向拉伸抗拉强度}=\frac{[\sigma_b]_{\alpha=1}}{[\sigma_b]_{\alpha=0}} \tag{3.15}$$

x 值表达式中 $[\sigma_b]_{\alpha=1}$ 对应的应力状态(双向等拉伸)与圆筒形拉深件的凸模圆角处毛坯的应力状态相似,$[\sigma_b]_{\alpha=0}$ 对应的应力状态(单向拉伸)与圆筒形拉深件侧壁部分的应力状态相似。因此,x 值大的材料,表明拉深变形时毛坯危险断面具有更高的强度,即有更高的承载能力。

由图 3.15、图 3.16 可以看出,x 值能很好地反映各种板材的拉深性能,x 值高的材料拉深成形极限也大。

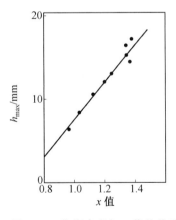

图 3.15　拉深高度与 x 值的关系

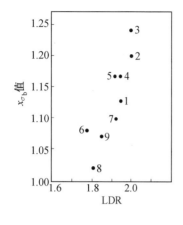

图中代号	材料	材料厚度/mm	r 值
1	08Al(F)	0.9	1.17
2	08Al(ZF)	0.9	2.11
3	08(Z)	0.9	2.11
4	08(P)	1.0	1.45
5	08(P)	0.8	1.30
6	H62(硬)	1.0	0.80
7	H62(软)	1.0	0.74
8	L4	1.0	0.61
9	不锈钢	1.1	0.90

图 3.16　x_{σ_b} 值与极限拉深比(LDR)的关系

3.3　直接试验方法

3.3.1　埃里克森试验(杯突试验)

埃里克森试验装置示意图如图 3.17 所示。主要用于测试板材的胀形性能,其试验指标称 IE 值(杯突值)。

试验时,一般用直径 20 mm 的球形凸模,压入夹紧在凹模和压边圈间的板坯,使之成形出近半球鼓包,直到板坯底部出现能透光的裂缝为止,而此时凸模的压入深度作为评价胀形性能指标,称为 IE 值(杯突值)。凸模对板坯施压时,毛坯外径基本不变,只是毛坯中间部分在双向拉应力作用下产生胀形变形。这种应力状态及变形特点与平板毛坯的局部胀形相同,所以杯突值能反映材料的胀形性能;IE 值大时,材料的胀形性能就好。

IE 值和 n 值有很好的相关性。试验细节参见 GB/T 4156—2020《金属材料　薄板和薄带埃里克森杯突试验》。

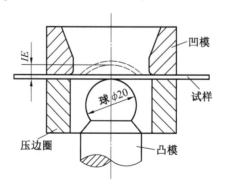

图 3.17　埃里克森试验装置示意图

3.3.2　液压胀形试验

埃里克森试验结果受材料流入和润滑效果的影响,故经常产生波动。液压胀形试验利用液体压力代替刚性凸模,可不受摩擦条件的影响。另外,用拉深筋将材料四周完全压住,避免了变形区外材料的流入。液压胀形试验装置简图如图 3.18(a)所示。

试验参数用极限胀形系数表示,即

$$K = \left(\frac{h_{\max}}{a}\right)^2 \tag{3.16}$$

式中　$h_{\max}$——开始产生裂纹时的胀形深度;

　　　a——模口半径。

极限胀形系数 K 值越大,材料的胀形性能越好。

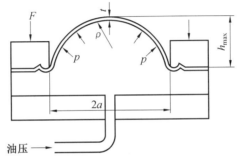

(a) 液压胀形试验装置简图

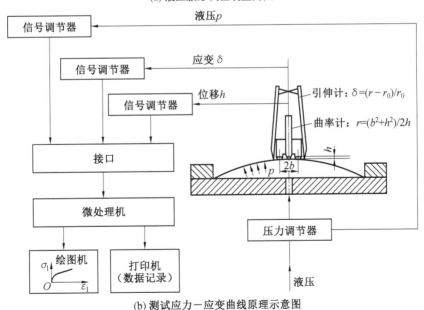

(b) 测试应力-应变曲线原理示意图

图 3.18　板材液压胀形试验

利用液压胀形试验,还可得到双向等拉变形状态下的应力-应变曲线。测试应力-应变曲线原理示意图如图 3.18(b)所示。在毛坯胀形过程中不断测出顶部的拱曲高度 h、

曲率半径 r 及液体压力 p，由下式进行计算，即可得到双向等拉应变状态下的应力－应变关系：

$$\begin{cases} \sigma_i = \sigma_1 = \sigma_2 = p \cdot \dfrac{r}{2t} \\ \varepsilon_i = \ln\,(t_0/t) = 2\varepsilon_\theta = 2\ln\dfrac{r}{r_0} \end{cases} \tag{3.17}$$

由图 3.19 可以看出，不同应变状态下得到的 $\sigma-\varepsilon$ 曲线对于不同的材料是不同的。由液压胀形试验得到的双向等拉应变状态下的 $\sigma-\varepsilon$ 曲线明显比单向拉伸状态下的 $\sigma-\varepsilon$ 曲线长。这对研究板材的成形性能有着重要意义。

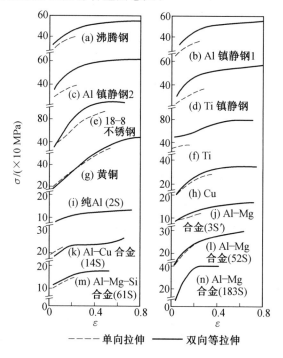

图 3.19   各种金属的应力－应变曲线

3.3.3   KWI 扩孔试验

扩孔试验作为评价材料的翻边性能的模拟试验方法，是采用带有内孔直径为 d_0 的圆形毛坯，在图 3.20 所示的模具中进行扩孔，直至内孔边缘出现裂纹为止。测定此时的内孔直径 d_f，并用下式计算极限扩孔系数 λ：

$$\lambda = \frac{d_f - d_0}{d_0} \times 100\% \tag{3.18}$$

式中，$d_f = \dfrac{d_{f\max} + d_{f\min}}{2}$。

λ 值越大，材料的翻边性能越好。试验细节参见 GB/T 15825.4—2008《金属薄板成形性能与试验方法   第 4 部分：扩孔试验》。

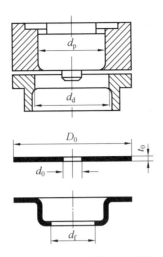

图 3.20　KWI 扩孔试验简图

3.3.4　极限拉深比试验(LDR 试验、Swift 试验)

极限拉深比试验是以求 LDR 作为评定板材拉深性能的试验方法。求 LDR 的试验所用模具如图 3.21 所示。试验时,用不同直径的平板毛坯(以拉深比为 0.025 的级差改变毛坯直径),置于图 3.21 所示的模具中进行拉深试验。确定出不发生破裂所能拉深成直壁杯形件的最大毛坯直径 $D_{\max}$ 与凸模直径 d_p 之比,此比值称极限拉深比,通常用 LDR 表示,即

$$LDR=\frac{D_{\max}}{d_p} \qquad (3.19)$$

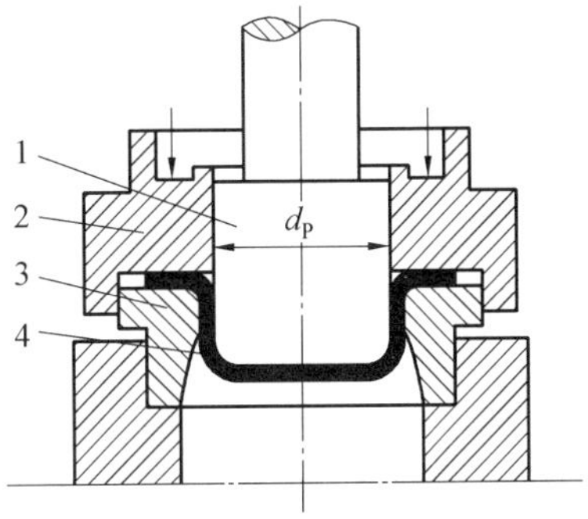

图 3.21　求 LDR 的试验所用模具

1—凸模;2—压边圈;3—凹模;4—试样

LDR 值越大,板材的拉深性能越好,这种方法简单易行。缺点是压边力不能准确地给定,影响试验值的准确性,而且做起来偏麻烦。试验细节参见 GB/T 15825.3—2008《金属薄板成形性能与试验方法　第 3 部分:拉深与拉深载荷试验》。

3.3.5　拉深力对比试验

用可能拉深成形的一定直径的毛坯,在专用模具上进行拉深,当拉深至超过最大拉深力时,用带拉深筋的凹模和压边圈施行强力压边,避免法兰边产生收缩变形。然后将所拉成的半杯状的拉深件继续拉深直至拉破。取侧壁拉破时的拉深力和最大拉深力的差与最大拉深力(或拉断力)的比,作为 T_{zp} 值,即

$$T_{zp}=\frac{F_f-F_{\max}}{F_f(F_{\max})}\times100\% \qquad (3.20)$$

该试验所用的拉深程度通常取 $K=\dfrac{D_0}{d_p}=\dfrac{52}{30}$,所用模具及拉深过程的示意图如图3.22

所示。由试验所得的力－行程曲线可知,F_{max}反映了变形区变形所需的最大变形力,F_f反映了传力区的承载能力。当T_{zp}值越大时,说明最大拉深力与拉断力之差越大,工艺稳定性越好,板材的拉深性能越好。试验细节参见 GB/T 15825.3—2008。

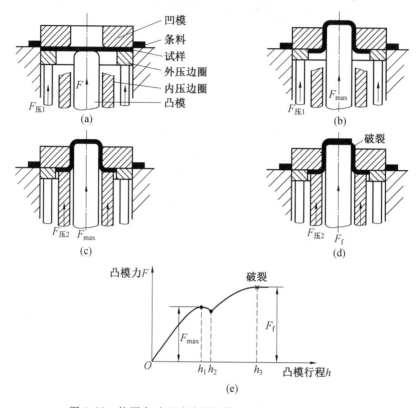

图 3.22　拉深力对比试验所用模具及拉深过程的示意图

3.3.6　锥杯件复合性能试验(Fukui 试验)

锥杯件复合性能试验是拉深性能与胀形性能综合测试试验方法,如图 3.23 所示。用 60°锥角凹模及球形凸模在无压边情况下对一定直径的圆形毛坯进行拉深试验,测出锥形试件破裂时的上口直径表示其性能。由于材料的各向异性引起上口直径差异,通常取其平均值,称为锥形件成形值或 CCV 值,即

$$CCV = \frac{1}{2}(D_{max} + D_{min}) \qquad (3.21)$$

材料的 CCV 值越小,材料的拉深－胀形复合成形性能越好。CCV 值与硬化指数 n 值和板厚方向性系数 r 值有很强的相关关系。试验细节参见 GB/T 15825.6—2008《金属薄板成形性能与试验方法　第 6 部分:锥杯试验》。

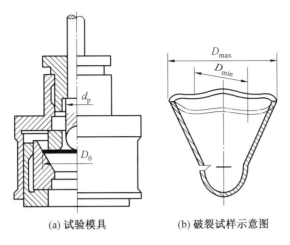

(a) 试验模具　　　　(b) 破裂试样示意图

图 3.23　锥杯件复合性能试验

3.3.7　弯曲成形性能试验

图 3.24 所示为弯曲成形性能试验示意图。弯曲试验采用压弯法或折叠弯曲,在逐渐减小凸模直径规格(即减小凸模弧面半径 r_p)的条件下,测定试样外层材料不产生裂纹时的最小弯曲半径 r_{min},并用下式计算最小相对弯曲半径,作为弯曲成形性能指标:

$$最小相对弯曲半径 = \frac{r_{min}}{t_0} \tag{3.22}$$

式中　t_0——试样基本厚度。

最小相对弯曲半径越小,弯曲成形性能越好。

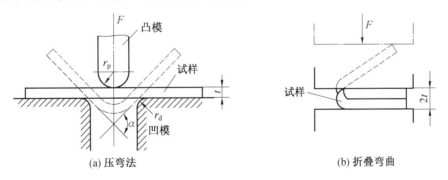

(a) 压弯法　　　　　　　　　(b) 折叠弯曲

图 3.24　弯曲成形性能试验示意图

用压弯法试验时,最小弯曲半径为

$$r_{min} = r_{pf} + \Delta r_p \tag{3.23}$$

式中　r_{pf}——试样外层材料出现肉眼可见裂纹时的凸模弧面半径;

　　　Δr_p——凸模弧面半径的级差,可取 1 mm。

用压弯法试验时,如果最小规格的凸模弧面半径不能使试样外层材料产生肉眼可见的裂纹,则先用压弯法将试样弯曲到 170°左右,再对试样进行折叠弯曲,并按下述原则确定最小弯曲半径 r_{min}:

（1）试样外层材料出现肉眼可见的裂纹时，最小弯曲半径 r_{min} 等于最小规格的凸模弧面半径。

（2）试样外层材料仍未出现肉眼可见的裂纹时，最小弯曲半径 $r_{min}=0$。

试验细节参见 GB/T 15825.5—2008《金属薄板成形性能与试验方法　第 5 部分：弯曲试验》。

3.3.8　方板对角拉伸试验（YBT）

在板材成形实践中，一些尺寸大、形状复杂的薄壁件基本是在拉力作用下成形的。在成形过程中或成形后会出现一些起皱、面畸变、凹陷及鼓包等缺陷。方板对角拉伸试验（Yoshida Buckling Test，YBT）是鉴定板材抗起皱能力的试验方法，由日本学者吉田清太（Yoshida）提出，用以评估板材在非均匀拉伸下抗皱能力的试验。

对角拉伸试件中部因受压失稳而皱曲，可用应力流线的挠曲定性地解释，如图 3.25（a）所示。试验时，将 100 mm×100 mm 的方板试件沿对角方向施加拉力，夹持宽度为 40 mm，如图 3.25（b）所示。拉伸过程中，记录载荷、拉伸量与拱曲高度，如图 3.26 所示。试件拉伸变形，通常以中部标距 75 mm 内的拉应变 λ_{75} 为准。抗皱性的评估指标有两种：加载—拱曲行程曲线（图 3.26（a））临界点 B 时的应变 $(\lambda_{75})_{cr}$；$\lambda_{75}=1\%$ 时中心跨度 $b=25$ mm 内的拱曲高度 h 值，如图 3.26（b）所示。

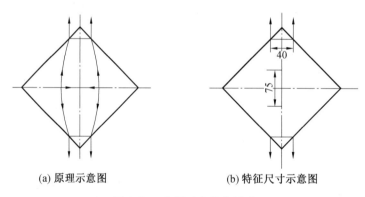

(a) 原理示意图　　　　　　　　(b) 特征尺寸示意图

图 3.25　方板对角拉伸试验

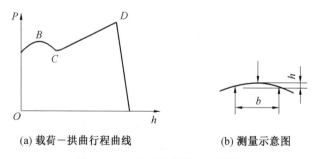

(a) 载荷—拱曲行程曲线　　　　　(b) 测量示意图

图 3.26　方板对角拉伸试验结果

方板对角拉伸试验的基本方法有两种：单向对角拉伸（YBT－Ⅰ）和双向对角拉伸（YBT－Ⅱ）。

1. 单向对角拉伸(YBT－Ⅰ)

方板单向拉伸试验的试样及起皱高度的测量方法如图 3.27 所示。试验时,只沿着试样的某一指定的对角线方向加载拉伸,至试样的拉伸标距(GL)内发生一定量的伸长变形时,利用千分表测量方板中部的皱纹高度 h_b' 或者卸载后测量该处残留的皱纹高度 h_b。

2. 双向对角拉伸(YBT－Ⅱ)

YBT－Ⅱ是在与 YBT－Ⅰ相同尺寸的试样上,于两个对角线方向上施加拉伸载荷 F_x、$F_y(F_x \leqslant F_y)$,测量由 F_x、F_y 引起的皱纹高度 h_b' 及残留的皱纹高度 h_b(图 3.28)。

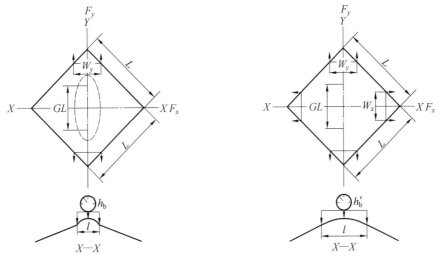

图 3.27　单向对角拉伸　　　　　图 3.28　双向对角拉伸

材料抗起皱能力用 h_b' 或 h_b 表示,其值越小,说明材料越不易起皱。YBT 起皱高度 h_b 与材料性能的关系如图 3.29 所示。

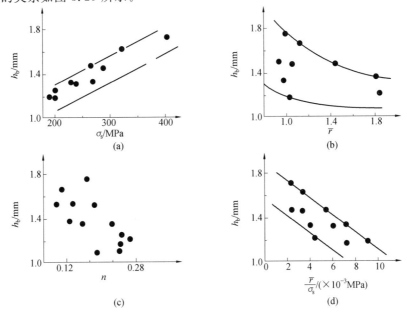

图 3.29　YBT 起皱高度 h_b 与材料性能的关系

3.4　板材成形性能与材料特性关系

成形性能是板材极为重要的属性之一。表3.3列出了板料单向拉伸性能与冲压成形性能的关系。将拉伸试验值(或称材料特性值)的特征及与成形性的关系归纳成表3.4。

表 3.3　板料单向拉伸性能与冲压成形性能的关系

冲压成形性能		主要影响参数	次要影响参数
抗破裂性能	胀形成形性能	n	$\bar{r}$、σ_s、δ
	扩孔(翻边)成形性能	δ	$\bar{r}$、强度和塑性的平面各向异性程度
	拉深成形性能	$\bar{r}$	n、$\dfrac{\sigma_s}{\sigma_b}$、$\sigma_s$
	弯曲成形性能	δ	总延伸率的平面各向异性程度
贴模性		σ_s	$\bar{r}$、n、$\dfrac{\sigma_s}{\sigma_b}$
定形性		σ_s、E	$\bar{r}$、n、$\dfrac{\sigma_s}{\sigma_b}$

表 3.4　各种材料特性值的特征及与成形性的关系

特性值	特征	与成形性的关系
屈服强度 σ_s	一般情况下,与延伸率 δ、n 值成反比	与胀形性、伸长类翻边性、弯曲性成反比,对拉深性能也不利
抗拉强度 σ_b		
屈强比 $\dfrac{\sigma_s}{\sigma_b}$	基本上与 n 值成反比	与各种成形性有关,特别是与胀形性、弯曲性、伸长类翻边性有负相关性
均匀延伸率 δ_u	单拉条件下稳定塑性变形能力	与胀形、翻边和弯曲性能正强相关
n 值	硬化指数,严格地说,因 $n \leqslant 1$,表示应变增加时加工硬化性的降低率。它越大,降低率越小	与胀形性、弯曲性、伸长类翻边性正强相关,与拉深性能也有关系
r 值	板厚方向性系数,表示板平面宽度方向和板厚方向变形难易的差别	与拉深性能正强相关,与伸长类翻边性能也有关系
ϕ 值	试样破断处的宽度颈缩率	与拉深性能有强的对应关系
$x(x_{\sigma_b})$ 值	单向与双向拉伸时抗拉强度之比	与拉深性能正强相关

表3.3和表3.4在一定程度上说明,成形性能是不能用一两个或两三个指标所能概括或表征的。3.2节和3.3节分别从间接试验(拉伸试验)——基本成形性能和直接试验(模拟试验)——模拟成形性能两个方面对此做了分析和讨论。

基本成形性能通过"概括类比"研究的是板材成形的共性问题,从一般性或标准试验中,寻求评估板材成形性能的合适指标——材料参数。这些参数假定以 x_i 来概括,x_i 可能是 $x_1 = n$、$x_2 = r$、$x_3 = \delta_u$、……。

模拟成形性能通过"典型模拟"研究的是成形的特殊性(即个性)问题。从典型成形工序的模拟试验中,寻求评估板材适应某种成形工序的性能评估指标。假定以 F_i 来概括表示,F_i 可能是 $F_1 = IE$、$F_2 = LDR$、$F_3 = \lambda$、……。

一般而言,在一定的试验条件(按标准规定)下,任一模拟试验的性能指标只与基本成形性能的某些材料参数密切相关,也就是说 F_i 和 x_i 之间存在一定的函数关系 $F_i = F(x_i)$。目前国内外学者主要通过数理统计法和分析计算法来确定函数关系 $F_i = F(x_i)$。目前研究进展表明,利用纯粹的数理统计法和解析计算法往往不可取。较好的方法是两者结合,在分析计算结果的基础上,进行试验修正。而以计算机作为思维载体的人工智能技术,只需以少量的试验数据作为样本,利用神经网络或其他人工智能技术,就可以建立起多参数耦合的函数关系。截至目前,已经取得一定的成功应用案例。

3.5　板材变形的试验研究方法

由于冲压生产中的实际问题十分复杂,尤其在大型复杂形状零件的成形中产生的各种问题,在很多情况下还不能用纯理论的方法去分析解决。有时必须综合运用半理论、半试验的方法,甚至还需要应用纯试验的方法探索冲压成形中的一些基本规律与重要的工艺参数。

3.5.1　外形观察法

在冲压加工之后,对冲压件的外形特征进行仔细观察,经过对各变形结果的分析,可以得到许多重要的有关变形性质、变形特点、受力状态等的结论,为确定合理的工艺过程和设计模具结构提供直接的依据。外形观察法是一个基础有效的方法,简便易行。

在应用外形观察法时,为了清晰地了解有关变形与受力情况,可以运用以下几项原则:

(1)根据冲压前后毛坯尺寸的变化,可以大致确定该方向上变形的性质和应变的分布。

(2)通常,在出现裂纹的部位上作用有拉应力,其方向垂直于裂纹方向。

(3)在起皱的部位上一定作用有压应力,而压应力的方向与皱纹的方向相垂直。

(4)根据冲压过程中毛坯各部分厚度的变化,可以大致判断变形的类别(伸长类或压缩类)。如果辅之以一定的分析,还可能判断各部位受力(应力状态)的性质。

3.5.2　分段冲压法

分段冲压法是在一般的外形观察法的基础上进一步发展而成的。为了深入地和更细致地了解冲压过程中毛坯各部分的变形特点、先后顺序、相互影响、各种问题和现象产生的原因,等等,可以把全部冲压过程划分成若干阶段。进行分段冲压后,对各阶段的冲压成形结果作出考察和分析,找出问题的原因和正确的解决办法。这种方法主要适用于复杂形状零件的冲压变形分析。这类零件的冲压变形也是复杂的,仅观察冲压加工过程已全部完成之后的变形结果,常常不能确切地了解毛坯的变形过程和各种问题发生的原因,也不易找到有效的解决问题的措施。

另外,分段冲压法结合网目分析法可以获得变形毛坯危险部位的应变路径及应变状态图(SCV)。再与成形极限图(FLD)共同分析,从而找出解决问题的措施。

3.5.3　切口分离法

为判断冲压过程中毛坯各部分之间的受力与变形的关系,可以采用切口分离法,切断某些部分之间的联系,经过冲压加工之后,和未做切口分离处理毛坯的冲压结果相比较,可清楚地得到毛坯各部分之间在变形方面的关系、它们之间的相互影响等。

应用切口分离法,可以判断冲压毛坯内应力的性质。在冲压过程中切口张开,表示这个部位作用有拉应力,由此可能判断诱发应力的存在和性质等。

在应用切口分离法研究冲压变形时,切口的位置、方向、大小等是决定是否成功的关键。

3.5.4　网目分析法

在塑性变形的研究工作中,网目分析法(又称网格法)的应用十分普遍。由于冲压成形时毛坯处于平面应力状态,所以可以在板料表面印制网目,通过对变形中网目尺寸变化的测量,获得有关变形和应力的分布等重要信息。因此,在薄板冲压成形中常用它来研究变形毛坯的变形状态、变形路径以及破坏时的极限应变等,尤其在实物及模型试验中是最常使用的一种方法。

利用网目分析法得到的圆筒形件拉深时的变形状态图如图 3.30 所示。简单形状冲压件成形时破坏部位的应变路径如图 3.31 所示。

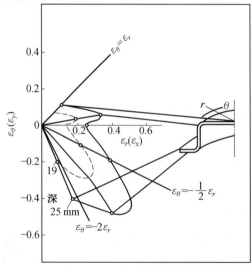

图 3.30　圆筒形件拉深时的变形状态图

(d_p＝250 mm、r_p＝20 mm、t＝1.0 mm、材料沸腾钢)

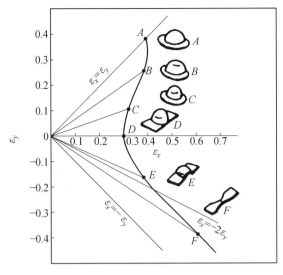

图 3.31　简单形状冲压件成形时破坏部位的应变路径

1. 网目分析法原理

在冲压变形之前,于板料毛坯的表面上制成一定形状的网目。在冲压过程中,由于毛坯的塑性变形,因此网目的形状和尺寸发生变化。测量网目尺寸的变化量,经过计算,即可得到网目所在位置的应变。对变形区内多点网目尺寸的变化进行测量与计算,可得到应变的分布,例如图 3.32,采用圆形网目,在变形后网目变成椭圆形状,椭圆的长、短轴方向就是主轴方向。主应变数值为

工程应变

$$e_x = \frac{R_x - R_0}{R_0}, \qquad e_y = \frac{R_y - R_0}{R_0} \tag{3.24}$$

对数应变

$$\varepsilon_x = \ln \frac{R_x}{R_0}, \qquad \varepsilon_y = \ln \frac{R_y}{R_0} \tag{3.25}$$

式中　R_0——变形前圆网目的半径;

　　　R_x、R_y——变形后椭圆的长、短轴半径。

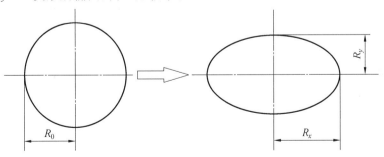

图 3.32　网目的变形

2.网目形式及制网方法

（1）网目形式。

网目形式主要有以下几种：正方形网目（图 3.33（a））、圆形网目（图 3.33（b））、组合网目（图 3.33（c））、交错网目（图 3.33（d））。

不同形式的网目具有不同的优点。由于圆形网目在任何应力状态作用下变形后都形成椭圆形式，其长轴方向就是最大应变的主轴方向。所以，在实验室里和生产实际中最常用的是圆形网目。

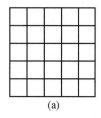 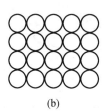 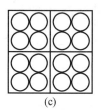 

(a)   (b)   (c)   (d)

图 3.33   常用的网目形式

网目大小可以根据冲压的具体情况来选定。一般地，在曲率较小的部位可选用较大的网目，这样可以减小测量误差，并可提高测量速度；而在曲率较大的部位，应选用较小的网目，以利于提高测量精度。对于小尺寸的网目，直径一般小于 3 mm，如 $\phi2$ mm、$\phi2.5$ mm 的圆形网目。而在实际生产中，网目的尺寸可以大些，如 $\phi10$ mm、$\phi20$ mm。在大型冲压件上比较平坦的部位要测量微小变形时有时也用 $\phi50\sim\phi100$ mm 的网目。

（2）制网方法。

制网方法有许多种，最常用的有：机械刻线法、化学腐蚀法、电腐蚀法、印相法、印刷法。

机械刻线法就是用机床直接刻线或手工用划规在板材上直接刻线。刻线深度一般在 $0.05\sim0.15$ mm 之间。化学腐蚀法和电腐蚀法的腐蚀深度一般为 $0.005\sim0.03$ mm。因此，以上几种制网方法在金属表面上已经形成了刻痕，毛坯厚度产生了差别。这种差别会降低材料的抗拉伸失稳能力，而印相法则克服了这一缺点。

近年来，网目测量和分析方法取得了显著进步，从工具软尺、工具显微镜到基于网目的光学测量技术等。21 世纪以来，基于数字图像相关法（Digital Image Correlation，DIC）的板料成形极限应变的全场动态测量方法得到成熟应用。该方法通过跟踪和匹配变形前后所采集图像的灰度信息，来测量物体在各种载荷作用下表面整体的瞬时位移场和应变场，具有非接触、精度高、光路简单、受环境影响小、自动化程度高、全域测量和动态测量容易实现等优点。

思考练习题

3.1   说明材料的基本性能对冲压性能的影响规律。

3.2   试述材料性能指标（n 值、r 值、均匀延伸率、屈强比）对弯曲、局部胀形、直壁筒形件拉深、圆孔翻边的极限变形指标的影响规律。

3.3　简述材料冲压性能的直接试验方法。

3.4　简述分段冲压方法思路。

3.5　试推导表达式 $\varepsilon_j = n$。式中 ε_j 为单向拉伸发生分散性颈缩时的最大伸长真实应变，n 为应变硬化指数。

3.6　某材料做单向拉伸试验，拉断后试件尺寸如图 3.34 所示。已测得试件原始剖面的宽度 $b_0 = 15$ mm，厚度 $t_0 = 2$ mm，加载过程中的最大拉力 $P_{max} = 6\ 566$ N，求此材料实际应力曲线的近似解析式 $\sigma = K\varepsilon^n$。

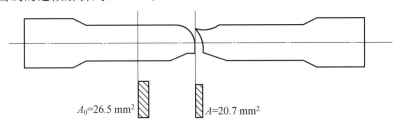

$A_0 = 26.5$ mm^2　　$A = 20.7$ mm^2

图 3.34　拉断后试件尺寸

3.7　已知某材料的 $\sigma_b = 383.44$ MPa，与之相对应的相对应变 $\delta_i = 0.197$，求此材料的近似理论实际应力曲线 $\sigma = K\varepsilon^n$，式中 ε 为对数应变。

3.8　表 3.5 列出了 4 种材料的材料性能指标，试分析：

(1)哪种材料的 LDR 最大？

(2)哪种材料的凸耳程度最大？

(3)哪种材料的均匀延伸率最大？

(4)哪种材料的胀形高度最大？

(5)分别适用于哪种冲压成形工艺？

表 3.5　4 种材料的材料性能指标

材料与性能	r_0	r_{45}	r_{90}	n
1	0.60	0.52	0.94	0.28
2	0.82	0.92	0.81	0.45
3	1.32	1.04	1.64	0.22
4	2.25	2.07	1.61	0.12

第4章 板材塑性失稳

4.1 受压失稳机理

压缩失稳在弹性和塑性变形范围内都可发生。在弹性状态时,当压力 F_p 达到某值 F_k 时,压杆(板条)就产生失稳而弯曲(图 4.1),使压杆以曲线形状保持平衡,该压力 F_k 称为临界力。这时杆内产生一内力矩与外力矩平衡,即内力矩等于外力矩。平衡状态下的微分方程为

$$EI\frac{\mathrm{d}^2 y}{\mathrm{d}\,x^2} = -F_p y \tag{4.1}$$

式中 E——材料的弹性模数;

I——压杆的惯性矩,对于宽为 b、厚为 t 的平板,$I=\dfrac{b\,t^3}{12}$。

将式(4.1)积分并整理后得到如下的欧拉公式:

$$F_k = \frac{\pi^2 EI}{L^2} \tag{4.2}$$

当坯料内部的压应力超过屈服极限时,材料进入塑性状态,式(4.2)就不再适用。假如所压缩材料的应力—应变关系如图 4.2(a)所示,而且临界压力 F_k 在材料内引起的压应力 σ_k 位于曲线的 a 点。材料弯曲后受压的内侧压应力继续增加,即沿 ad 线加载至 b 点,而受拉的外侧,由弯曲引起的拉应力使外侧材料沿 ae 线卸载至 c 点(图 4.2(a))。此时材料截面内的应力分布如图 4.2(b)所示。材料受拉外侧的边缘上的应力增量为 $\Delta\sigma_1$,受压内侧的边缘上的应力增量为 $\Delta\sigma_2$,可分别表示为

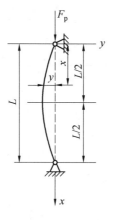

图 4.1 压杆(板条)的受力和变形

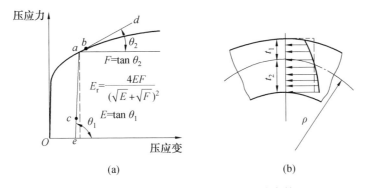

图 4.2　临界压力下坯料截面内的应力分布情况

$$\Delta\sigma_1 = E\frac{t_1}{\rho} \tag{4.3}$$

$$\Delta\sigma_2 = F\frac{t_2}{\rho} \tag{4.4}$$

式中　F——硬化模数（又称切线模数），其余符号如图 4.2 所示。

根据塑性失稳条件，轴向压力的增量 $\mathrm{d}F_\mathrm{p}=0$（即在临界力 F_k 作用下压杆以曲线形状保持平衡），可以得到内力矩：

$$M = \frac{1}{\rho}\frac{4EF}{(\sqrt{E}+\sqrt{F})^2}\frac{bt^3}{12} \tag{4.5}$$

将 $E_\mathrm{r}=\dfrac{4EF}{(\sqrt{E}+\sqrt{F})^2}$，$\dfrac{1}{\rho}=\dfrac{\mathrm{d}^2y}{\mathrm{d}x^2}$ 和 $I=\dfrac{bt^3}{12}$ 代入式（4.5）得

$$M = E_\mathrm{r}I\frac{\mathrm{d}^2y}{\mathrm{d}x^2} \tag{4.6}$$

根据内力矩与外力矩相等的平衡条件得临界状态下的微分方程式：

$$E_\mathrm{r}I\frac{\mathrm{d}^2y}{\mathrm{d}x^2} = -F_\mathrm{k}y \tag{4.7}$$

积分式（4.7）并整理后得

$$F_\mathrm{k} = \frac{\pi^2 E_\mathrm{r}I}{L^2} \tag{4.8}$$

可以看出式（4.8）与式（4.2）形式相同，只是塑性失稳的临界压力公式中用 E_r 代替了弹性失稳临界压力公式中的 E 值。E_r 为折减弹性模数，它反映了弹性模数 E 和硬化模数 F 的综合效果。研究表明，塑性失稳时实际的临界压力比式（4.8）得到的还要低，失稳在压力达到 F_k 前就发生了。为了安全和简便，多采用下式求临界力：

$$F_\mathrm{k} = \frac{\pi^2 FI}{L^2} \tag{4.9}$$

对于直径为 d 的圆截面杆，$I=\dfrac{\pi d^4}{64}$，代入式（4.9）得

临界压力

$$F_\mathrm{k} = \frac{\pi d^2}{4}\cdot\frac{\pi^2 F}{16}\cdot\left(\frac{d}{L}\right)^2 \tag{4.10}$$

临界压应力

$$\sigma_k = \frac{\pi^2 F}{16} \cdot \left(\frac{d}{L}\right)^2 \qquad (4.11)$$

对于宽为 b，厚为 t 的平板，$I = \frac{bt^3}{12}$，代入式（4.9）得

临界压力

$$F_k = bt \cdot \frac{\pi^2 F}{12} \cdot \left(\frac{t}{L}\right)^2 \qquad (4.12)$$

临界压应力

$$\sigma_k = \frac{\pi^2 F}{12} \cdot \left(\frac{t}{L}\right)^2 \qquad (4.13)$$

由得到的塑性压缩失稳的临界压力和临界压应力的计算式（4.8）~（4.13）可以看出，材料的抗压缩失稳的能力除与材料的刚度性能参数 E_r、F 有关外，还与受载的压杆（或板条）的几何参数（$\frac{t}{L}$、$\frac{d}{L}$）密切相关。当相对厚度 $\frac{t}{L}$ 越小，相对高度 $\frac{L}{d}$ 越大，即板料越薄、杆件越细时越易发生失稳，板料的压缩失稳往往表现为失稳起皱，而杆件的压缩失稳往往表现为失稳弯曲。

4.2 失稳起皱的分类和控制方法

4.2.1 起皱的分类

对于板料成形而言，当外力在板料平面内引起的压应力使板厚方向达到失稳极限时便产生失稳起皱，皱纹的走向与压应力垂直。

引起压应力的外力如图 4.3 所示，大致可分为压缩力、剪切力、不均匀拉伸力及板平面内弯曲力四种。因此失稳起皱按引起起皱的外力分类相应地有四种。

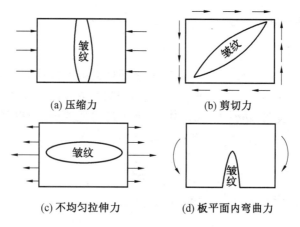

(a) 压缩力   (b) 剪切力

(c) 不均匀拉伸力   (d) 板平面内弯曲力

图 4.3 平板失稳起皱的分类

1. 压缩力引起的失稳起皱

圆筒形零件拉深时法兰变形区的起皱,曲面零件成形时悬空部分的起皱,都属于这种类型。成形过程中变形区坯料在径向拉应力$\sigma_1 > 0$、切向压应力$\sigma_3 < 0$的平面应力状态下变形,当切向压应力达到失稳临界值时,坯料将产生失稳起皱。塑性失稳的临界应力可以用力平衡法和能量法求得。为了简化计算,多用能量法。

不用压边圈的拉深,如图 4.4 所示,拉深过程中法兰变形区失稳起皱时能量的变化主要有三部分:

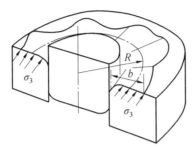

图 4.4　法兰变形区失稳起皱

(1)皱纹形成时,假定皱纹形状为正弦曲线,半波(一个皱纹)弯曲所需的弯曲功为

$$u_w = \frac{\pi E_r I \delta^2 N^3}{4R^3} \tag{4.14}$$

式中　δ——起皱后的皱纹高度;

　　　N——皱纹数;

　　　R——法兰变形区平均半径。

(2)法兰内边缘在凸模和凹模圆角间夹持得很紧,相当于内边缘固支的环形板,起着阻止失稳起皱的作用,与有压边力的作用相似,可称为虚拟压边力。失稳起皱时形成一个皱纹,虚拟压边力所消耗的功为

$$u_x = \frac{\pi R b K \delta^2}{4N} \tag{4.15}$$

式中　b——法兰变形区宽度;

　　　K——常数。

(3)变形区失稳起皱后,周长缩短,切向压应力σ_3由于周长缩短而放出能量。形成一个皱纹,切向压应力放出的能量为

$$u_f = \frac{\pi \delta^2 N}{4R} \sigma_3 b t \tag{4.16}$$

法兰变形区失稳起皱的临界状态应该是切向压应力所释放的能量等于起皱所需的能量,即

$$u_f = u_w + u_x \tag{4.17}$$

将前边各能量值代入式(4.17)整理后得

$$\sigma_3 b t = \frac{E_r I N^2}{R^2} + b K \frac{R^2}{N^2} \tag{4.18}$$

对皱纹数 N 进行微分,并令 $\frac{\partial \sigma_3}{\partial N}=0$,得到临界状态下的皱纹数:

$$N=1.65 \frac{R}{b}\sqrt{\frac{E}{E_r}} \tag{4.19}$$

将 N 值代入式(4.18)得起皱时临界切向压应力 σ_{3k}:

$$\sigma_{3k}=0.46 E_r\left(\frac{t}{b}\right)^2 \tag{4.20}$$

因此可得到不需压边的极限条件:

$$\sigma_3 \leqslant 0.46 E_r\left(\frac{t}{b}\right)^2 \tag{4.21}$$

由式(4.21)可以看出,压应力临界值与材料的折减弹性模数、相对厚度有关。材料的弹性模数 E、硬化模数 F 越大,相对厚度 t/b 越大,切向压应力越小,不用压边的可能性越大。

2. 剪切力引起的失稳起皱

剪切力引起失稳起皱,其实质仍然是压应力的作用。例如板坯在纯剪状态下,在与剪应力成 $45°$ 的两个剖面上分别作用着与剪应力等值的拉应力和压应力。只要有压应力存在就有导致失稳的可能。失稳时剪应力的临界值可写成如下形式:

$$\tau_k=K_s E\left(\frac{t}{b}\right)^2 \tag{4.22}$$

对于不同边界条件的矩形板,四边约束不同时,K_s 值也不同(图 4.5)。

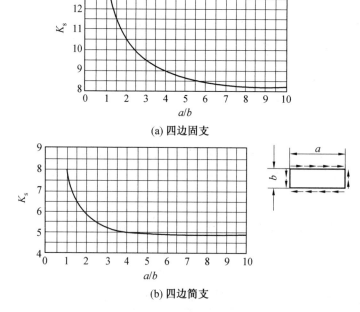

(a) 四边固支

(b) 四边简支

图 4.5　K_s 值随边界条件变化的曲线

由式(4.22)可以看出,板料在纯剪状态下失稳时剪应力的临界值与厚度的平方成正比,与其特征尺寸(宽度 b)的平方成反比。

在压缩翻边和伸长翻边过程中,材料向凹模口流入时,由于侧壁的干涉受到很强的剪切力的作用,因而容易产生失稳起皱。图 4.6(a)是伸长类曲面翻边件侧壁在剪切力作用下形成的皱纹;图 4.6(b)是汽车车体中立柱在剪切力作用下产生的皱纹。另外,受压缩情况比受剪切的情况更容易失稳。

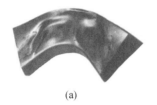
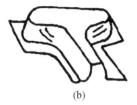

(a)　　　　　　　　　　　　　　　(b)

图 4.6　剪切力引起的失稳起皱

3. 不均匀拉伸力引起的失稳起皱

当平板受不均匀拉伸力作用时,在板坯内产生不均匀变形,并可能在与拉伸力垂直的方向上产生附加压应力。该压应力是产生皱纹的力学原因。拉伸力的不均匀程度越大,越易产生失稳起皱。皱纹产生在拉力最大的部位,其走向与拉伸方向相同。平板边缘(不均匀拉伸力作用端)沿宽度方向上的不均匀拉应力 σ_1 的分布如图 4.7(a)所示,所引起的应力 σ_x 和 σ_y 在板平面内的分布分别如图 4.7(b)、(c)所示。由图 4.7(c)可知,在平板中间部位 σ_y 为压应力,由它引起平板的失稳起皱。

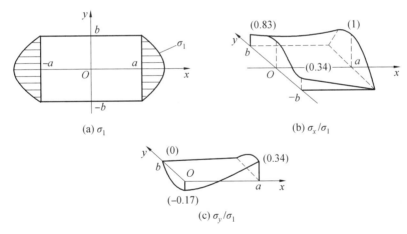

(a) σ_1　　　　　　　　　　(b) σ_x/σ_1

(c) σ_y/σ_1

图 4.7　平板在不均匀拉伸力作用下的应力分布

在冲压成形时,凸模纵断面或横断面的形状比较复杂时,坯料的局部会承受不均匀拉伸力的作用。如图 4.8(a)所示的棱锥台拐角处的侧壁,由于材料流入的同时产生收缩,再加上由不均匀拉伸力引起的压应力的作用,就更加容易产生失稳起皱;如图 4.8(b)所示的鞍形件,底部产生的皱纹也是由不均匀拉伸力引起的。

4. 板平面内弯曲力引起的失稳起皱

利用不带筋的模具进行盒形件拉深成形时,由于材料流动速度在法兰变形区的直边

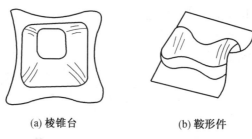

(a) 棱锥台　　　　　　(b) 鞍形件

图 4.8　不均匀拉伸力引起的失稳起皱

区与圆角区是不同的,由位移速度差诱发产生的剪切力(剪应力),形成了直边区对圆角区和圆角区对直边区的板平面内弯矩,使法兰变形区产生板平面内的弯曲,从而引起法兰变形区圆角区内侧凹模口附近及直边区外侧中间附近的起皱,如图 4.9 所示。

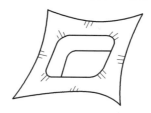

图 4.9　板平面内弯曲力引起的失稳起皱

4.2.2　起皱的控制方法

薄板成形中,一旦产生了皱纹,并残留在制件上,不仅使制件的尺寸精度、表面质量等降低,影响后续工序质量,而且使拉深筋和凹模的磨损严重、黏着加剧等。

解决起皱的问题可从产品形状、工序设计、模具设计与制造、冲压条件及材料等方面着手解决。

1. 产品形状方面的措施

在不损坏产品的性能及外观的前提下,可通过改变产品形状达到解决起皱的目的。必须预先明确皱纹发生部位、成长程度以及有无消去的可能性等。如果没有充足的资料积累时,需要根据模拟试验进行分析,大致可以从以下几个方面考虑。

①减小制品拉深深度;②避免制件形状的急剧变化;③使制件横断面转角半径、纵断面圆角半径、局部的转角半径合理化;④减少平坦的部位;⑤增设吸收皱纹的形状;⑥台阶部分的合理化。

2. 工序设计及模具设计与制造方面的措施

措施主要有工序的改变、合理的压料面形式及合适的拉深筋位置与形状等。根据需要利用模拟试验进行分析,具体方法有以下几个方面。

①选定最佳毛坯形状与尺寸;②工序的合理安排;③适当增加工序数目;④确定合适的压料面形式与拉深方向;⑤有效地利用阶梯拉深;⑥凹模横断面形状、凹模圆角半径 R、凸模纵断面形状的合理化;⑦设置合适的工艺余料;⑧对起皱部位进行预压;⑨增强顶板背压;⑩在行程终点充分加压;⑪减小压边圈与凹模的间隙;⑫合理地选取拉深筋位置和形状;⑬提高模具刚性及耐磨性;⑭进行预弯曲;⑮对模具进行研配精加工;⑯增加板厚。

3. 冲压条件方面的措施

①提高压边力;②压边力的均衡;③控制润滑;④压力机及模具的平行度要高;⑤选择合适的冲压速度。

4. 材料方面的措施

众所周知,使用的材料不同,即使是同一产品,起皱的情况也会很不一样。主要措施:①使用合适的 r 值的材料;②使用低屈服点材料;③使用延伸率大的材料。

由上所述可知,控制和解决起皱的措施是多方面的,对各个不同的产品其方法也不一样。几乎没有普遍适用的方法,只能针对具体情况具体分析。表 4.1 列举了实际生产中常见的几种起皱机制及所采取的解决措施。

表 4.1 常见的几种起皱机制与解决起皱措施举例

序号	1	2
起皱形式	压料面皱纹	压料面皱纹
零件简图		(a) (b)
起皱机制	由法兰变形区内切向压应力引起失稳起皱	压边时产生的失稳起皱
解决措施	(1)降低制件的深度 (2)加大压边力 (3)加大转角半径 R (4)使毛坯尺寸、形状更加合适 (5)改善压边圈与凹模面的配合情况 (6)提高压边圈与凹模的材质 (7)使用 r 值大的材料	(1)避免起皱部位形状的急剧变化(可利用校形获得要求的形状) (2)减缓筋的形状 (3)使用低屈服点、高 r 值的材料

续表 4.1

序号	3	4
起皱形式	凹模棱边皱纹	凹模棱边皱纹
零件简图		
起皱机制	(1)法兰切向压应力引起失稳起皱 (2)法兰部位的材料向凹模内流入的不均匀 	由材料的移动引起的多料起皱
解决措施	(1)降低制品深度 (2)减小制品深度的差别 (3)加大转角半径 R (4)增加压边力 (5)使用 r 值大的材料	(1)避免形状的急剧变化 (2)增大起皱部位断面上的及平面上的圆角半径 R;加强拉深筋的阻力 (3)改变余料形状 (4)有效地利用阶梯拉伸
序号	5	6
起皱形式	翻边皱纹	凸模底部皱纹
零件简图		
起皱机制	压缩类翻边时产生的失稳起皱 	不均匀拉伸力引起的起皱

续表 4.1

序号	5	6
解决措施	(1)在翻边工序,尽量增加翻边深度 (2)减短法兰的长度	(1)避免形状的急剧变化 (2)调整凹模圆角半径 R (3)增加吸收余料的形状 (4)调整拉深筋
序号	7	8
起皱形式	鞍形部位皱纹	立壁部位皱纹
零件简图		
起皱机制	成形深度急剧变化引起多料而形成皱纹 	(1)悬空部位切向压缩引起失稳起皱 (2)材料不均匀流动引起失稳起皱
解决措施	(1)避免形状急剧变化 (2)在制件上增加吸收皱纹的形状,或者增设拉深筋 (3)改变压料面,增设拉深筋 (4)使用延伸率大、$\bar{r}$ 值大的材料	(1)采取阶梯拉深(使立壁拉深深度均匀) (2)调整拉深筋阻力 (3)拉深方向合理化 (4)避免形状急剧变化 (5)设置吸皱筋 (6)使用 $\bar{r}$ 值大、屈服点低的材料
序号	9	10
起皱形式	立壁部位皱纹	立壁部位皱纹
零件简图		

续表 4.1

序号	9	10
起皱机制	材料不均匀流入引起多料而形成皱纹	材料不均匀流入使转角处产生剪切应力,由此引起失稳起皱
解决措施	(1)避免形状急剧变化 (2)改变压料面 (3)增加吸皱用的形状 (4)增强起皱部位拉深筋的阻力 (5)使用低屈服点、$\bar{r}$ 值大的材料	(1)设置余料(在后道工序再加工) (2)加大转角半径 R (3)调整拉深筋阻力 (4)增加压边力

4.3 受拉失稳机理

在以拉为主的变形方式中,板料往往过度变薄、出现沟槽甚至拉断,这种现象实质上和起皱一样,也是变形不能稳定进行的结果。不同的是,受拉失稳或拉伸失稳只可能发生在材料的塑性变形阶段。为了深入理解板料在以拉为主的变形方式下的变形性能,本节将先从板条的单向拉伸入手,对拉伸失稳问题做一介绍。

4.3.1 板条拉伸失稳

1. 理想板条单向拉伸

设一理想均匀板条,原长 l_0、宽 ω_0、厚 t_0,在拉力 F 作用下,塑性变形后为 l、ω、t,如果材料的应力应变关系符合幂次式 $\sigma = K\varepsilon^n$,可以推得

$$F = A_0 K \varepsilon^n \exp(-\varepsilon) \tag{4.23}$$

或

$$F = A_0 K \left(\ln \frac{l}{l_0} \right)^n \left(\frac{l_0}{l} \right) \tag{4.24}$$

式中, $A_0 = \omega_0 t_0$, $A = \omega t$, $\varepsilon = \ln \dfrac{l}{l_0} = \ln \dfrac{A_0}{A}$。

图 4.10 所示为理想均匀板条拉伸时,按式(4.24)绘出的拉力—伸长量曲线。如与图 3.3、图 3.5 所示的实际板条拉伸工程应力—应变曲线图做一对照,不难看出:载荷 F(工程应力 σ)未达到最大值 F_{max}(强度极限 σ_b)以前,两者基本一致,达到最大值(或 σ_b)后,理想均匀板条载荷(或 σ)平缓下降,实际板条下降趋势急剧,曲线较短。

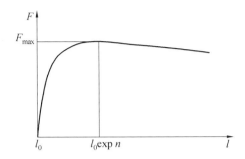

图 4.10　理想均匀板条拉伸时的拉力－伸长量曲线

从板条承载能力的角度看,$F = F_{max}$ 后,材料已经做出了最大贡献,外载不可能再有所增加,通常把这种现象称为加载失稳。加载失稳以前,理想均匀板条和实际板条的变形行为基本一致。但从板条形状变化的角度看,理想均匀板条遵循宏观塑性力学的规律,理应保持均匀变形:沿着板条,轴向伸长与剖面收缩完全一致。而实际板条则不能保持均匀伸长,呈现颈缩,变形局限在颈缩区内发展,曲线段较短。从变形角度看这也是一种失稳现象。加载失稳以后,颈缩在板条的较大一个区间内扩散,称为分散性失稳。根据试验观察:板条单向拉伸时,外载的加载失稳点和变形的分散性失稳点基本上同时发生,颈缩扩散发展到一定程度后,变形集中在某一狭窄条带内(通常,此条带宽度与板厚为同一量级)发展成为沟槽,称为集中性失稳。

有文献也把板条的分散性失稳称为宽向失稳,而把集中性失稳称为厚向失稳。集中性失稳开始以后,沟槽加深,外载急剧下降,板条最后分离为二。图 4.11 所示为实际板条拉伸颈缩的示意图。

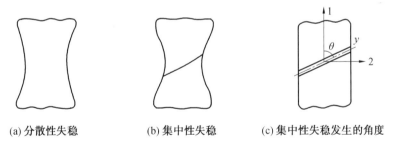

(a) 分散性失稳　　　　　(b) 集中性失稳　　　　(c) 集中性失稳发生的角度

图 4.11　实际板条拉伸颈缩的示意图

前已证明(见 3.2 节),单向拉伸时加载失稳(即分散性失稳)的条件为

$$\frac{\mathrm{d}\sigma_1}{\mathrm{d}\varepsilon_1} = \sigma_1 \tag{4.25}$$

如材料的应力应变关系符合幂次式 $\sigma_i = K\varepsilon_i{}^n$,单向拉伸时 $\sigma_i = \sigma_1$,$\varepsilon_i = \varepsilon_1$,所以分散性失稳时

$$\varepsilon_1 = n \tag{4.26}$$

分散性失稳发展到一定阶段,实际板条的最薄弱环节开始集中在某一狭窄条带内,发展成为沟槽,沟槽的发生、发展主要是依靠板料的局部变薄,沿着沟槽没有长度的变化。因此,集中性失稳产生的条件是:材料的强化率与其厚度的缩减率恰好相等。这就是希尔

(Hill)的集中性失稳理论。用数学式表示为

$$\frac{\mathrm{d}\sigma_i}{\sigma_i}=-\frac{\mathrm{d}t}{t}\qquad(4.27)$$

对于厚向异性板,单向拉伸时 $\sigma_i=\sigma_1$,$\varepsilon_i=\varepsilon_1$,$\dfrac{\mathrm{d}t}{t}=\mathrm{d}\varepsilon_3=-\dfrac{\mathrm{d}\varepsilon_1}{1+r}$,所以式(4.27)又可表示为

$$\frac{\mathrm{d}\sigma_1}{\mathrm{d}\varepsilon_1}=\frac{1}{1+r}\sigma_1\qquad(4.28)$$

如果材料的应力应变关系为 $\sigma_i=K\varepsilon_i^n$,单向拉伸时 $\sigma_1=K\varepsilon_1^n$,$\mathrm{d}\sigma_1=Kn\varepsilon_1^{n-1}\mathrm{d}\varepsilon_1$,代入式(4.28),可得单向拉伸集中颈缩开始发生时的应变,为

$$\varepsilon_1=(1+r)n\qquad(4.29)$$

假定沟槽与拉伸方向成 θ 角(图 4.11(c)),则沿沟槽的应变增量 $\mathrm{d}\varepsilon_y$ 应为零,即

$$\mathrm{d}\varepsilon_y=\mathrm{d}\varepsilon_1\cos^2\theta+\mathrm{d}\varepsilon_2\sin^2\theta=0$$

对于厚向异性板

$$\frac{\mathrm{d}\varepsilon_2}{\mathrm{d}\varepsilon_1}=\frac{-r}{1+r}$$

所以

$$\theta=\arctan\sqrt{\frac{1+r}{r}}\qquad(4.30)$$

板条单向拉伸失稳是讨论板料在双向受力且以拉为主的变形方式下变形失稳问题的基础,但还有很多问题有待深入研究。由于几何尺寸与材料性质不均,实际板条加载时产生分散性颈缩,其起始部位具有随机的性质。颈缩区材料交错滑移,其塑性变形的机理是比较复杂的。颈缩区内因应变速率($\dot{\varepsilon}$)与应变状态比值($\rho=\dfrac{\varepsilon_2}{\varepsilon_1}$)的变化产生的强化效应,可以取得颈缩区内亚稳定流动的条件,决定了实际板条分散颈缩的范围大小与集中失稳开始出现的时刻。

2. 带沟槽板条单向拉伸

考虑一种存在微小缺陷的单拉板条。引入一个浅沟槽表征这个微小缺陷,即如果板条(大部分为厚度均匀区)的初始面积为 A_0,则缺陷区域初始面积为 $(A_0+\mathrm{d}A_0)$,其中 $\mathrm{d}A_0$ 为小的负值,并且假定沟槽长度方向与板条单拉加载方向垂直。在变形的某个阶段,此拉伸板条示意图如图 4.12 所示。

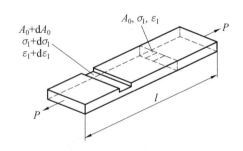

图 4.12   缺陷板条的拉伸

因均匀区域和沟槽区域承受相同的载荷,式(4.23)或式(4.24)可以写成

$$P=KA_0\varepsilon_1^n\exp(-\varepsilon_1)=K(A_0+\mathrm{d}A_0)(\varepsilon_1+\mathrm{d}\varepsilon_1)^n\exp[-(\varepsilon_1+\mathrm{d}\varepsilon_1)]\qquad(4.31)$$

拉伸时板条中两类区域的荷载—应变曲线如图 4.13 所示,缺陷中的轴向应变为 $(\varepsilon_1+\mathrm{d}\varepsilon_1)$。

根据式(4.26)可知,当应变为$\varepsilon_1 + \mathrm{d}\varepsilon_1 = n$时,沟槽区将达到最大载荷。在此载荷下,均匀区域应变达到点G,应变为$\varepsilon_{1U} < n$,ε_{1U}为最大均匀应变。从图4.13可以看出,均匀区域的应变不能超过点G,否则它需要比沟槽区承受更高的载荷。如果继续加载至载荷值超过最大负载P_{max},只有沟槽区会变形,同时外载会急剧降低。实际拉伸板条都会包含一些缺陷,即使这些缺陷非常轻微,该缺陷将成为颈缩发生的位置,一旦沟槽区达到最大承载能力,所有变形都集中在颈缩区,均匀区域将随着载荷下降而弹性卸载。在实际拉伸试样中看到的分散性颈缩区域长度大约等于板条的宽度,其变形只会对整体伸长率产生少量影响。因此,实际拉伸试样的载荷-伸长率曲线将比理想板条拉伸下降得更快,如图4.14所示。(应注意,稳定塑性变形的后继伸长还取决于标距长度与板条宽度之比。在其他条件相同的情况下,如果标距长度远大于板条宽度,则分散颈缩区长度将是标距长度的一小部分,稳定塑性变形的后继伸长将变小。而对于标距长度接近板条宽度的拉伸试验,后继伸长率将更大。)

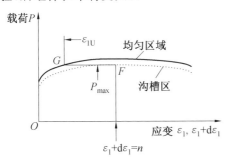

图 4.13　拉伸时板条中均匀区域和沟槽区的载荷-应变曲线

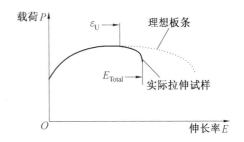

图 4.14　理想板条和实际拉伸试样的载荷-伸长率曲线

对于符合幂次式模型$\sigma_1 = K\varepsilon_1^n$的材料,可以近似地找到带沟槽板条拉伸的均匀区域中的最大应变与理想板条中最大载荷下的应变$\varepsilon_1 = n$之间的差异。如果在式(4.31)中,用$\varepsilon_1 + \mathrm{d}\varepsilon_1 = n$代替带沟槽拉伸板条中最大载荷下的应变,用$\varepsilon_U$代替均匀区域中的应变,则可得到

$$\left(\frac{\varepsilon_U}{n}\right)^n \exp(n - \varepsilon_U) = 1 + \frac{\mathrm{d}A_0}{A_0} \tag{4.32}$$

在实际情况下,$n - \varepsilon_U$和$\mathrm{d}A_0/A_0$都是相对小量。当仅在式(4.32)的函数级数展开中取第一项,可以得到

$$n - \varepsilon_U \approx \sqrt{-n\frac{\mathrm{d}A_0}{A_0}} \tag{4.33}$$

由式(4.33)可知,均匀区域中的最大应变与应变硬化指数n之间的差值取决于应变硬化指数和沟槽(缺陷)的大小。

【例 4.1】　带缺陷板条拉伸的最大均匀应变。

问题:拉伸试样标距段的长度、宽度和厚度分别为100、12.5和0.8(mm)。该材料的应力-应变曲线符合$\sigma_1 = 500\,\varepsilon_1^{0.22}$ MPa的关系。在标距段较小的长度上,宽度比其他地方小0.05 mm。在拉伸至断裂后,估计试样均匀区域的应变。

结果:初始横截面积为$0.8 \times 12.5 = 10$ (mm²)。缺陷处的面积差为$0.8 \times 0.05 = $

0.04（mm^2）。缺陷率为 $dA_0/A_0=-0.004$。根据式（4.33），有

$$0.22-\varepsilon_U=\sqrt{-0.22(-0.004)}=0.03 \text{ 或} \varepsilon_U=0.19$$

分析：如果不存在缺陷，则均匀应变为 0.22。因此可发现，仅 0.4% 的缺陷会使最大均匀应变降低 $(0.03/0.22)\times100\%=13.5\%$。这表明了在金属板成形中经常观察到的一种现象：初始条件的微小变化会导致最终结果发生较大变化。还发现，如果对明显均匀的材料进行重复试验，则观察到的最大均匀应变存在相当大的分散。这可能是由于个体试样中存在的缺陷大小不同。

4.3.2　双向拉应力下板料受拉失稳

尤其在大型板材成形过程中，多数部位是在双向拉应力下的变形（一般认为，薄板冲压成形时板厚方向应力为零）。因此，以单向拉伸失稳理论为基础，研究板材在双向拉应力下的失稳更具有实际意义。

设板材在冲压变形中，板面内两个方向主应力分别为 σ_1 和 σ_2，板厚方向主应力 $\sigma_3=0$，而以比值

$$x=\sigma_2/\sigma_1 \tag{4.34}$$

表示不同的应力状态，$0\leqslant x\leqslant1$。在此主应力状态下的主应变相应为 ε_1、ε_2、ε_3。

由塑性力学知：平面应力下的应力应变关系可表示为

$$\begin{cases} \varepsilon_1=\dfrac{\varepsilon_i}{\sigma_i}\left(\sigma_1-\dfrac{1}{2}\sigma_2\right) \\[2mm] \varepsilon_2=\dfrac{\varepsilon_i}{\sigma_i}\left(\sigma_2-\dfrac{1}{2}\sigma_1\right) \\[2mm] \varepsilon_3=-\dfrac{1}{2}\dfrac{\varepsilon_i}{\sigma_i}(\sigma_1+\sigma_2) \end{cases} \tag{4.35}$$

由式（4.35），用第二式除以第一式可得

$$\frac{\varepsilon_2}{\varepsilon_1}=\frac{\sigma_2-\dfrac{1}{2}\sigma_1}{\sigma_1-\dfrac{1}{2}\sigma_2}=\frac{x-\dfrac{1}{2}}{1-\dfrac{1}{2}x}=\frac{2x-1}{2-x}$$

即

$$\varepsilon_2=\frac{2x-1}{2-x}\varepsilon_1 \tag{4.36}$$

同理，用第三式除以第一式可得

$$\varepsilon_3=-\frac{x+1}{2-x}\varepsilon_1 \tag{4.37}$$

等效应力为

$$\sigma_i=\frac{1}{\sqrt{2}}\left[(\sigma_1-\sigma_2)^2+(\sigma_2-\sigma_3)^2+(\sigma_3-\sigma_1)^2\right]^{\frac{1}{2}}=\sigma_1(1-x+x^2)^{\frac{1}{2}} \tag{4.38}$$

注意式（4.36）和式（4.37），则等效应变为

$$\varepsilon_i=\frac{\sqrt{2}}{3}\left[(\varepsilon_1-\varepsilon_2)^2+(\varepsilon_2-\varepsilon_3)^2+(\varepsilon_3-\varepsilon_1)^2\right]^{\frac{1}{2}}=\frac{2(1-x+x^2)^{\frac{1}{2}}}{2-x}\varepsilon_1$$

因此

$$
\begin{cases}
\varepsilon_i = \dfrac{2\,(1-x+x^2)^{\frac{1}{2}}}{2-x}\varepsilon_1 \\[3mm]
\varepsilon_i = \dfrac{-2\,(1-x+x^2)^{\frac{1}{2}}}{1-2x}\varepsilon_2 \\[3mm]
\varepsilon_i = \dfrac{-2\,(1-x+x^2)^{\frac{1}{2}}}{1+x}\varepsilon_3
\end{cases}
\tag{4.39}
$$

对式(4.38)微分得

$$
\mathrm{d}\sigma_i = \frac{2-x}{2\,(1-x+x^2)^{\frac{1}{2}}}\mathrm{d}\sigma_1 - \frac{1-2x}{2\,(1-x+x^2)^{\frac{1}{2}}}\mathrm{d}\sigma_2
\tag{4.40}
$$

对式(4.39)微分,并注意到应变分量的增量只与当前的应力状态有关,从而可得

$$
\begin{cases}
\mathrm{d}\varepsilon_i = \dfrac{2\,(1-x+x^2)^{\frac{1}{2}}}{2-x}\mathrm{d}\varepsilon_1 \\[3mm]
\mathrm{d}\varepsilon_i = -\dfrac{2\,(1-x+x^2)^{\frac{1}{2}}}{1-2x}\mathrm{d}\varepsilon_2 \\[3mm]
\mathrm{d}\varepsilon_i = -\dfrac{2\,(1-x+x^2)^{\frac{1}{2}}}{1+x}\mathrm{d}\varepsilon_3
\end{cases}
\tag{4.41}
$$

由式(4.40)和式(4.41)可得

$$
\frac{\mathrm{d}\sigma_i}{\mathrm{d}\varepsilon_i} = \frac{(2-x)^2}{4\,(1-x+x^2)}\frac{\mathrm{d}\sigma_1}{\mathrm{d}\varepsilon_1} + \frac{(1-2x)^2}{4\,(1-x+x^2)}\frac{\mathrm{d}\sigma_2}{\mathrm{d}\varepsilon_2}
\tag{4.42}
$$

式(4.42)中的 $\dfrac{\mathrm{d}\sigma_i}{\mathrm{d}\varepsilon_i}$ 为板材 $\sigma_i - \varepsilon_i$ 曲线上塑性变形阶段里任意一点切线的斜率。

假设板材失稳区的长、宽、厚的原始尺寸为 a_0、b_0、t_0,变形后分别为 a、b、t,如图 4.15 所示,沿 1 轴方向的拉力 F_1 和沿 2 轴方向的拉力 F_2 分别为

$$
F_1 = bt\,\sigma_1 = b_0 t_0\,\mathrm{e}^{(\varepsilon_2+\varepsilon_3)}\sigma_1 = b_0 t_0\,\mathrm{e}^{-\varepsilon_1}\sigma_1
\tag{4.43}
$$

$$
F_2 = at\,\sigma_2 = b_0 t_0\,\mathrm{e}^{(\varepsilon_1+\varepsilon_3)}\sigma_2 = a_0 t_0\,\mathrm{e}^{-\varepsilon_2}\sigma_2
\tag{4.44}
$$

Swift 提出的"分散性失稳"理论认为:当 1 轴和 2 轴两个方向的拉力都达到最大值时,板材产生塑性拉伸失稳,即

$$
\mathrm{d}F_1 = \mathrm{d}F_2 = 0 \tag{4.45}
$$

由式(4.43)和式(4.44)可得

$$
\mathrm{d}F_1 = b_0 t_0\,\mathrm{e}^{-\varepsilon_1}(\mathrm{d}\sigma_1 - \sigma_1\,\mathrm{d}\varepsilon_1) = 0
$$

$$
\mathrm{d}F_2 = a_0 t_0\,\mathrm{e}^{-\varepsilon_2}(\mathrm{d}\sigma_2 - \sigma_2\,\mathrm{d}\varepsilon_2) = 0
$$

所以

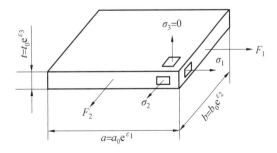

图 4.15　失稳区尺寸及受力示意图

$$
\begin{cases}
\dfrac{\mathrm{d}\sigma_1}{\mathrm{d}\varepsilon_1} = \sigma_1 \\[3mm]
\dfrac{\mathrm{d}\sigma_2}{\mathrm{d}\varepsilon_2} = \sigma_2
\end{cases}
\tag{4.46}
$$

将式(4.46)代入式(4.42)得

$$\frac{\mathrm{d}\sigma_i}{\mathrm{d}\varepsilon_i}=\frac{(2-x)^2}{4(1-x+x^2)}\sigma_1+\frac{(1-2x)^2}{4(1-x+x^2)}\sigma_2 \tag{4.47}$$

由于$\sigma_i=\sigma_1(1-x+x^2)^{\frac{1}{2}}=\sigma_2(1-x+x^2)^{\frac{1}{2}}/x$,故上式可写成

$$\frac{\mathrm{d}\sigma_i}{\mathrm{d}\varepsilon_i}=\frac{(1+x)(4-7x+4x^2)}{4(1-x+x^2)}\sigma_i \tag{4.48}$$

式(4.48)即为Swift"分散性失稳"的失稳条件。

设板材的应力－应变曲线的表达式为

$$\sigma_i=K\varepsilon_i^n \tag{4.49}$$

则应力－应变曲线上任意一点的切线斜率为

$$\frac{\mathrm{d}\sigma_i}{\mathrm{d}\varepsilon_i}=Kn\varepsilon_i^{n-1} \tag{4.50}$$

将式(4.49)、式(4.50)代入式(4.48),则板材在不同应力状态下发生分散性失稳时的等效应变为

$$\varepsilon_{ik}=\frac{4(1-x+x^2)^{\frac{3}{2}}}{(1+x)(4-7x+4x^2)}\cdot n \tag{4.51}$$

各主应变极限值为

$$\begin{cases}\varepsilon_{1k}=\dfrac{2(2-x)(1-x+x^2)}{(1+x)(4-7x+4x^2)}\cdot n\\[3mm]\varepsilon_{2k}=\dfrac{2(2x-1)(1-x+x^2)}{(1+x)(4-7x+4x^2)}\cdot n\\[3mm]\varepsilon_{3k}=-\dfrac{2(1-x+x^2)}{(4-7x+4x^2)}\cdot n\end{cases} \tag{4.52}$$

由式(4.52)计算可得板材在不同应力状态下($0\leqslant x\leqslant1$)发生分散失稳时的各主应变分量,即极限变形值。绘出其曲线如图4.16所示。

在Swift提出"分散性失稳"理论的同时,Hill提出了"集中性失稳"理论。

Hill认为:当板材在双向拉应力下产生塑性失稳时,必然是变形集中在某一很小的区域内,而不能转移到其他区域里去。所以,集中性失稳产生的条件应是:在失稳处剖面上,材料的应力强化率与板厚的缩减率相平衡。只有这样,局部缩颈(失稳)才有可能进一步发展下去,而这时其他部位的材料则因应力保持不变甚至降低而停止变形。因此,集中性失稳的条件为

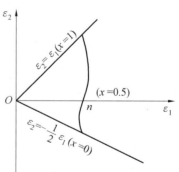

图4.16　分散性失稳极限曲线

$$\frac{\mathrm{d}\sigma_1}{\sigma_1}=\frac{\mathrm{d}\sigma_2}{\sigma_2}=-\mathrm{d}\varepsilon_3 \tag{4.53}$$

由式(4.40)和式(4.41)可得

$$\frac{\mathrm{d}\sigma_i}{\mathrm{d}\varepsilon_i} = \frac{2+x-x^2}{4(1-x+x^2)}\frac{\mathrm{d}\sigma_1}{\mathrm{d}\varepsilon_3} + \frac{1-x+2x^2}{4(1-x+x^2)}\frac{\mathrm{d}\sigma_2}{\mathrm{d}\varepsilon_3} \tag{4.54}$$

将式(4.53)代入式(4.54)可得

$$\frac{\mathrm{d}\sigma_i}{\mathrm{d}\varepsilon_i} = \frac{1+x}{2}\sigma_1 \tag{4.55}$$

将式(4.38)代入式(4.55)有

$$\frac{\mathrm{d}\sigma_i}{\mathrm{d}\varepsilon_i} = \frac{1+x}{2(1-x+x^2)^{\frac{1}{2}}}\sigma_i \tag{4.56}$$

将式(4.56)与式(4.50)联立得到集中性失稳时的等效应变为

$$\varepsilon_{ik} = \frac{2(1-x+x^2)^{\frac{1}{2}}}{(1+x)} \cdot n \tag{4.57}$$

则各主应变方向上的极限变形值为

$$\begin{cases} \varepsilon_{1k} = \dfrac{(2-x)}{(1+x)} \cdot n \\[2mm] \varepsilon_{2k} = -\dfrac{(1-2x)}{(1+x)} \cdot n \\[2mm] \varepsilon_{3k} = -n \end{cases} \tag{4.58}$$

按式(4.58)计算得到集中性失稳各主应变的极限值,绘成曲线如图 4.17 所示。

分散性失稳理论与集中性失稳理论被认为是板材双向拉伸时塑性失稳的经典理论。一般认为:分散性失稳与集中性失稳是板材拉伸变形不稳定的不同发展阶段,材料经分散性失稳而发展到集中性失稳,而集中性失稳发展下去则是材料的断裂分离。

但是,由于两种理论各自的失稳准则不同,不仅两者之间得到的极限变形值不同,而且还存在着一定的矛盾。比较图 4.16 和图 4.17 可见:在 $0<x<0.5$ 的区域里,分散性失稳极限小于集中性失稳极限;而在 $0.5<x<1$ 的区域里,集中性失稳极限小于分散性失稳极限,这与先产生分散性失稳后产生集中性失稳的观点是相悖的。

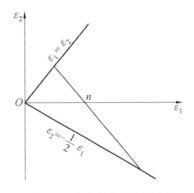

图 4.17　集中性失稳极限曲线

为了弥补分散性失稳理论和集中性失稳理论的不足,许多学者做了大量的研究工作。苏联学者托姆良诺夫认为:板材在受双向拉应力作用下变形时,若有一个方向的力达到最大值,即 $\mathrm{d}F_1=0$ 或 $\mathrm{d}F_2=0$,则材料就进入失稳状态;波兰学者马辛尼亚克和库克宗斯基提出了"沟槽假说"(亦称 M-K 模型);日本的小林德夫提出了"粗糙极限"等等。

这些理论研究工作,使板材拉伸塑性失稳理论不断地得到完善与丰富。但由于各种失稳理论都有各自的假设与前提,而且也很难考虑全板材各项性能的影响以及实际变形中应力比值的变化,所以这些理论的计算值还不能准确反映实际冲压成形中毛坯的变形极限。在实际生产中普遍应用由试验得到的成形极限图。

4.3.3 成形极限图(FLD)及应用

成形极限图(FLD)表示板材在不同的应力状态下($0 \leqslant x \leqslant 1$)的变形极限。20 世纪60 年代初,Keeler 和 Goodwin 分别通过试验作出了成形极限图的上半部分和下半部分,如图 4.18 所示。试验得到的成形极限图的上半部分($0.5 \leqslant x \leqslant 1$)与分散性失稳理论得到的结果相近。试验成形极限图可以较好地反映板材在冲压成形中的变形极限,在生产中得到了广泛的应用。

1. FLD 的制作

如前所述,实际生产中常用的 FLD 是由试验得到的。试验制作 FLD 的关键在于如何建立不同双向拉应力比值 σ_2/σ_1 下的试验变形条件,以获得不同的极限变形时的 $\varepsilon_2/\varepsilon_1$ 值。

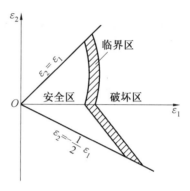

图 4.18　试验成形极限图

目前常用的制作 FLD 的试验方法有半球形凸模胀形法和圆柱形凸模胀形法两种。半球形凸模胀形法是用带拉深筋的压边圈把试样的法兰部分压紧不使其向凹模内流入,以刚性半球形凸模胀形使凹模内部毛坯变形,直至出现缩颈或破裂。取此时破裂附近的变形值为极限变形值。σ_2/σ_1 比值的改变通过改变试样的宽度(用矩形试样时)或缺口的大小(用缺口试样时)来实现。图 4.19 所示为半球形凸模胀形法的原理图。

这种试验方法,毛坯与凸模之间摩擦力较大,影响毛坯的变形状态,故不易控制 σ_2/σ_1 的比值,所得成形极限值与板材的实际变形能力也有一定的差距。

圆柱形凸模胀形法是用圆柱形凸模代替半球形凸模,试验模具其他部分基本相同。试样采用不同宽度的矩形毛坯,但需要一块与试样宽度相同而中心开孔的辅助毛坯。胀形时,圆柱形凸模端面与辅助毛坯接触,使其发生内孔扩孔变形。试样放在辅助毛坯下

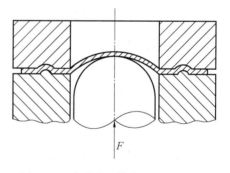

图 4.19　半球形凸模胀形法的原理图

面,靠辅助毛坯与试样间的摩擦力产生胀形变形,并保证试样的变形始终都发生在底部,而已转移到侧壁的材料不再产生变形。由于试样是矩形的,同时改变试样和辅助毛坯的宽度尺寸会使试样在长度和宽度两个方向上的拉应力比值 σ_2/σ_1 得到改变,从而可得到板材在不同应力比下的极限变形值。

在圆柱形凸模胀形法中,由于产生破坏的部位(一般是在中心部位)上下都不与模具接触,故所得试验值能较好地反映板材的变形能力,也能较好地控制 σ_2/σ_1 的比值。

下面简要介绍圆柱形凸模胀形法制作 FLD 的过程。半球形凸模胀形法制作 FLD 过程可参考其他教材。

(1)试验模具。

图 4.20 所示为圆柱形凸模胀形法试验模具图。

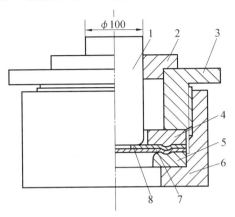

图 4.20 圆柱形凸模胀形法试验模具图

1—凸模;2—导套;3—锁紧环;4—压边圈;5—凹
模;6—模架;7—试样;8—辅助毛坯

(2)试样准备。

试样及辅助毛坯尺寸见表 4.2。

表 4.2 试样及辅助毛坯尺寸

试样尺寸 /(mm×mm)	200×200	200×160	200×120	200×80	200×50	200×25
辅助毛坯 /(mm×mm)	200×200	200×160	200×120	200×80	200×50	200×25
	开中心孔 $\phi36$			中间断开		

制取试样和辅助毛坯时,应该注意清除毛刺和微裂纹。另外,辅助毛坯应尽量采用塑性好的板材,以便在试样底部达到成形极限时,辅助毛坯的孔边缘不至于开裂。

为了测量试样上的变形,需要在试样变形区预制网目。网目的形式与制作方法参见 3.5 节。

(3)测量和应变计算。

将制备好的试样放入图 4.20 所示的模具中进行胀形试验,直至试样出现缩颈和破裂。取出试样,在裂纹中部取最接近裂纹的完整网目,测量其变形后椭圆长、短轴尺寸。网目原始直径为 d_0,变形后椭圆长轴径长为 d_1,短轴径长为 d_2,则极限应变为

$$\begin{cases} 长轴 \varepsilon_1 = \ln \dfrac{d_1}{d_0} \\[2mm] 短轴 \varepsilon_2 = \ln \dfrac{d_2}{d_0} \end{cases} \tag{4.59}$$

(4)绘制 FLD。

将每个试样的极限变形值均作为一个试验点($\varepsilon_1, \varepsilon_2$),绘入 $\varepsilon_2 - \varepsilon_1$ 坐标系内,并以尽可

能小的区域将这些点都包括进去,即得到该试验材料的 FLD(图 4.18)。

2. 成形极限曲线的数学模型(理论成形极限曲线)

成形极限是板材塑性变形不能稳定进行的结果。成形极限曲线(FLC)涵盖的变形方式只限于以拉为主的区域,即从单向拉伸到双向等拉伸的范围(应力比值介于 0~1,应变比值介于−0.5~1)。因此,板材拉伸变形失稳(参见 4.3.2 节)可以作为建立成形极限曲线数学模型的理论基础。

板材的成形极限应该是沟槽形成瞬间(集中性失稳开始)的应变值,包括稳定和不稳定(或亚稳定)的塑性变形量两部分,如图 4.21 所示,即线性应变路径(比例加载)阶段——Oa 阶段的应变量,与应变路径漂移阶段(这种漂移反映了应力状态的变化)——$\widehat{ab}$ 阶段的应变量。

第一阶段,自板材塑性变形开始,至载荷失稳($\mathrm{d}p=0$,分散性失稳)止。在此阶段,载荷稳定上升($\mathrm{d}p>0$),应变路径保持线性($\rho=$ 常数,$\mathrm{d}\rho=0$),这一阶段的应变可用简单加载下的应力应变关系求得。在所有 a 点:$\varepsilon_1=n$,$\varepsilon_2=\rho n$。

第二阶段,自载荷失稳($\mathrm{d}p=0$,分散性失稳)开始,至集中性失稳($\mathrm{d}\varepsilon_2=0$)发生时为止。在此阶段,载荷在最高水平保持相对稳定,而板料的变形则失去稳定处于一种亚稳定状态,应变状态发生漂移,$\mathrm{d}\rho<0$,ρ 值逐渐变成 $\rho=0$。这一阶段的变形量可用数值积分的方法求得。而板材所能达到的极限变形量即为上述两阶段应变量之和。连接所有的 b 点,即可建立板料成形极限曲线(FLC)。这一建立 FLC 的理论称为平面应变漂移的失稳准则。

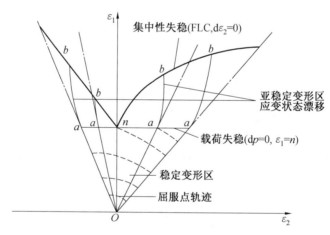

图 4.21　理论成形极限曲线模型示意图

3. FLD 在生产中的应用

板材成形中的许多破坏问题是毛坯在双向拉应力下产生的塑性破坏,FLD 在生产中的应用大致包括以下几个方面:判断所设计工艺过程的安全裕度,选用合适的材料;合理利用变形可控因素,完善冲压过程;针对试模中出现的问题,找出改进措施和确定毛料的合适形状;有利于开展工艺性试验研究,便于积累生产经验;用于提高复杂冲压件的成形质量;用于生产过程的控制和监视;寻找故障等。下面介绍利用 FLD 调整冲模,解决冲压破坏问题的过程。

（1）对目标冲压件进行细致的变形分析。

在应用 FLD 时，必须对目标冲压件各部位的变形进行详细的分析，初步判断各部位的变形性质、贴模过程、变形过程以及哪几个部位是变形较大、易达到危险程度的区域。还要分析冲压件的结构、尺寸、形状、模具参数、毛坯的形状与尺寸等因素对危险部位的影响效果，这对利用 FLD 调整冲模，解决冲压破坏问题是十分必要的。

（2）绘制成形极限图。

按 4.3.3 节中所介绍的方法作出冲压件所用材料的 FLD。由于用作 FLD 的材料与冲压件所用材料是一样的，且厚度相同，所以可以不考虑试验材料的性能（如 n 值、r 值、σ_s/σ_b 值以及材料厚度）对成形极限的影响。

（3）在冲压件毛坯上制网目。

通过对冲压件的变形分析或试冲，在与破坏部位或被判断为较危险部位所对应的毛坯部位上制网目（一般采用圆形网目）。所制网目的大小应视制网部位而定。对于成形后曲率较小、曲面平缓的部位，其变形梯度也比较小，可制较大的网目；在曲率较大或小圆角过渡处及其附近，可制小一些的网目，以避免大网目变形后跨越不同曲率的部位和应变梯度大的部位，给测量带来较大误差。

（4）对冲压件实行分段冲压及测量变形。

板材的极限变形受到变形路径的影响，所以，必须知道冲压件上不同部位的变形路径。为此，将已制网目的毛坯在冲压设备上分阶段成形（如分成三次或四次完成成形过程）。利用分段成形还可以确定破坏产生的时刻。

在成形一个深度之后，取出毛坯测量各部位的变形，然后再成形下一个深度，测量各相应位置的变形，直至整个成形过程结束。将在各阶段测量后计算得到的各网目的变形，绘入位置-应变坐标，可得到毛坯上所测量区域在各阶段的应变分布（图 4.22）；将各测量网目的应变值绘入 $\varepsilon_1-\varepsilon_2$ 坐标，可得到其大致的变形路径（图 4.23）。

由图 4.23 可见，位置 1、2 在冲压成形过程中的变形路径基本上是不变的，位置 4、5 的变形路径则有较大变化。

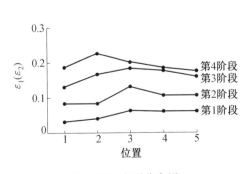

图 4.22　变形分布图

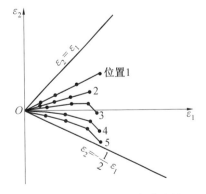

图 4.23　不同位置的变形路径

（5）利用 FLD 确定改善变形的方向。

将在冲压件上测量计算得到的变形绘入该种材料的 FLD 中，就可以看出危险部位的变形状态,从而根据该变形状态确定改善变形的方向。

假如,冲压件危险部位 A、B、C 三处的最大变形处于图 4.24 所示的位置,可知 B 和 C 二点处于临界区,是零件所不允许的。根据成形极限图就可明确地看出改进途径:处于 $0.5 \leqslant x \leqslant 1$ 拉—拉区的 B 点,若减小 1 轴应变或增加 2 轴应变,都可使 B 点进入成形区。通过减小 1 轴方向上的流动阻力,即可减小 1 轴应变。具体方法:在该方向上减小坯料尺寸,增加凹模圆角半径,改善润滑条件,减小压边力等。若增加 2 轴应变,可通过增加 2 轴方向的流动阻力实现。具体方法:在该方向上增加坯料尺寸,减小凹模圆角半径,在垂直该方向上加拉深筋等。处于 $0.5 > x \geqslant 0$ 拉—压区内的 C 点,若减小 1 轴应变或增加 2 轴应变的绝对值都可使 C 点进入成形区。一般情况下,多采用增加 2 轴应变的绝对值的措施。增加 2 轴应变绝对值,可通过减小该方向上流动阻力实现,具体措施与拉—拉区恰好相反。

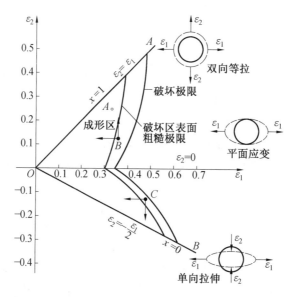

图 4.24 低碳钢在两向拉应力作用下的成形极限曲线及变形方向的调整

由此可见,利用 FLD 解决调模时的塑性破坏问题,对不同变形状态下的破坏都可以给出比较明确的调整变形方向。而且变形状态不同,调整方向也不同,并不是在任何情况下减小拉应力就可以解决问题的。

(6)确定并实施具体措施。

根据前面所确定的改善破坏部位变形状态的方向,结合破坏的具体部位和模具的具体情况,分析模具各部位参数及冲压条件对该破坏的影响,即可制订出改变冲压条件或修改模具的具体措施,并实施之。

4.3.4 成形极限图(FLD)影响因素

1. 材料的 n 值和 r 值

如图 4.21 所示,成形极限曲线在应变硬化指数 n 值附近与主应变轴相交。随着 n 的减小,曲线的高度也将减小,如图 4.25 所示。许多强化工艺,特别是冷加工,将大大减少

n，这将使成形更加困难。当 $n \to 0$ 时，沿垂直轴的平面应变成形极限将趋于零，然而，沿双向等拉方向（右侧对角线），其中 $\varepsilon_1 = \varepsilon_2$，成形极限不为零，完全冷加工的板材可以在双向等拉下成形。除了在高负应变的拉深成形，即 $-\varepsilon_1 \approx \varepsilon_2$，应变硬化是影响成形性能的最重要因素。

根据沟槽理论计算的 n 值对成形极限曲线影响如图 4.26 所示。根据沟槽理论计算，厚向异性指数 r 值越大，拉－拉区极限应变值越低，如图 4.27 所示。

无论从理论和试验结果来看，n 值对成形极限曲线的影响远比 r 值重要。

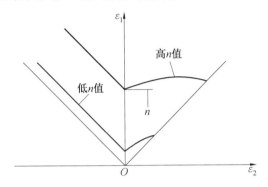

图 4.25 高应变硬化板和低应变硬化板的成形极限曲线

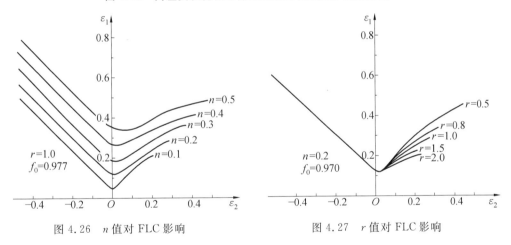

图 4.26 n 值对 FLC 影响   图 4.27 r 值对 FLC 影响

2. 应变速率敏感性

在拉伸试验中，应变速率敏感性会影响颈缩区的延伸率。在双轴拉伸中，颈缩是一个超过最大承载条件的渐进过程，并受屈服轨迹形状的控制。在该区域，如图 4.28(a) 所示，应变速率敏感性将延迟颈缩区发展。如图 4.28(b) 所示，具有高应变速率敏感性材料的成形极限曲线可以在大于 n 值的应变下与应变主轴相交。

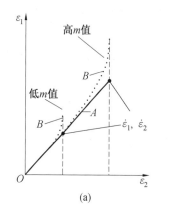 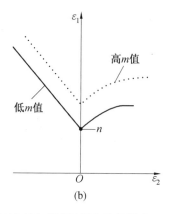

图 4.28   应变速率敏感性对颈缩生长速率和成形极限曲线的影响

3. 不均匀性

如上所述,在典型板材中,不均匀性没有得到很好的表征。可以预期,缺陷越大,极限应变越低(图 4.29),因此,对于较大的缺陷,平面应变状态下的极限应变可能小于应变硬化指数 n。通常缺陷以厚度的局部减小表示,但其他形式的缺陷也是可能的,如夹杂物、表面粗糙度、因强化相析出或织构而导致强度的局部降低等。由于缺陷区域可能只占据板材的一小部分,其影响也有概率属性,因此在测量的极限应变中可能存在一些分散。

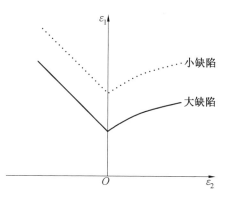

图 4.29   缺陷大小对成形极限曲线的影响

(带缺陷板条单向拉伸加载失稳极限应变理论分析结果见 4.3.1 节。)

4. 应变路径

图 4.30 所示的帽形件,如在各个变形阶段对某一固定点 A 的应变加以测量,画在以实际应变 ε_1 为纵轴、ε_2 为横轴的坐标图上,可以看出该点的应变轨迹(路径)。试验结果表明,单道工序的普通压制件,零件各点的应变路径近似为一直线,即变形过程基本上可以认为符合简单加载定律。在生产中应用成形极限曲线,并不困难。

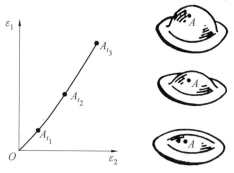

图 4.30   单工序制件的应变路径

用多工序成形时,零件的加载历史不同,应变轨迹不一定再遵循简单加载定律,因而由试验件或单工序的生产件所得的用应变表示的成形极限曲线就不一定能直接应用。由图 4.31 所示的试验结果可以看出不同的应变路径对于应变成形极限的影响。

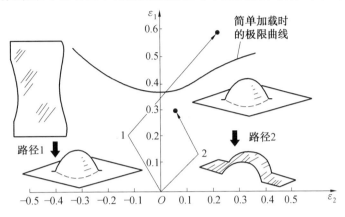

图 4.31 应变路径对成形极限影响

如果将宽板条先进行单向拉伸变形,然后在半球形凸模上加垫聚乙烯薄膜和润滑剂进行双向拉伸(胀形),如路径 1,变形的结果高于原极限曲线。反之,先用方形毛料进行双向拉伸(胀形),然后在中间部位切出一带条,进行类似单向拉伸的变形,如路径 2,此时变形的结果就低于原极限曲线。从各种加载路径的试验结果中得出这样的结论:如第一道变形方式的 $\dfrac{\mathrm{d}\varepsilon_1}{\mathrm{d}\varepsilon_2}<0$,而第二道的 $\dfrac{\mathrm{d}\varepsilon_1}{\mathrm{d}\varepsilon_2}>0$,称为拉伸-胀形路径,其成形极限曲线比简单加载的高(图 4.32 曲线 a)。如第一道的 $\dfrac{\mathrm{d}\varepsilon_1}{\mathrm{d}\varepsilon_2}>0$,第二道的 $\dfrac{\mathrm{d}\varepsilon_1}{\mathrm{d}\varepsilon_2}<0$,则称为胀形-拉伸路线,其成形极限曲线比简单加载的低(图 4.32 曲线 b)。

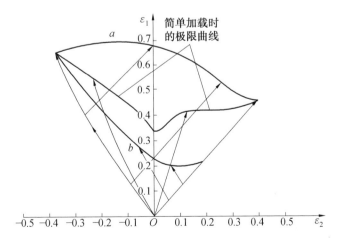

图 4.32 拉伸-胀形复合加载路径下的成形极限

应该指出,由于板材的成形极限曲线取决于变形路径(加载历史),而且变形路径发生变化时成形极限曲线的变化很大(图 4.32),所以在使用时必须确切地了解板材的成形极限曲线在制作中的变形路径和冲压件危险部位的变形路径。只有变形路径相同,使用成形极限曲线进行对比才有意义。

4.4   失稳破裂的分类和控制方法

1. 破裂的形式与分类

冲压件实际成形过程中所能观察到的破裂现象,往往由于冲压件本身的形状比较复杂而呈现出各种各样的形态。其分类方法一般有两种:一种是按破裂的性质分类;另一种是按破裂的部位分类。

按性质可把薄板冲压件的破裂分成两大类:一类是由于材料的强度不够而产生的破裂,称为强度破裂或 α 破裂;另一类是由于材料的塑性不足而产生的破裂,称为塑性破裂或 β 破裂。按此种分类方法,α 破裂(强度破裂)一般发生在传力区;而 β 破裂(塑性破裂)则一般发生在变形区。

对于 α 破裂,主要与材料的强度极限有关。因此,一般采用单向拉伸时的强度极限 σ_b 来作为 α 破裂的极限参数。当薄板冲压成形时,传力区所承受的最大应力 σ 超出材料的强度极限 σ_b 时便会产生 α 破裂,如图 4.33 中的曲线所示。

对于 β 破裂,单向拉伸时如图 4.33 所示。薄板冲压成形时,板材在最大应变方向上的极限变形程度与变形状态密切相关,即

$$\varepsilon_{1k} = f(\beta) \tag{4.60}$$

式中 β——板平面内两个主应变的比值 $\varepsilon_2 / \varepsilon_1$。

板材的极限变形程度随变形状态(或应力状态)的变化而变化。因此,不能直接把单向拉伸时的极限应变值,用来衡量任意变形状态下的变形是否属于稳定的塑性变形,而应根据变形状态利用成形极限图去衡量。

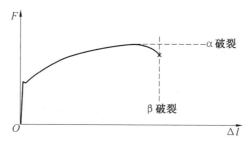

图 4.33   α、β 破裂

2. 破裂对策技术及其分类

根据成形极限理论,冲压成形极限主要包括变形区的变形极限和传力区的承载能力两方面。就破裂而言,主要影响伸长类变形的成形极限和受拉传力区的承载能力。因此,有关破裂的对策、措施主要是针对这两方面的。

伸长类变形时的破裂多为 β 破裂,即塑性破裂。其对策主要应从提高材料的抗缩颈能力、减少材料的绝对伸长变形量及改变变形路径等方面入手。具体措施主要有:

(1)修改模具参数。

(2)降低成形高度,增加成形工序。

(3)选择合理的毛坯形状及尺寸。

(4)改善毛坯的表面及外缘质量。

(5)增加辅助工艺措施(如工艺余料、工艺孔等)。

(6)选择均匀延伸率 δ_u、n 值及 r 值等指标较高的材料。

受拉传力区发生的破裂,一般为 α 破裂,即强度破裂。其对策主要应从提高受拉传力区承载能力入手。通常情况下,受拉传力区的承载能力主要与材料的强度有关。因此,选择强度极限 σ_b、n 值较高的材料,即可提高受拉传力区的承载能力。

但是,实际冲压件成形过程中的传力区,多数情况下不是自始至终均为传力区的,而是从开始时的变形区,逐步转化为传力区的。开始阶段的变形情况,对后期转化为传力区时的承载能力有很大影响。如果开始阶段变形剧烈、材料变薄严重,必然会降低以后的承载能力。因此,针对 α 破裂的对策,从材料角度考虑的同时,还应考虑到冲压件成形的过程及受拉传力区在初始阶段的变形情况。受拉传力区破裂的具体对策措施主要有:

(1)修正模具参数(主要是 r_p、r_d、转角半径 R 及凸凹模间隙等)。

(2)选择合理的毛坯形状及尺寸。

(3)改变压边力。

(4)改善润滑条件。

(5)修正拉深筋形状、参数及其布局。

(6)选择强度指标较高的材料。

综合上述内容,将解决破裂的措施归纳后列于表 4.3。

表 4.3　破裂的对策分类

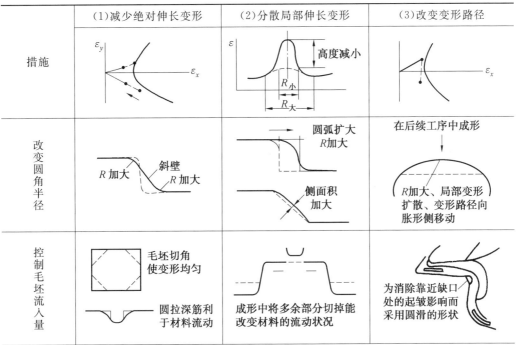

续表 4.3

	(1)减少绝对伸长变形	(2)分散局部伸长变形	(3)改变变形路径
措施	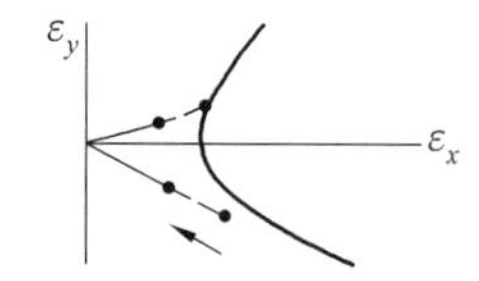	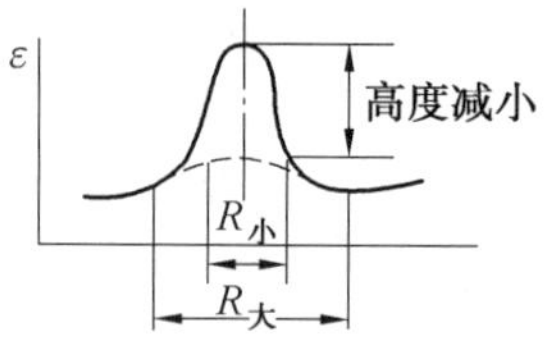 高度减小 $R_小$ $R_大$	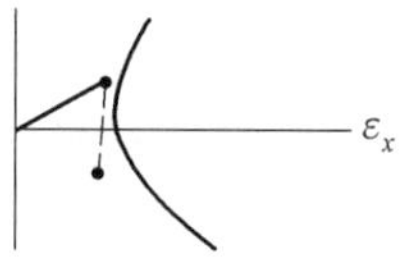
改变拉深深度	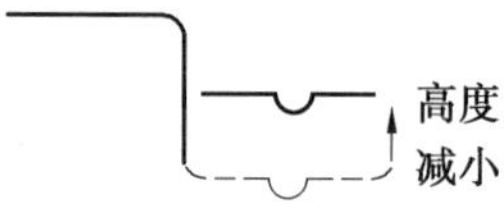 高度减小	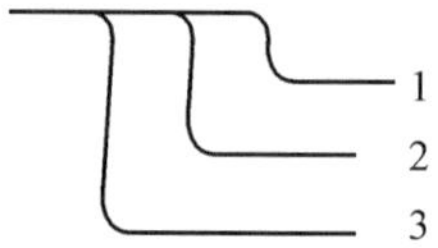 1 2 3 分阶段拉深	从拉深转向胀形 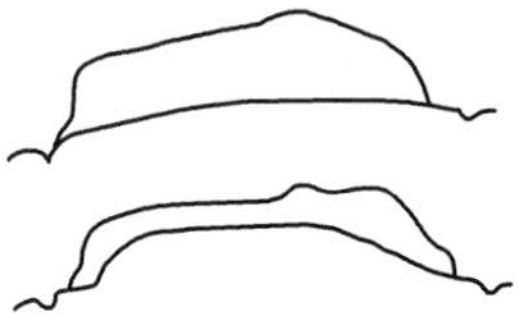
预变形	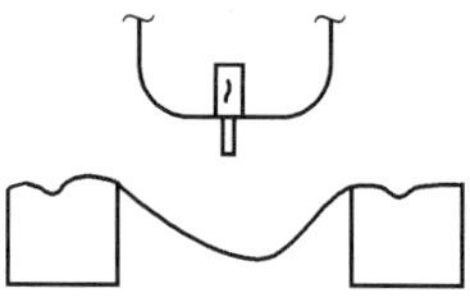 用先行销使毛坯预变形	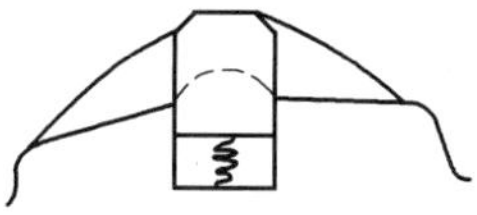 用局部可动凸模使毛坯预变形	 第一道工序预变形 第二道工序成形
改换材料	n 值大 r 值大 伸长变形能力大 变形极限高	n 值大 厚度大	n 值大 变形极限高

思考练习题

4.1 阐明板料受压失稳外力形式及对应失稳起皱特征。

4.2 阐明板条单向拉伸的分散性失稳和集中性失稳。

4.3 阐明成形极限图的制作方法。

4.4 举例说明运用成形极限图改进冲压工艺设计的方法。

4.5 概述板材成形破裂的两种形式:塑性破裂和强度破裂。

4.6 已知板条单拉时的应力应变关系为

(1) $\sigma = K\varepsilon^n$

(2) $\sigma = K(\varepsilon_0 + \varepsilon)^n$

试分别确定其加载失稳时的应变值。

4.7 拉伸试样标距段的长度、宽度和厚度分别为 100、12.5 和 0.8(mm)。该材料的应力—应变曲线符合 $\sigma_1 = 300\,\varepsilon_1^{0.35}$ MPa 的关系。在标距段较小的长度上,宽度比其他地方小 0.025 mm。在拉伸至断裂后,估计试样均匀区域的应变。(结果保留三位有效数字)

第 5 章 弯 曲

将金属板坯或管坯等按照一定的曲率或者角度进行变形,从而获得一定的不封闭形状零件的冲压成形工序称为弯曲。如图 5.1 所示,通过弯曲模具的直接作用,沿弯曲线 m—m,将宽度(或长度)为 b 的坯料,压弯成所需形状与尺寸的工件,这是一种最基本的弯曲方式。显然,在弯曲变形过程中,坯料宽度 b 上弯成圆角的部分为变形区,而两边的直边部分为不变形区。

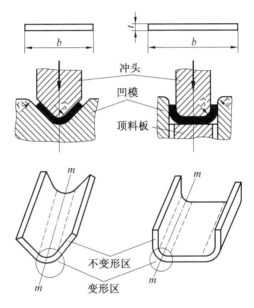

图 5.1 弯曲加工示意图

弯曲是一种应用十分广泛的板材成形工艺,用弯曲方法加工成的零件种类很多。由于弯曲件的厚度、轮廓尺寸的范围很大,而且形状与精度要求也有很大差别,为了适应这些相差悬殊的条件,在生产中应用的弯曲方法很多,所用的设备也完全不同。从不同的角度可以对弯曲变形进行不同的分类。

1. 从力学角度来分

(1)弹性弯曲。变形区内应力数值小于不变形区屈服强度,仅产生弹性变形。

(2)弹—塑性弯曲。变形区先产生弹性变形然后过渡到塑性变形。

(3)纯塑性弯曲。变形区的塑性变形很大,忽略中性层附近的弹性变形区,并认为应力状态是线性的。

(4)无硬化纯塑性弯曲。在纯塑性弯曲中假设无加工硬化效应,热弯就属于这种弯曲。

以上 4 种弯曲的应力特点如图 5.2(a)~(d)所示。因为弯曲变形中变形区切向应力较之其他方向应力要大且更主要,故图中只给出了切向应力σ_θ的分布。

2. 从工件形状来分

从工件形状来分有 V 形弯曲、U 形弯曲和折弯等。

3. 从使用的设备来分

从使用的设备来分有压弯(普通压力机上)、折弯(折弯机上)、滚弯(滚弯机上)、拉弯(拉弯机上)及数控弯管(数控弯管机上)等。

4. 从模具与工件接触程度来分

从模具与工件接触程度来分有自由弯曲、接触弯曲和校正弯曲等。

虽然这些弯曲工艺所用的设备和各自的弯曲成形机理都不一样,但是,它们的基础都是由于弯曲毛坯内的不均匀变形引起曲率发生变化。

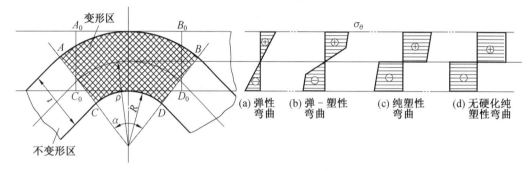

图 5.2　弯曲变形示意图及切向应力分布

5.1　弯曲变形机理和特殊性

5.1.1　弯曲变形特点

图 5.3 是平直的毛坯在弯矩 M 的作用下,变形成具有一定曲率的弯曲形状。在弯曲时毛坯内靠近外表面的部分受切向拉应力的作用,产生伸长变形;靠近内表面部分受切向压应力作用,产生压缩变形。因此,在弯曲毛坯内也一定有一层金属的应变从正值变为负值的过渡部分,它的应变值为零(既不伸长又不缩短),称此部位为应变中性层。应变中性层的位置常用半径 ρ 表示。在受拉应力作用的部分与受压应力作用的部分之间,发生应力突然变化或应力不连续的纤维层,称这一层金属为应力中性层。应变中性层用于弯曲坯料长度计算,应力中性层则用于弯曲变形区应力分析。

在板料毛坯弯曲时,如果弯曲变形程度不大,可以近似地认为中性层位于板料厚度的二分之一($\frac{t}{2}$)的位置上。在板料毛坯弯曲变形区内任意一点 A(与中性层的距离为 y)上相对伸长应变为(图 5.3)

$$\delta = \frac{(\rho+y)\alpha - \rho\alpha}{\rho\alpha} = \frac{y}{\rho} \tag{5.1}$$

当 A 点处于弯曲毛坯外表面时,$y = \frac{t}{2}$,于是得弯曲毛坯外表面的相对伸长应变为

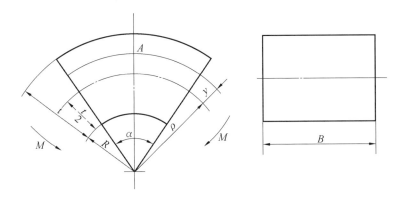

图 5.3 板材弯曲中性层位置

$$\delta = \frac{t}{2\rho}$$

如果用真实应变表示弯曲毛坯内任意一点的变形程度时,式(5.1)成为如下形式:

$$\varepsilon = \ln \frac{\rho + y}{\rho} = \ln(1 + \delta) \tag{5.2}$$

当变形程度不大时,也就是一般的板材弯曲时,用式(5.1)与式(5.2)计算所得的结果基本相同。和大多数塑性加工过程一样,冲压加工中的弯曲也是由弹性变形开始。在弯曲的初始阶段,弯矩不大,毛坯内的应力也不大,处于弹性变形范围,即弹性弯曲(图 5.2(a))。

弹性弯曲时,切向应力 σ_θ 为

$$\sigma_\theta = E \varepsilon_\theta = E \frac{y}{\rho}$$

所以材料的变形程度与应力大小,完全取决于被考察纤维至中性层的距离与中性层半径的比值 $\frac{y}{\rho}$,而与弯曲角度 α 的大小无关。在弯曲变形区的内、外边缘,应力应变绝对值最大。

对厚度为 t 的板料,当其弯曲半径为 R 时,板料边缘的应力 $(\sigma_\theta)_{\max}$ 与应变 $(\varepsilon_\theta)_{\max}$ 为

$$(\varepsilon_\theta)_{\max} = \pm \frac{\dfrac{t}{2}}{R + \dfrac{t}{2}} = \pm \frac{1}{1 + 2\dfrac{R}{t}}$$

$$(\sigma_\theta)_{\max} = \pm E (\varepsilon_\theta)_{\max} = \pm \frac{E}{1 + 2\dfrac{R}{t}}$$

假定材料的屈服应力为 σ_s,则弹性弯曲的条件是

$$|(\sigma_\theta)_{\max}| \leqslant \sigma_s \tag{5.3}$$

$$\frac{E}{1 + 2\dfrac{R}{t}} \leqslant \sigma_s$$

亦即

$$\frac{R}{t} \geqslant \frac{1}{2}\left(\frac{E}{\sigma_s} - 1\right) \tag{5.4}$$

例如：AA2219－T6，$E = 70\ 000$ MPa，$\sigma_s = 350$ MPa，其弹性弯曲的条件是$\frac{R}{t} \geqslant \frac{1}{2}$$\left(\frac{70\ 000}{350} - 1\right) \geqslant 99$。

AA2219－T4，$E = 70\ 000$ MPa，$\sigma_s = 280$ MPa，其弹性弯曲的条件为$\frac{R}{t} \geqslant \frac{1}{2}$$\left(\frac{70\ 000}{280} - 1\right) \geqslant 124$。$\frac{R}{t}$称为板料的相对弯曲半径，是表示板料弯曲变形程度的重要参数：$\frac{R}{t}$越小，变形程度越大。当$\frac{R}{t}$减小至一定数值$\frac{1}{2}\left(\frac{E}{\sigma_s} - 1\right)$时，板料的内、外边缘首先屈服，开始塑性变形。对比上面举的两个例子可见，软料比硬料易于产生塑性弯曲。如果$\frac{R}{t}$继续减小，板料中屈服的纤维由表及里逐渐加多，在板料的变形区中，塑性变形部分越易扩大，弹性变形部分则越易缩小，其影响甚至可以忽略不计。例如 AA2219－T4，当$\frac{R}{t} = 12$时，可以近似推得，弹性变形部分仅在中性层附近 $t/10$ 的范围以内。一般当$\frac{R}{t} \leqslant 3 \sim 5$时，弹性区很小，可以近似认为：板料的弯曲变形区已经全部进入塑性变形。

5.1.2　弯曲变形区应力应变分析

在弯曲过程中，毛坯受到弯曲力矩的作用。为了与外作用弯矩相平衡，在毛坯内的横截面上一定作用有切向应力：在中性层以外的横截面上作用有切向拉应力σ_θ；在中性层以内的横截面上作用有切向压应力σ_θ（图 5.4）。

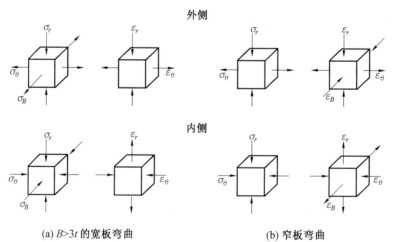

(a) $B > 3t$ 的宽板弯曲　　　　　(b) 窄板弯曲

图 5.4　塑性弯曲时应力与应变

σ_θ 与 ε_θ—切向应力与切向应变；σ_r 与 ε_r—径向应力与径向应变；

σ_B 与 ε_B—宽度方向应力与宽度方向应变

弯曲毛坯断面内切向应力的分布取决于弯曲变形程度，也就是取决于弯曲毛坯曲率变化的程度（大小）。因此，在全部弯曲过程中，毛坯断面上切向应力的分布是一直变化的（图 5.2），随着弯矩与弯曲变形程度的增大，毛坯断面上的应力分布由弹性弯曲经弹－塑性弯曲，最终成为塑性弯曲。

由力的平衡条件可知，在弯曲变形区内，与弯曲轴线相平行的各层金属之间存在径向压应力 σ_r（图 5.4）。径向压应力 σ_r 的数值是变化的：在毛坯表面上径向压应力 $\sigma_r = 0$；而在中性层位置，径向压应力达到最大值。

切向应力 σ_θ 与径向应力 σ_r，不仅能够引起切向应变 ε_θ 与径向应变 ε_r，而且也一定在与它们相垂直的宽度方向引起宽向应变 ε_B：在中性层以外部分的宽向应变为负，是压缩应变；在中性层以内部分的宽向应变为正，是伸长应变。由于宽向应变 ε_B 在中性层内侧与外侧的方向不同，因此弯曲毛坯横截面的形状发生畸变，由弯曲前的矩形变成翘曲的环形。如果弯曲毛坯的宽度尺寸 B 不大，这种断面形状的畸变与翘曲是可以实现的。但是，当弯曲毛坯的宽度较大时（$B > 3t$），这种断面形状的畸变与翘曲就会受到毛坯其余部分形状刚度的阻碍而不能实现。于是在横向引起中性层外侧受拉，中性层内侧受压的宽度应力 σ_B。在这种情况下，可以认为宽度方向的应变 ε_B 为零，所以宽板弯曲是平面应变。

根据前边的分析，可以得出如下的结论：在窄板弯曲时，毛坯变形区处于平面应力状态和三向应变状态；在宽板弯曲时，毛坯变形区处于三向应力状态和平面应变状态。

5.1.3　宽板弯曲应力分析

薄板弯曲成形时，所用坯料在一般情况下均为宽板。为了认识薄板弯曲形时出现的各种现象，确定弯曲时需要的弯矩和弯曲力，必须获得弯曲变形区三个主应力大小及其分布规律。下述的理论分析采用主应力法（见 2.5 节）求解，根据宽板弯曲近于平面应变状态特点，可做出以下假设：

(1) 塑性弯曲后，变形区坯料横截面（垂直于纤维的面）仍保持为平面。

(2) 薄板宽度方向的变形忽略不计，变形区为平面应变状态。

(3) 薄板弯曲变形区全部进入塑性变形状态，不考虑材料的应变强化效应。

(4) 认为薄板只承受纯弯矩作用，且略去材料各向异性的影响。

依照主应力法的求解步骤，首先必须确定三个主应力的代数值大小顺序，由上一节的分析，可以看出 σ_θ、σ_B、σ_r 三个未知主应力，就其代数值的大小次序而言，在拉区（外侧）是 $\sigma_\theta > \sigma_B > \sigma_r$，在压区（内侧）是 $\sigma_r > \sigma_B > \sigma_\theta$，为了求解上述三个未知主应力，必须建立三个独立的方程式，然后联立求解这一组方程式，找出三个未知数的答案。

根据宽板塑性弯曲时应力应变状态的特点，可以从以下三个条件：塑性条件、平面应变条件和微分平衡条件出发，建立三个独立的方程式，细节如下。

1. 塑性条件

假定材料为理想塑性体，平面应变状态下，$\beta = 1.155$，按式（2.19）塑性方程为

$$\sigma_1 - \sigma_3 = 1.155\,\sigma_s$$

(1) 对于外侧，$\sigma_\theta > \sigma_B > \sigma_r$，而且 σ_r 与 σ_θ 符号相反，所以其塑性条件为

$$\sigma_\theta + \sigma_r = 1.155\,\sigma_s \tag{5.5a}$$

（2）对于内侧，$\sigma_r > \sigma_B > \sigma_\theta$，而且$\sigma_r$与$\sigma_\theta$符号相同，所以其塑性条件为

$$\sigma_\theta - \sigma_r = 1.155\,\sigma_s \tag{5.5b}$$

2. 平面应变条件

根据主应力差与主应变差成比例和体积不变条件，在平面应变（$\varepsilon_2 = 0$）时，可以求得中间主应力σ_2等于其余两个主应力的平均值$\sigma_2 = \dfrac{\sigma_1 + \sigma_3}{2}$。

对于外侧，$\sigma_\theta > \sigma_B > \sigma_r$，且$\sigma_r$与$\sigma_\theta$符号相反，所以此处平面应变条件可以写成

$$\sigma_B = \frac{\sigma_\theta - \sigma_r}{2} \tag{5.6a}$$

对于内侧，$\sigma_r > \sigma_B > \sigma_\theta$，且$\sigma_r$与$\sigma_\theta$符号相同，所以此处平面应变条件可以写成

$$\sigma_B = \frac{\sigma_\theta + \sigma_r}{2} \tag{5.6b}$$

3. 微分平衡条件

（1）外侧。

如果沿着主轴在外区切取任意微体 $ABCD$，微体在宽度方向取为单位长度，如图 5.5 所示。图中符号说明如下：

R——板料的内缘半径；

R'——板料的外缘半径；

ρ——中性层的半径；

r——微体的位置半径；

dr——微体的径向厚度；

$d\alpha$——微体的偏角。

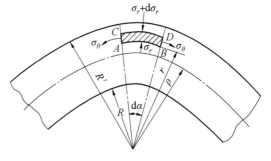

图 5.5　弯曲变形区微元体

在弯曲变形的任一瞬间，微体都应处于受力平衡状态。

在（$r-\alpha$）平面（即板料的剖面）内，微体上只有σ_θ、σ_r两个未知主应力的作用。宽度方向的应力σ_B对于微体在此平面内的平衡没有影响。此外由于微体具有对称性，为了保持其切向平衡，所以微体两侧所受的切向应力σ_θ应该相等。从径向来看，如果半径为 r 处的径向应力为σ_r，在 $r+dr$ 处的径向应力则为$\sigma_r + d\sigma_r$。因为微体必须满足力的平衡条件，所以微体在径向所受的力的代数和必须为零。这些力是：

$\overset{\frown}{AB}$弧面上的径向力——应力σ_r乘以 AB 弧面的面积$r\,d\alpha \times 1$，等于$\sigma_r \cdot r \cdot d\alpha$；

$\overset{\frown}{CD}$弧面上的径向力——应力$(\sigma_r + d\sigma_r)$乘以 CD 弧面的面积$(r+dr)d\alpha \times 1$，等于$(\sigma_r + d\sigma_r)(r+dr)d\alpha$；

AC 和 BD 面上的力在径向的分力——两倍的应力σ_θ乘以面积$dr \times 1$再乘以 $\sin\dfrac{d\alpha}{2}$，即 $2\sigma_\theta \cdot dr \cdot \sin\dfrac{d\alpha}{2}$。因为$d\alpha$很小，$\sin\dfrac{d\alpha}{2} \approx \dfrac{d\alpha}{2}$，所以此力为$\sigma_\theta \cdot dr \cdot d\alpha$。

这些力的代数和为零，所以

$$\sigma_r \cdot r \cdot d\alpha - (\sigma_r + d\sigma_r)(r+dr)d\alpha - \sigma_\theta \cdot dr \cdot d\alpha = 0$$

消去 $d\alpha$ 可得

$$\sigma_r \cdot r - (\sigma_r + d\sigma_r)(r + dr) - \sigma_\theta \cdot dr = 0$$

略去二次微量 $d\sigma_r \cdot dr$，整理可得

$$d\sigma_r = -(\sigma_r + \sigma_\theta)\frac{dr}{r} \tag{5.7a}$$

此式称为微分平衡方程式。

（2）内侧。

按同样道理，注意切向应力 σ_θ 的改变，也可列出内侧的微分平衡方程式

$$d\sigma_r = (\sigma_\theta - \sigma_r)\frac{dr}{r} \tag{5.7b}$$

综上所述，为求解三个未知主应力，根据塑性条件、平面应变条件、微分平衡条件列出了三个独立的方程式。

对于外侧：

$$\sigma_r + \sigma_\theta = 1.155\,\sigma_s$$

$$\sigma_B = \frac{\sigma_\theta - \sigma_r}{2}$$

$$d\sigma_r = -(\sigma_r + \sigma_\theta)\frac{dr}{r}$$

对于内侧：

$$\sigma_\theta - \sigma_r = 1.155\,\sigma_s$$

$$\sigma_B = \frac{\sigma_\theta + \sigma_r}{2}$$

$$d\sigma_r = (\sigma_\theta - \sigma_r)\frac{dr}{r}$$

将以上方程组联立求解，即可求得三个未知主应力 σ_θ、σ_B、σ_r 在板料剖面上的变化规律。下面以外侧为例。

将式（5.5a）代入式（5.7a）得

$$d\sigma_r = -1.155\,\sigma_s\frac{dr}{r}$$

积分（积分时，因为不考虑应变强化的效应，所以 σ_s 为一常数）得

$$\sigma_r = -1.155\,\sigma_s\ln r + c$$

式中　c——积分常数。

c 可以利用下列边界条件求得：在板料的外缘 $r = R'$ 处，由于此处为板料的自由表面，$\sigma_r = 0$，所以积分常数 $c = 1.155\,\sigma_s\ln R'$。将 c 值代入上式，即可求得外区的径向应力 σ_r：

$$\sigma_r = -1.155\,\sigma_s\ln r + 1.155\,\sigma_s\ln R'$$

$$\sigma_r = 1.155\,\sigma_s\ln\frac{R'}{r} \tag{5.8a}$$

将 σ_r 值代入式（5.5a），即可求得 σ_θ：

$$\sigma_\theta = 1.155\,\sigma_s\left(1 - \ln\frac{R'}{r}\right) \tag{5.9a}$$

将σ_r、σ_θ值代入(5.6a),即可求得σ_B:

$$\sigma_B = 1.155 \frac{\sigma_s}{2}\left(1 - 2\ln\frac{R'}{r}\right) \tag{5.10a}$$

同样,可以求得内侧的三个主应力分量:

$$\sigma_r = 1.155\,\sigma_s\ln\frac{r}{R} \tag{5.8b}$$

$$\sigma_\theta = 1.155\,\sigma_s\left(1 + \ln\frac{r}{R}\right) \tag{5.9b}$$

$$\sigma_B = 1.155\frac{\sigma_s}{2}\left(1 + 2\ln\frac{r}{R}\right) \tag{5.10b}$$

根据中性层上内外侧径向应力σ_r相平衡的条件:$r = \rho$时,式(5.8a)与式(5.8b)相等

$$\ln\frac{R'}{\rho} = \ln\frac{\rho}{R}$$

所以中性层的位置半径ρ为

$$\rho = \sqrt{RR'}$$

如果板料弯曲后的厚度为t,$R' = R + t$,所以

$$\rho = \sqrt{R(R+t)} \tag{5.11}$$

此值小于$R + \dfrac{t}{2}$。所以中性层的位置并不通过剖面的重心,产生了内移。

图5.6所示为按式(5.8a)、式(5.9a)、式(5.10a)及式(5.8b)、式(5.9b)、式(5.10b)求得的板料剖面上三个主应力的分布规律。

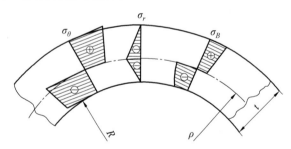

图5.6　弯曲变形区剖面上三个主应力分布规律

5.1.4　弯曲变形的特殊性

1. 弯曲回弹

塑性弯曲和任何一种塑性变形一样:在外力作用下毛坯产生的变形由弹性变形部分和塑性变形部分组成;外力去除以后,弹性变形部分消失,而塑性变形部分保留下来。因此,工件最后在模具中被弯曲成形的状态与取出后的形状不完全一致,这种现象称为弹复,又称回弹,如图5.7所示。

在加载过程中,弯曲变形区内、外两侧的应力与应变性质相反,在卸载后这两部分弹复变形的性质也是相反的,但是,弹复的方向(反弯曲变形的方向)都是一致的,所以,它们引起弯曲件的形状和尺寸的变化是十分显著的。此外,从整个坯料上来看,弯曲变形中不

变形区所占的比例比变形区所占的比例大得多。这是弯曲与其他冲压成形存在的一个很大区别。显然,大面积的不变形区的惯性影响会加大变形区的弹复。这是弯曲弹复比其他成形工序弹复都严重的另一个原因。显然,弹复损害了弯曲件的几何精度。

由回弹产生的原理可知,弯曲回弹现象总是存在的。如何减小和控制弯曲回弹大小和分布,使弯曲件的弯曲半径、弯曲角等几何形状参数在许可范围内变化,是研究和拟定弯曲工艺的主要内容之一。有关弯曲回弹计算和如何提高弯曲精度,见本章第 5.3 节。

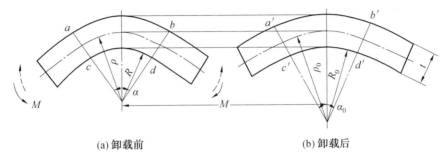

(a) 卸载前   (b) 卸载后

图 5.7 回弹示意图

2. 中性层位置内移

由上一节的应力分析及其分布规律可以看出,在薄板塑性弯曲变形区,切向应力 σ_θ 在变形区内、外侧的分布性质发生了明显变化,外侧切向拉应力的数值小于内侧切向压应力的绝对值(对比式(5.9a)和式(5.9b)),为保持坯料截面上的静力平衡,必然是外侧截面积大于内侧截面积,即应力、应变中性层位于截面重心以下,向弯曲曲率中心方向发生了移动,见图 5.6 和式(5.11)。

应力中性层的位置还可由静力平衡条件求出,对应力中性层取矩,内外侧切向应力 σ_θ 对中性层的力矩之和为零,即

$$\int_\rho^{R'} (\sigma_\theta)_{外层} B \cdot dr \cdot r + \int_R^\rho (\sigma_\theta)_{内层} B \cdot dr \cdot r = 0 \tag{5.12}$$

ρ 为应力中性层的曲率半径,其他几何变量的意义如图 5.5 所示。将式(5.9a)和式(5.9b)代入式(5.12)得出应力中性层的曲率半径为 ρ:

$$\rho = \sqrt{R(R+t)}$$

可见应力中性层的位置取决于弯曲变形程度的大小,相对弯曲半径 $\dfrac{R}{t}$ 越小,弯曲薄板的曲率半径 R 和薄板厚度 t 也越小,则应力中性层必将越靠近弯曲的曲率中心,造成越显著的中性层内移现象。当曲率半径 R 趋于零时,应力中性层趋于弯曲薄板的内侧边缘。

应变中性层的位置可根据弯曲变形前后金属体积不变的条件求得

$$tL'B = \pi(R'^2 - R^2) \cdot \frac{\theta}{2\pi} \cdot B \tag{5.13}$$

弯曲变形后,应变中性层长度 L' 不变,故

$$L' = \rho_2 \theta \tag{5.14}$$

式中 ρ_2——应变中性层的曲率半径。

将式(5.14)代入式(5.13),整理后得出

$$\rho_2 = \frac{R'^2 - R^2}{2t} \qquad (5.15)$$

为了便于在冲压生产中实际应用,应变中性层的曲率半径常以下式表示:

$$\rho_2 = R + K t_0 \qquad (5.16)$$

式中　t_0——薄板弯曲前的厚度;

　　　K——反映应变中性层内移量的系数,称为中性层位置系数,不同变形程度下的 K 值如图 5.8 所示。

由图中的曲线变化可以看出:$\frac{R}{t}$ 值越小,K 值越小,中性层的内移量越大。当 $\frac{R}{t} \geqslant 5$ 以后,K 值趋于 0.5,说明当变形程度较小时,应变中性层与薄板截面的重心趋于重合。

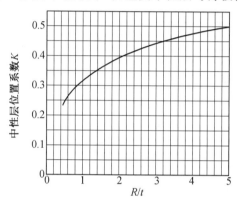

图 5.8　应变中性层位置系数

由应变中性层内移可知,应变中性层处的纤维在弯曲初始的变形是切向压缩;而弯曲后期的变形一定是伸长变形,这样才能弥补弯曲初始的纤维缩短,使其长度保持不变。一般来说,弯曲后期应变中性层伸长变形发生在应力中性层的外侧。弯曲变形中,应力中性层的内移量大于应变中性层的内移量。

3. 横截面畸变、翘曲和破裂

相对宽度较小($\frac{b}{t} \leqslant 3$)的板料弯曲时,外侧受拉,引起板料宽度和厚度的收缩;内侧受压,使板宽和板厚增加,所以弯曲变形结果,板料横截面变为梯形,同时内外侧发生微小的翘曲(图 5.9(a))。相对宽度较大($\frac{b}{t} > 3$)的板料弯曲,宽度方向的伸长和压缩受到限制,材料不易流动,因此,横截面形状变化不大,仍为矩形,仅在端部可能出现翘曲和不平(图 5.9(b))。此外,塑性弯曲时,外缘表层的切向拉应力最大,可能会沿着板料折弯线方向拉裂,如图 5.9(c)所示。相对弯曲半径 $\frac{r}{t}$ 越小,变形程度越大,最外层纤维的切向拉裂的可能性也越大。

对于弯曲宽度相对很大的细长件或弯曲宽度在板厚 10 倍以下的弯曲零件,其表现出的横截面翘曲与畸变十分明显。对于板长和板宽尺寸相近的弯曲零件,材料在模具中受压时,很难向板宽方向自由伸长或收缩,加之零件形状对板宽方向发生翘曲的阻力很大,因此,挠度只出现在薄板边缘附近(为板厚的 1~3 倍),这时的横截面畸变也很小。要想

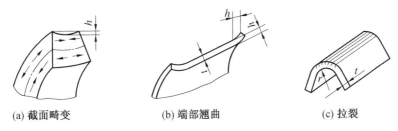

(a) 截面畸变   (b) 端部翘曲   (c) 拉裂

图 5.9　板料弯曲后的畸变、翘曲和拉裂

保证弯曲零件的形状精度较高,在弯曲加工的最后阶段必须对弯曲变形部分施加足够的压力。

　　厚板进行小角度弯曲时,会产生另一种形式的横截面畸变——在板宽方向弯曲变形区的两端出现明显的鼓起(图 5.10(a)),使该部位的宽度尺寸增加。解决这一质量问题的有效办法,是在弯曲变形部分的两端预做圆弧切口(图 5.10(b))。

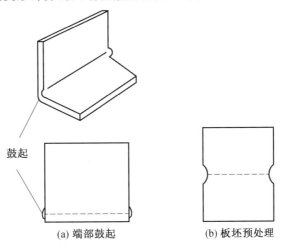

鼓起

(a) 端部鼓起   (b) 板坯预处理

图 5.10　弯曲件变形区端部鼓起及消除措施

4. 变形区厚度减薄

　　板料弯曲时,以中性层为界,外侧纤维受拉使厚度减薄,内侧纤维受压使板料增厚。由上一节可知,塑性弯曲时中性层位置向内移动。内移结果:外层拉伸变薄区范围逐步扩大,内侧压缩增厚区范围不断减小,外侧的减薄量会大于内侧增厚量,从而使弯曲区板料厚度变薄。

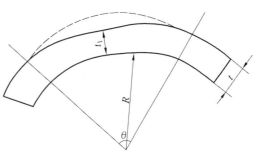

图 5.11　弯曲变形区板厚减薄

　　设板料原来厚度为 t,塑性弯曲后的厚度为 t_1(图 5.11),由试验得知塑性弯曲时,$t_1/t < 1$。$\dfrac{r}{t}$ 越小,变形程度越大,系数 t_1/t 就越小,弯曲区的变薄现象也越严重。

5. 薄板变形区长度增加

一般弯曲件,其宽度方向尺寸 B 比厚度方向尺寸大得多,所以弯曲前后的板料宽度 B 可近似地认为是不变的。但是,由于板料弯曲时中性层位置的向内移动,出现了板厚的减薄,根据体积不变条件,减薄的结果使板料长度 l 必然增加。相对弯曲半径 $\frac{r}{t}$ 越小,减薄量越大,板料长度的增加量也越大。因此,对于 $\frac{r}{t}$ 值较小的弯曲件,在计算弯曲件的毛坯长度时,必须考虑弯曲后的板料增长,并通过多次试验,才能得出合理的毛坯展开尺寸。有关毛坯长度计算方法,见本章 5.5 节。

5.2 弯矩和弯曲力计算

5.2.1 弯矩

在塑性弯曲时,由于毛坯横截面形状的畸变、弯曲变形区厚度的变薄、中性层向曲率中心靠近的移动以及径向应力和宽向应力的影响等,目前还不能用严密的理论方法进行弯曲力矩的计算。为了满足工艺计算与分析的需要,只能引入一定的假设条件,进行带一定近似性质的理论计算。必要的假设条件是:

(1)弯曲过程中,毛坯断面始终保持原有的矩形形状。

(2)弯曲过程中,不产生厚度的变薄。

(3)弯曲过程中,应力中性层和应变中性层不向弯曲曲率中心移动,始终处于板厚的二分之一位置。

(4)材料的硬化性能符合幂函数规律。

由于弯曲毛坯横截面任一点上的切向应变值与该点至中性层之间的距离呈线性关系($\delta = \frac{y}{\rho}$),所以毛坯横断面上切向应力的分布曲线就是以另一个比例形式表示的硬化曲线(图 5.12)。

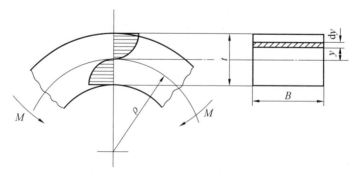

图 5.12 弯矩计算

由平衡条件可知,塑性弯曲时,作用于毛坯的外力矩应该等于由切向应力 σ_θ 所构成的内力矩,于是得

$$M = 2\int_0^{\frac{t}{2}} \sigma_\theta By\,\mathrm{d}y \qquad (5.17)$$

式中　B——弯曲毛坯的宽度。

（1）若将实际应力－应变曲线取为幂指数式硬化曲线，有

$$\sigma_\theta = K\varepsilon_\theta^n \qquad (5.18a)$$

将式（5.18a）代入式（5.17）得

$$M = 2\int_0^{\frac{t}{2}} K\varepsilon_\theta^n By\,\mathrm{d}y$$

当 $\rho > 3t$ 时，取 $\varepsilon_\theta = \dfrac{y}{\rho}$。将 ε_θ 代入上式，整理可得

$$M = 2\frac{BK}{\rho^n}\int_0^{\frac{t}{2}} y^{n+1}\,\mathrm{d}y$$

积分上式，整理后可得塑性弯曲时弯矩的计算式

$$M = 2\frac{BK}{\rho^n(n+2)}\left(\frac{t}{2}\right)^{n+2} \qquad (5.19a)$$

在无硬化的纯塑性弯曲时，$n=0$，$K=\sigma_s$。将 n 与 K 之值代入上式可得无硬化纯塑性弯曲时弯矩的计算式为

$$M = \frac{Bt^2}{4}\sigma_s \qquad (5.20)$$

（2）若将实际应力－应变曲线取为近似直线式，有

$$\sigma_\theta = \sigma_c + D\varepsilon_\theta \qquad (5.18b)$$

与切向应变 $\varepsilon_\theta = \dfrac{y}{\rho}$ 代入式（5.18b）后，再代入式（5.17），可以求得弯矩 M 为

$$M = 2\int_0^{\frac{t}{2}}\left(\sigma_c + D\frac{y}{\rho}\right)By\,\mathrm{d}y = \sigma_c\frac{Bt^2}{4} + \frac{D}{\rho}\frac{Bt^3}{12} \qquad (5.19b)$$

5.2.2　弯曲力计算和设备选择

1. 自由弯曲力

如前所述，板料弯曲时变形区内的切向应力 σ_θ 在内侧为压（$\sigma_\theta < 0$），外侧为拉（$\sigma_\theta > 0$），形成的弯矩见式（5.19a）和式（5.20）。

作用于毛坯上的外载所形成的弯矩 M^* 应等于 M。如图 5.13 所示，在 V 形件弯曲时

$$M = \frac{1}{4}Fl$$

即有

$$F_{自} = \frac{Bt^2}{l}\sigma_s \qquad (5.21)$$

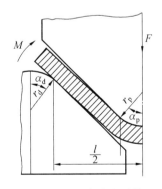

图 5.13　自由弯曲力计算

不难看出，自由弯曲力的数值与毛坯尺寸（B、t）、材料力学性能、凹模支点间距 l 等因素有关，同时还与弯曲形式和模具结构等多种因素有关。因此，生产中通常采用经验公式

来计算自由弯曲力。最大自由弯曲力(N)为

$$F_{自} = \frac{CkBt^2}{r+t}\sigma_b \tag{5.22}$$

式中 C——与弯曲形式有关的系数,对于 V 形件 C 取 0.6,对于 U 形件 C 取 0.7;

    k——安装系数,一般取 1.3;

    B——料宽,mm;

    t——料厚,mm;

    r——弯曲半径,mm;

    σ_b——材料强度极限,MPa。

2. 校正弯曲力

为了提高弯曲件的精度,减小回弹,在板材自由弯曲的终了阶段,凸模继续下行将弯曲件压靠在凹模上,其实质是对弯曲件的圆角和直边进行精压,此为校正弯曲。此时,弯曲件受到凸凹模的挤压,弯曲力急剧增大。校正弯曲力(N)可用下式计算:

$$F_{校} = pA \tag{5.23}$$

式中 p——单位面积上的校正压力,可按表 5.1 选取,MPa;

    A——校正面垂直投影面积,mm²。

表 5.1 单位面积上的校正压力 p(MPa)的数据

材料厚度 t/mm	<3	3~10	材料厚度 t/mm	<3	3~10
铝	30~40	50~60	25~35 钢	100~120	120~150
黄铜	60~80	80~100	钛合金 (BT1)	160~180	180~210
10~20 钢	80~100	100~120	(BT3)	160~200	200~260

3. 冲压设备选择

选择冲压设备时,除考虑弯曲模尺寸,模具高度、模具结构和动作配合以外,还应考虑弯曲力大小。选用的大致原则是:

对于自由弯曲

$$F_{压机} \geqslant F_{自} + P \tag{5.24}$$

式中 $F_{压机}$——选用的压力机吨位;

    $F_{自}$——自由弯曲力;

    P——来自压料板或推件装置的压力,为自由弯曲力的 30%~80%。

对于校正弯曲,其弯曲力比自由弯曲力大得多,而在弯曲过程中,两者不是同时存在。因此,选择冲压设备时,可仅以校正弯曲力作为依据,即

$$F_{压机} \geqslant F_{校} \tag{5.25}$$

5.3 弯曲回弹及控制方法

5.3.1 卸载过程的应力变化规律

纯塑性弯曲毛坯在塑性弯矩 M 作用下,即在弯曲冲模的作用下,毛坯断面上的应力(切向)分布如图 5.14(a)所示。假设在塑性弯矩的相反方向上加一个假想的弹性弯矩 M',其大小与塑性弯矩相等,即 $|M| = |M'|$,这时毛坯所受的外力矩之和为 $M - M' = 0$,这相当于卸载后毛坯从冲模中取出后的状态。假想的弹性弯矩在断面内引起的切向应力的分布如图 5.14(b)所示,塑性弯矩和假想的弹性弯矩在断面内的合成应力便是卸载后弯曲件处在自由状态下断面内的残余应力。它在断面内由内表面到外表面按拉、压、拉、压的顺序变化,如图 5.14(c)所示。弹复发生后弯曲变形区断面上切向残余应力分布可通过解析求得。

同理,还可以得出弹－塑性弯曲卸载时毛坯断面内切向应力的变化,如图 5.15 所示,也是在断面内由内表面到外表面按拉、压、拉、压的顺序残存着。

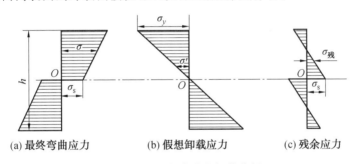

(a) 最终弯曲应力   (b) 假想卸载应力   (c) 残余应力

图 5.14　纯塑性弯曲的卸载分析

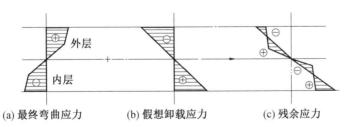

(a) 最终弯曲应力   (b) 假想卸载应力   (c) 残余应力

图 5.15　弹－塑性弯曲的卸载分析

弯曲后卸载过程中的弹复现象表现为弯曲件的曲率及角度的变化,如图 5.16 所示。用 ρ、α、r 分别表示弹复前(弯曲终了贴模时)中性层的曲率半径、弯曲角和弯曲毛坯内表面的圆角半径;用 ρ'、α'、r' 分别表示弹复后(弯曲工件出模后)中性层的曲率半径、弯曲角和弯曲内表面的圆角半径。

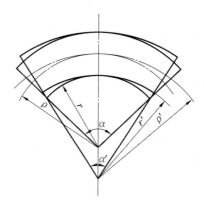

图 5.16 弹复示意图

5.3.2 回弹量分析计算

1. 曲率半径

在弯曲加载与卸载过程中,毛坯变形区外表面金属所受的应力和产生的变形按图 5.17所示的曲线变化。折线 OAB 表示加载过程,线段 BC 表示卸载过程。在卸载过程结束时,毛坯外表面金属因弹复产生的弹性应变 ε_{sp} 值,可由图 5.17 中曲线的卸载部分所表示的应变之间的关系得到,其值为

$$\varepsilon_{sp} = \varepsilon_{be} - \varepsilon_{re} \tag{5.26}$$

式中 ε_{sp} ——卸载过程中产生的弹性应变值,$\varepsilon_{sp} = \dfrac{Mt}{2EI}$;

ε_{be} ——卸载前总应变值,$\varepsilon_{be} = \dfrac{t}{2\rho}$;

ε_{re} ——卸载后产生的残余应变值,$\varepsilon_{re} = \dfrac{t}{2\rho'}$。

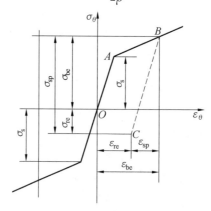

图 5.17 弹复时的应力和应变

将 ε_{sp}、ε_{be} 和 ε_{re} 之值代入式(5.26)中,经整理可得

$$\frac{1}{\rho} - \frac{1}{\rho'} = \frac{M}{EI} \tag{5.27}$$

式中 E——弹性模量；

I——弯曲毛坯断面惯性矩，$\dfrac{Bt^3}{12}$；

M——卸载弯矩，其值等于加载弯矩。

上式为卸载前后弯曲件中性层曲率半径之间的关系。将式(5.19b)代入式(5.27)中可得

$$\Delta k = \frac{1}{\rho} - \frac{1}{\rho'} = \frac{\sigma_{\mathrm{c}}\dfrac{Bt^2}{4} + \dfrac{DBt^3}{\rho\ 12}}{E\dfrac{Bt^3}{12}} \qquad (5.28)$$

则回弹后的曲率半径为

$$\rho' = \frac{\rho}{1 - \dfrac{D}{E} - \dfrac{3}{E}\dfrac{\sigma_{\mathrm{c}}}{E} \cdot \dfrac{\rho}{t}} \qquad (5.29)$$

由式(5.28)和式(5.29)可知，曲率弹复值取决于弯矩 M、毛坯断面惯性矩 I、材料的弹性模量 E 和弯曲变形曲率半径 ρ 等。其中，有三个因素(断面形状、曲率半径、弹性模量)都是由成形零件的设计和功能决定的，只有通过改变弯矩来改善工艺及工艺参数。通过合理改进，为降低弯曲件弹复量、提高弯曲件几何精度给出途径。

利用上述公式可计算纯弯曲时曲率弹复值，并且根据弹复的计算结果对模具工作部分的曲率半径做相应的修正。

2. 弹复角

多数弯曲件在变形区以外的两端还有两个直边部分存在，为保证两个直边部所构成的角度符合精度要求，除曲率弹复值外，还要进行角度弹复值的计算。

用 $\Delta\alpha$ 表示卸载过程中毛坯两直边之间夹角的变化(图 5.16)，即弹复角

$$\Delta\alpha = \alpha - \alpha' \qquad (5.30)$$

根据卸载前后弯曲毛坯中性层长度不变的条件

$$\rho\alpha = \rho'\alpha'$$

可以将式(5.30)改写为下面形式：

$$\Delta\alpha = \rho\alpha\left(\frac{1}{\rho} - \frac{1}{\rho'}\right)$$

将式(5.28)代入上式可得

$$\Delta\alpha = \frac{M\rho}{EI}\alpha = \frac{M\rho'}{EI}\alpha' \qquad (5.31)$$

$$\Delta\alpha = \alpha - \alpha' = \left(\frac{D}{E} + \frac{3}{E}\frac{\sigma_{\mathrm{c}}}{E} \cdot \frac{\rho}{t}\right)\alpha \qquad (5.32)$$

利用式(5.31)、式(5.32)可以计算弯曲毛坯变形区两端断面(实际上也是两直边部分)的角度在卸载过程中的变化量(弹复角)。但在一般用冲模压弯的实际条件下，由于毛坯的非变形区在模具的作用下也产生一定的变形和弹复，影响卸载后弯曲件直边部分的夹角，所以，不能直接用上述公式计算的结果作为修正模具工作部分角度的唯一依据。只能以此计算为参考，针对不同的具体情况，逐步试验修正模具，达到弯曲件的精度要求。

加载时,由式(5.18b)得出板料剖面上的应力分布如图 5.14(a)所示。卸载时内弯矩随之消失。由于卸载是弹性变形,板料剖面内会引起如图 5.14(b)所示的回复应力变化。上述两种应力的代数和即为如图 5.14(c)所示的残余应力。残余应力的内弯矩相互平衡。

设板料外层的回复应力为σ_y,则

$$\left(\frac{1}{2}\sigma_y \cdot B \cdot \frac{t}{2}\right) \cdot \frac{2}{3}t = -M$$

即

$$\sigma_y = -\left(\frac{3}{2}\sigma_c + \frac{D}{2}\frac{t}{\rho}\right)$$

y 处的回复应力为

$$\sigma' = \frac{y}{\frac{t}{2}}\sigma_y = -\left(3\sigma_c\frac{y}{t} + D\frac{y}{\rho}\right)$$

y 处的残余应力为

$$\sigma_{残} = \sigma_\theta + \sigma' = \sigma_c\left(1 - \frac{3y}{t}\right) \tag{5.33}$$

5.3.3　回弹影响因素

(1)材料的力学性能。由弹复公式可知,材料的$\sigma_s(\sigma_c)$越大、E 越小、硬化模量 D 及 n 值越大,则弹复值越大。这一点从拉伸曲线上也很容易理解。

(2)相对弯曲半径 r/t。相对弯曲半径 r/t 变小,弯曲中弹性变形部分所占比例下降,则比值 $\Delta\alpha/\alpha$ 与 $\Delta\rho/\rho$ 也变小。

(3)弯曲角。弯曲角 α 越大,表明变形区的长度越大,因而弯曲弹复角 $\Delta\alpha$ 越大。但对曲率半径的弹复几乎没有影响。

(4)毛坯非变形区的变形与弹复。一般来说,变形区与非变形区只是相对的。非变形区并非是一点也不变形,也有位移或转动,故或多或少要产生相反的弹复变形。

(5)弯曲方式。通常,弯曲件形状越复杂,其弹复量越小;U 形件的弹复量又比 V 形件的小;校正弯曲成分越高,则弹复值越小。

(6)摩擦。一般认为,摩擦在大多数情况下会增大弯曲变形区的拉应力,有利于零件接近于模具的形状,使弹复减小。

(7)材料性能的波动、板厚的偏差。显然,这对弹复值及弯曲件的精度有一定的影响,且这种影响也是波动的,无规律的。因此,为了保证弯曲件的精度,必须严格其板厚偏差。

另外,凸凹模间隙越大,回弹越显著。

5.3.4　回弹的防控措施

根据弯曲件在卸载过程中的弹复规律和弯曲件不同部分之间变形和弹复之间的相互关系,从模具结构及弯曲方法上可采取以下措施,以减小或消除弯曲回弹。

1. 利用弹复规律

（1）理论计算。

在接近纯塑性弯曲（只受弯矩作用）条件下，根据弯曲弹复趋势及弹复计算值的大小，对弯曲模工作部分的形状做必要的修正，控制凸模角度予以补偿。这是工程实际中被广泛应用的方法。

V 形件弯曲，可根据弯曲件弹复方向和弹复值，将凸模角度与圆角半径预先加工出一个小于 $\Delta\alpha_1$ 的角度及相应的圆角半径，如图 5.18（a）所示。卸载后正好补偿了弹复角 $\Delta\alpha_1$。

U 形件弯曲，将凸模两侧分别作出等于弹复角 $\Delta\alpha$ 的斜度，如图 5.18（b）所示。卸载后，正好补偿工件直边的弹开。

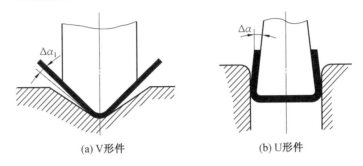

(a) V形件　　　　　　　　　(b) U形件

图 5.18　根据理论计算得到凸模角度的补偿

（2）补偿法。

利用弯曲毛坯不同部位弹复变形相反的特点，适当调节各种影响因素，使相反方向的弹复变形相互补偿（如模具圆角半径、间隙、开口宽度、背压、校正力等）。如把凸模端面和顶板表面做成一定曲率的弧形，卸载时，背弯曲的零件底部产生的弹复变形可以补偿两个圆角部分的弹复变形。主要有以下两种结构形式。

对于小型弯曲件，做成有圆弧 R 凸面形状的顶料板，如图 5.19（a）所示，且将冲头顶部相应的内凹圆弧 R_t 按以下条件设计：

$$t < 1.6 \text{ mm}, \quad R_t = R$$

$$t = 1.6 \sim 3.0 \text{ mm}, \quad R_t = R + \frac{t}{2}$$

$$t > 3 \text{ mm}, \quad R_t = R + 0.75t$$

对于大型弯曲件，做成有倾斜面的顶料板形状，如图 5.19（b）所示，中间用圆弧相接，两侧倾斜角为弹复角 $\Delta\alpha$，且使冲头顶部的内凹倾斜角取得比 $\Delta\alpha$ 稍微大些。

（3）软凹模结构。

利用橡皮或聚氨酯软凹模代替金属刚性凹模进行弯曲，如图 5.20（a）所示，可以阻碍弯曲过程中毛坯不变形区的变形与弹复，增加变形区的附加压力，减少弹复量。这种软凹模结构的另一个好处是，对冲头进入凹模的深度可以调节，从而更有利于控制弯曲角度，使卸载后所得零件的弯曲角度符合精度要求。

另外，根据弯曲弹复方向和弹复值 $\Delta\alpha$，将凹模做成组合式，其中摆动凹模块上加工出

扣除弹复角 $\Delta\alpha$ 的弯曲角。卸载后,工件将回复至所需的弯曲角,如图 5.20(b)所示。

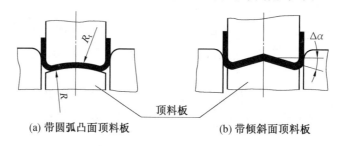

(a) 带圆弧凸面顶料板　　　　(b) 带倾斜面顶料板

图 5.19　顶料板形状的变化

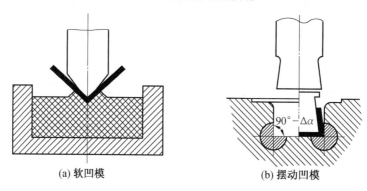

(a) 软凹模　　　　(b) 摆动凹模

图 5.20　软凹模和摆动凹模

2. 改变应力状态

(1)纵向加压(又称切向推力弯曲法)。

在弯曲变形终了贴模时,利用模具的突肩结构,从弯曲变形的不变形区对变形区施加的切向推力,使变形区外侧的切向拉应力数值减少或叠加抵消而成为压应力状态,减小弯曲弹复值,如图 5.21(a)和(b)所示。

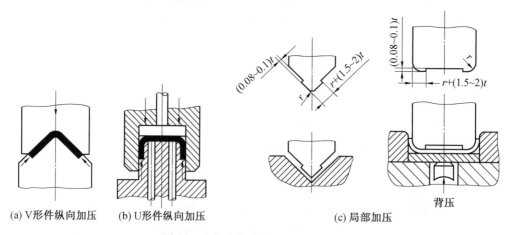

(a) V形件纵向加压　(b) U形件纵向加压　　　(c) 局部加压

图 5.21　纵向加压与变形区局部加压

(2)变形区局部加压(增加校正弯曲成分)。

变形区局部加压实际上是对弯曲变形区施加了附加压力,使得变形区内侧(内层)产生拉伸应变。这样就能减小内外侧(外层)材料的压、拉应变差别程度,且卸载以后,使该两层纤维的回弹趋势互相抵制,于是可以得到减少弹复值的效果。因此,在接触弯曲中,增加校正成分,可以提高弯曲件的精度,如图 5.21(c)所示。另外,可以减小凸模作用区域,仅在变形区施加压力,即在变形区局部加压,也可产生类似效果。

(3)拉弯法。

因为纯塑性弯曲时,内外两侧的回弹趋势都要使板料复直,所以回弹量大,如图 5.22(a)所示。弯曲时加拉力后,内外两侧都被拉长,卸载以后都要缩短。内外两侧的回弹趋势有互相抵消的作用,所以回弹量减少,如图 5.22(b)所示。

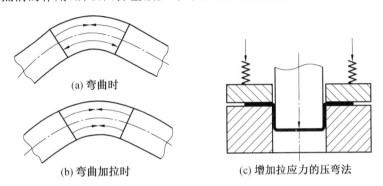

(a) 弯曲时

(b) 弯曲加拉时

(c) 增加拉应力的压弯法

图 5.22　弯曲时加拉应力的影响

对于大尺寸的型材零件与蒙皮零件,可以利用专用机床——拉弯机与拉形机,进行拉弯。在弯制一般冲压件时,如 Ⅱ 形件及凹形件,减少凸凹模之间的间隙,或者利用压边装置,如图 5.22(c)所示,牵制毛料的自由流动,增加变形区的拉应力、拉应变,从而能显著地减少弯曲弹复值。某些两直边或一直边很长的 Ｖ 形件(单角弯曲件),不便用一般对称压弯而采用折弯时,应用这个原理和类似压边装置,也可取得一定的拉弯效果,能显著地减少工件的弹复值。

关于拉弯的原理,将在 5.7 节中详细讨论。

3. 提高制件结构刚度

薄壁折弯件或滚弯成形的环形壳体件,尤其不封闭环形壳体结构,回弹现象显著。一般在不影响制件功能的前提下,在弯曲变形区压制出加强筋(图 5.23),以增加弯曲角的截面惯性矩,提高弯曲件的刚度,从而抑制回弹。

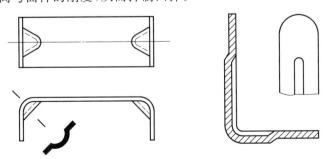

图 5.23　在弯曲变形区压制加强筋

另外,设计产品时,在满足使用条件下,应选用屈服强度低、弹性模量高、应变强化模数小,力学性能稳定的材料。

5.4　弯曲成形极限(最小相对弯曲半径)及影响因素

5.4.1　弯曲成形极限

薄板弯曲成形时,弯曲变形区的外层边缘纤维承受着最大的拉伸变形,随着相对弯曲半径 $\dfrac{r}{t}$ 的减小,弯曲变形程度逐步增大,外层边缘纤维的最大拉伸变形也不断增大。当 $\dfrac{r}{t}$ 减小到使外层边缘纤维的拉伸变形超过材料的允许变形程度时,外层边缘纤维将出现拉裂现象,此时弯曲变形达到极限状态,如图 5.9(c)所示。

表征弯曲成形极限的参数是最小相对弯曲半径,以 $\dfrac{r_{\min}}{t}$ 表示。$\dfrac{r_{\min}}{t}$ 的数值越小,薄板的弯曲成形性能越好。弯曲变形区外层表面的最大应变为

$$\varepsilon_{\theta\max}=\frac{t}{2\rho}=\frac{1}{2\,\dfrac{r_{\min}}{t}+1} \tag{5.34}$$

显然,式(5.34)清楚表明:$\dfrac{r_{\min}}{t}$ 越小,$\varepsilon_{\theta\max}$ 越大,即弯曲时的极限变形程度越大。

5.4.2　影响因素

(1)材料的力学性能。

材料的力学性能指标,特别是伸长率越大,$\dfrac{r_{\min}}{t}$ 可以越小;另外,在生产实际中,可选择软态出厂材料或采用热处理方法恢复冷变形硬化材料的塑性,提高材料的弯曲变形程度,使 $\dfrac{r_{\min}}{t}$ 变小。

(2)板材的方向性。

弯曲件的弯曲线与板材纤维方向垂直时,可以得到较小的最小相对弯曲半径。例如,用 10 号钢板材试验测出,弯曲线与板材纤维方向垂直时,其 $\dfrac{r_{\min}}{t}=0.1$;而两者平行时,$\dfrac{r_{\min}}{t}=0.5$。因此,应尽量避免弯曲线与其板材纤维的方向平行,在排样和下料时应注意这种方向性。

(3)弯曲件的宽度。

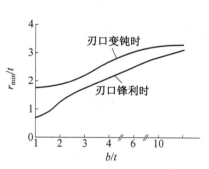

图 5.24　相对宽度对最小相对弯曲半径影响

当弯曲件的相对宽度 b/t 较小时,对 $\dfrac{r_{\min}}{t}$ 的影响比较明显;当 b/t 较大时,$b/t>3$ 以后,其影响变小,如图 5.24 所示。

（4）板材的表面质量和剪切断面质量。

这两个质量指标差，易造成应力集中和降低塑性变形的稳定性，使材料过早地破坏。在这种情况下，应该采用较大的弯曲半径。生产实际中常采用清除冲裁毛刺或把有毛刺的表面朝向弯曲凸模、切掉剪切断面的硬化层等措施来降低 $\frac{r_{\min}}{t}$。

（5）弯曲角。

弯曲角 α 较小时，变形区不大，不变形区可能产生一定的伸长变形使变形区的变形得到一定程度的缓和，所以弯曲的曲率半径可小些。试验表明，当弯曲角 $\alpha<70°$ 时，弯曲角越小，$\frac{r_{\min}}{t}$ 越小，影响显著；当 $\alpha>70°$ 以后，影响减弱，如图 5.25 所示。

（6）板材的厚度。

因弯曲变形区切向应变在厚度方向按线性规律变化，外表面上最大，在中性层为零，所以当板材厚度较小时，切向应变的梯度大，很快由最大值降为零。当板料厚度较大时，与切向应变最大值相邻近的金属可以起到阻止表面金属产生局部不稳定塑性变形的作用，使总变形程度得以变大，即最小相对弯曲半径更小。具体影响如图 5.26 所示。

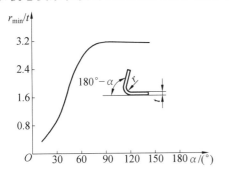

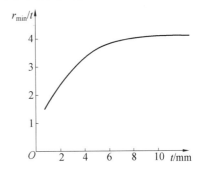

图 5.25　弯曲角的影响　　　　　　图 5.26　材料厚度的影响

最小相对弯曲半径的参考值可按表 5.2 选取。从表中可以明显地看出，最小相对弯曲半径随着被弯曲材料种类的不同、弯曲材料的供货状态的不同及弯曲线方向的不同而有较大差别。

表 5.2　最小相对弯曲半径 $r_{\min}/t$

材料	正火或退火的		硬化的	
	弯曲线方向			
	与轧纹垂直	与轧纹平行	与轧纹垂直	与轧纹平行
铝	0	0.3	0.3	0.8
退火纯铜	—	—	1.0	2.0
铜 H68	—	—	0.4	0.8
08F	—	—	0.2	0.5
08～10，Q195，Q215	0	0.4	0.4	0.8
15～20，Q235	0.1	0.5	0.5	1.0

续表 5.2

材料	正火或退火的		硬化的	
	弯曲线方向			
	与轧纹垂直	与轧纹平行	与轧纹垂直	与轧纹平行
25～30,Q255	0.2	0.6	0.5	1.2
35～40,Q275	0.3	0.8	0.8	1.5
45～50	0.5	1.0	1.0	1.7
55～60	0.7	1.3	1.3	2.0
硬铝(软)	1.0	1.5	1.5	2.5
硬铝(硬)	2.0	3.0	3.0	4.0
镁合金	300 ℃热弯		冷弯	
MAI－M	2.0	3.0	6.0	8.0
MAS－M	1.5	2.0	5.0	6.0
钛合金	300～400 ℃热弯		冷弯	
B71	1.5	2.0	3.0	4.0
B75	3.0	4.0	5.0	6.0
钼合金	400～500 ℃热弯		冷弯	
BM1,BM2($t\leqslant 2$ mm)	2.0	3.0	4.0	5.0

注:本表用于板厚小于 10 mm,弯曲角大于 90°,剪切断面良好的情况。

5.5　弯曲毛坯长度

1. 计算的依据和假设

(1)应变中性层在变形前后长度不变。

(2)变形区在变形前后体积不变。

2. 计算方法

如前所述,在弹性弯曲时应变中性层与应力中性层是重合的,且通过毛坯横截面中心。在塑性弯曲中,当变形程度较小时,通常也认为应变中性层与弯曲毛坯截面中心的轨迹相重合,即 $\rho_\varepsilon = r + t/2$。而冲压加工中的宽板弯曲,塑性变形程度均较大,应变中性层不通过毛坯截面中心,并向内侧移动,有 $\rho_\varepsilon < r + t/2$。另外,由于弯曲时板厚的变薄,因此应变中性层的曲率半径小于 $r + 0.5t$。在这种情况下,应变中性层可以根据体积不变条件确定。应变中性层位置确定参见 5.1.4 节"2. 中性层位置内移"内容。根据式(5.13)～(5.15)可以确定应变中性层曲率半径。在冲压生产实际中常采用经验公式(5.16)确定应变中性层曲率半径,其中系数 K 取值见表 5.3。

表 5.3　系数 K 取值

r/t	$0\sim0.5$	$0.5\sim0.8$	$0.8\sim2$	$2\sim3$	$3\sim4$	$4\sim5$
K	$0.16\sim0.25$	$0.25\sim0.30$	$0.30\sim0.35$	$0.35\sim0.40$	$0.40\sim0.45$	$0.45\sim0.50$

下面,具体介绍两种情况下毛坯长度的确定方法。

(1)圆角弯曲。

如图 5.27(a)所示的有一个弯角(90°)时,毛坯长度按下式计算:

$$L=L_1+L_2+L_0=L_1+L_2+\frac{\pi}{2}(r+Kt) \tag{5.35}$$

若工件有几个弯角(且角度 α 不一定是 90°),也可相仿把各个弯角部分的长度展开出来计算

$$L=L_1+L_2+\cdots+L_n+L_{n+1}+\frac{\pi\alpha_1}{180°}(r_1+K_1t)+\cdots+\frac{\pi\alpha_n}{180°}(r_n+K_nt)$$

上两式中 K、K_1、K_2、$\cdots$、K_n,视各个弯曲处的 $\dfrac{r}{t}$ 而定,可按表 5.3 选取。

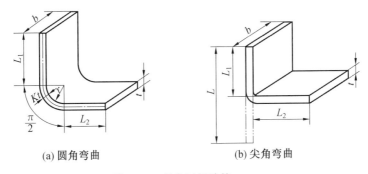

(a)圆角弯曲　　　　　　　(b)尖角弯曲

图 5.27　弯曲坯料计算

(2)尖角弯曲。

尖角弯曲也指 $\dfrac{r}{t}<0.3$ 时的弯曲,如图 5.27(b)所示,其弯曲件的毛坯长度可利用体积相等条件来进行计算。

弯曲前的体积是

$$V_0=Lbt \tag{5.36}$$

弯曲后的体积是

$$V=(L_1+L_2)bt+\frac{\pi}{4}\frac{t^2}{4}b \tag{5.37}$$

由 $V_0=V$ 可得

$$L=L_1+L_2+x't \tag{5.38}$$

式中　x'——系数,一般可取 $x'=0.4\sim0.6$。

上述各计算公式只适用于形状简单、精度要求不高的弯曲件;对于形状复杂、精度要求高的弯曲件,因弯曲时有不同因素的影响,所以,应先用上述公式进行初步计算,然后根据试冲结果最后确定毛坯的长度。

5.6   圆管弯曲

1. 断面形状的变化

在管材弯曲时,基本的变形机理与前述的板材的弯曲相同。但是,由于圆形管坯断面是中空的,被弯曲的管坯外侧与内侧的壁厚变化是相反的。管坯的整个横断面形状变化,及在弯管时内侧管面上产生折皱等,是管材弯曲加工中的问题,与板材弯曲不同。

图 5.28 所示为弯曲管的截过弯曲半径的断面。在这个断面上,外侧的壁厚发生拉伸变形,内侧的壁厚发生压缩变形,这与板坯的弯曲相同。但由于管坯弯曲时,内外侧壁厚之间有空间,在厚度方向上的伸长、压缩变得更自由了。随着弯曲的进行,外侧的壁厚逐渐减薄,内侧厚壁则逐渐增加。此外,管坯的壁厚与直径相比,如果薄到一定程度,则内侧的管壁在压应力的作用下会失稳而发生折皱。再者,弯管外侧的管壁材料,由于受切向拉伸而被拉向内侧;另外,内侧部分的材料,受切向压缩也更靠向内侧,但因有模具而阻碍其向内靠的倾向。由于这些作用,整个断面形状变成椭圆形。

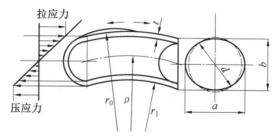

图 5.28   弯曲管的截过弯曲半径的断面

2. 各种弯曲方法与管材的变形

为尽可能地减少弯曲加工中产生的这些形状和尺寸的变化,产生了各种加工方法。最简单的管坯弯曲方法如图 5.29 所示。它是用两个支承模支持管坯,在其中间用具有一定弯曲半径的弯曲模进行加压弯曲的压弯法。希望管坯断面的椭圆度小并在弯曲模上截过弯曲半径的垂直断面内,加工出与管坯直径相应的圆弧,但在弯曲时所加的弯曲力集中在模具的中部。特别对于薄壁管,若不先在管内灌满砂子、松香或低熔点合金等填充物,就容易发生折皱,断面的椭圆变形也更明显。这种方法是与板料的 V 形弯曲类似的方法。对于管坯在加工中发生的不良变形没有有效的约束,所以仅在精度要求不高的厚壁管或弯曲半径大的场合,作为操作简单的方法而被采用。

图 5.30 所示的压缩弯曲及图 5.31 所示的回转牵引弯曲属于绕弯加工方法。它们是一边对变形材料施加更大的约束,一边进行弯曲加工。在压缩弯曲中,利用沿着固定弯曲模 3 运动的加压模(空心砧块)2 或滚子,一边压管坯一边进行弯曲。因为是从管坯外侧以推压方式施加压力的,所以在多数情况下使整个管坯的长度变短,因而对于薄壁管坯有容易产生折皱的倾向。在回转牵引弯曲时,管坯弯曲部分的前部被夹紧固定在回转弯曲模 4 上(利用夹紧模 3),然后一面用固定加压模 1 对管坯加压,一面使弯曲模 4 转动,进行弯曲。由于管坯沿着回转弯曲模被逐渐拉入,所以就一边被拉伸一边弯曲。为了防止

断面的椭圆变形及其内侧部分发生折皱,需同时使用适当形状的芯轴 2。

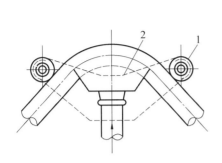
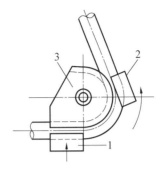

图 5.29 压弯法   图 5.30 压缩弯曲
1—支撑模;2—弯曲模   1—夹紧模;2—加压模(空心砧块);3—固定弯曲模

弯管时发生的内外表面的切向应变 ε_θ,与板料弯曲时相同。当外径为 d 的管坯弯成中性线曲率半径为 ρ 时,弯曲后的应变可由下式求得,即

$$|\varepsilon_\theta| = \frac{d}{2\rho} \tag{5.39}$$

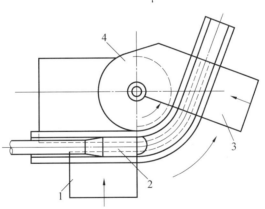

图 5.31 回转牵引弯曲
1—加压模;2—芯轴;3—夹紧模;4—弯曲模

虽然椭圆变化的程度根据加工中使用约束的程度(包括使用芯轴)而不同。但用压缩弯曲或回转弯曲方法进行 $\rho/d = 2.0$ 的弯曲时,假定 a 表示已变成椭圆的管坯断面长径,b 表示短径,则椭圆率 $\eta = [(a-b)/a] \times 100\%$ 约为 5%。

管坯弯曲的加工极限,是根据外侧管壁受到超过拉伸极限的拉伸变形而破裂,或内侧管壁由于纵向弯曲而产生折皱等情况来决定的。在回转牵引弯曲时,由于整个管坯都受拉伸,所以容易发生破裂。然而,一般说来,对于壁厚 t_0 与管径 d 之比较小的薄壁管坯,多数是以是否发生折皱来确定加工极限的。

5.7 其他板材弯曲方法

5.7.1 拉弯

对于曲率半径很大的弯曲件,由于其变形较小,弹复很大,很难用普通弯曲方法成形,因此常采用拉弯工艺。

拉弯时,毛坯断面上的应力分布,与普通弯曲时毛坯断面上的分布完全不同(图5.32)。用普通方法弯曲时,弯曲毛坯内表面与外表面上的应力是异号的,所以在卸载时内表面与外表面产生的弹性回复变形的方向也是相反的,其结果势必造成毛坯形状的较大变化。但是,在拉弯时,毛坯内表面与外表面都受拉应力的作用,在卸载时又都是向同一方向的弹性回复变形。虽然,这个局部弹性回复变形并没有减小,但是表现为毛坯总体形状变化的弹复却小到几乎接近于零的程度。

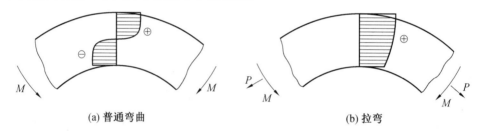

(a) 普通弯曲 (b) 拉弯

图 5.32 拉弯与普通弯曲对比

在拉弯时,首先要对毛坯在轴向(长度方向)施加足以使内部应力达到材料屈服应力的拉力(图 5.33(a))。在拉力作用下产生弯曲变形时,毛坯外表面的应力继续增大,而毛坯内表面的应力则因卸载而减小(图 5.33(b))。这种现象对拉弯零件的尺寸精度会产生一定的影响,所以当对零件的尺寸精度有较高要求时,可以在弯曲变形后对毛坯施加"定形补拉"(图 5.33(c))。定形补拉的拉力,可取为拉弯时拉力的 1.1～1.3 倍。但是,当拉弯零件的曲率半径较小,而横断面的高度尺寸较大时,不宜取过大的定形补拉的拉力。因此,高质量的拉弯加工由三个步骤构成:施加拉力使内应力达到屈服应力、在拉力作用下弯曲和定形补拉。

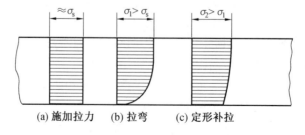

(a) 施加拉力   (b) 拉弯   (c) 定形补拉

图 5.33 拉弯过程

生产中经常采用的是"预拉—弯曲—补拉"的复合方案,即在板料弯曲之前先加一个轴向的拉力,其大小使毛坯断面内的应力稍大于材料的屈服应力;然后在拉力作用的同时进行弯曲;最后再加大拉力,进行补偿,以保证毛坯整个断面的应力都达到拉伸屈服极限。

为了使整个毛坯断面都产生塑性变形,应使拉伸后的应变ε_ρ达到以下数值:

$$\varepsilon_\rho \geqslant \varepsilon_s + \frac{t}{2\rho} \qquad (5.40)$$

式中　ε_s——相当于屈服点的应变数值,$\varepsilon_s = 0.002$。ε_ρ可近似取为$\varepsilon_\rho \geqslant 0.005$。

预拉力以使毛坯超过屈服应力为准(伸长应变ε_ρ超过 0.005)。补拉力越大,越有利于减少零件的回弹量,在保证零件不被拉断的情况下尽量取大值。拉力(单位:N)可由下式估算:

预拉力

$$F_1 = A\sigma_s \qquad (5.41)$$

补拉力

$$F_2 = 0.9A\sigma_b \qquad (5.42)$$

式中　σ_s、σ_b——毛坯的屈服强度及抗拉强度,MPa;

　　　A——毛坯横断面面积,mm^2。

上述计算值可通过试拉调整。

5.7.2　滚弯(卷板)

滚弯工艺被广泛地用于圆筒形及圆锥形零件的弯曲成形。由于可通过相对于板料送进量调整辊轮位置,滚弯工艺也可以用于制作四边形、椭圆形及其他非圆断面的零件。还可以用于筒形件的凸缘加工以及由带料制作异形环、型材的弯曲加工等。

1. 二辊卷板机弯曲

二辊卷板机是由一个刚性辊轮和一个弹性辊轮共同进行工作的,其原理如图 5.34(a)所示,为了改变制件直径,可在如图 5.34(b)所示的刚性辊轮上套以适当直径的导向辊轮。弹性辊轮由聚氨酯橡胶制造。

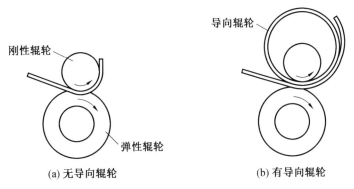

导向辊轮

刚性辊轮

弹性辊轮

(a) 无导向辊轮　　　　　　　(b) 有导向辊轮

图 5.34　二辊卷板机滚弯原理

用二辊卷板机进行板料弯曲时,对于塑性好的($\delta > 30\%$)或薄的板料(厚度小于 4 mm),可以一次弯曲成形;对于塑性差的或厚的板料,应加大钢辊的压入力,一次或几次(可进行中间退火)弯曲成形。

2. 三辊、四辊卷板机弯曲

用辊轮将平板料弯曲成圆筒形时,在弯曲板料的首端和末端,由于弯曲变形不足而残留下平直部分,而且在矫圆时难以消除,故一般应对板料端头进行预弯。生产中常用端部弯曲模、端头滚弯机、夹紧型辊式卷板机、带弯边压料板的卷板机等进行端头预弯。

5.7.3　辊弯(滚压)成形

滚压成形是由各组成形辊轮顺次弯曲并向前送进的,如图 5.35 所示。以第一组辊轮为例,其成形过程如图 5.36 所示,板料从辊轮的入口一面弯曲一面向前送进,至辊轮中心(断面 4)处即成形完毕,并从辊轮中穿出来。

滚压成形可用于加工软钢、有色金属及其合金、不锈钢及其他金属材料。带料宽度可达 2 000 mm,料厚 0.1~20 mm。制件长度从理论上讲可以是任意的。

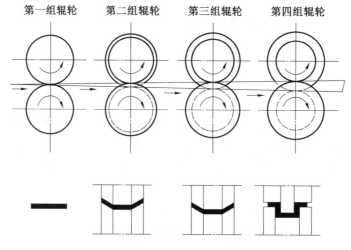

图 5.35　滚压成形

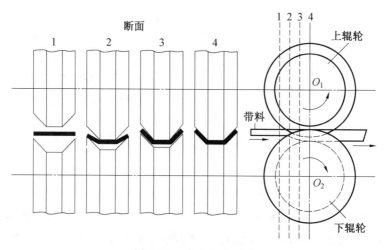

图 5.36　滚压成形过程

思考练习题

5.1　试归纳板材弯曲时变形区的应力、应变情况,并与直壁筒形件拉深和圆孔翻边进行对比。

5.2　试推导出应力中性层和应变中性层内移的表达式。

5.3　阐明弯曲变形回弹显著的原因及减小回弹的措施。

5.4　解释最小弯曲半径及其影响因素。

5.5　简述弯曲件毛坯尺寸的确定方法。

5.6　某钢厂冷轧线上需增加一台板料卷绕机,卷绕直径应该足以使板料卷绕后仅为弹性弯曲。试问卷绕机卷轴的最小直径是多少? 板料厚度 $t = 0.8$ mm,屈服强度 235 MPa。

5.7　若有四种硬化模量均很小的金属板材,其牌号及参数见表5.4。在同一套弯曲模具中进行弯曲变形,试列出它们的弯曲角回弹大小顺序并说明。

表 5.4　四种金属板材的牌号及参数

材料牌号	屈服应力/MPa	弹性模量/GPa
70 钢	420	210
1Cr18Ni9Ti	210	196
2A19－T4	290	70
H68	98	110

5.8　试计算如图 5.37 所示工件($B/t = 40$)的坯料长度。已知条件:$t = 4$ mm,长度 L_1、L_2、L_3、L_4 分别为 60 mm、50 mm、40 mm 和 120 mm;圆角半径 r_1、r_2、r_3 分别为 20 mm、60 mm、10 mm;弯曲角 α_1、α_2、α_3 分别为 $\frac{5}{6}\pi$、$\frac{1}{2}\pi$、$\frac{1}{2}\pi$。

5.9　弯曲一剖面高度 $h = 50$ mm 的矩形板,已知材料的屈服点应力 $\sigma_s = 137.3$ MPa,$E = 68.65$ GPa。变形区近似发生无硬化纯塑性弯曲。当弯曲内半径 $R = 225$ mm时,如果不考虑中性层的内移,计算:

(1)最内层纤维的压应力大小。

(2)半径与角度的回弹量。

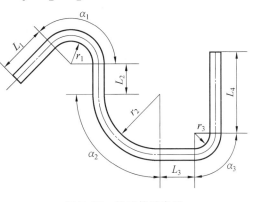

图 5.37　某工件示意图

第6章 拉 深

拉深是成形开口空心形状零件的一种工艺方法。用拉深方法可以制成多种类型的零件,如圆筒形件、球面形件、盒形件、锥形件、阶梯形件等。另外,如果把拉深方法和其他成形方法,如翻边、扩口、缩口、胀形、校形、冲孔等相结合,能够形成多道工序的工艺过程,可以加工形状十分特殊而又非常复杂的构件。因此,拉深被广泛应用于火箭、飞机、车身、仪表、电子、压力容器、精密仪器和日常生活用品的生产中。

6.1 拉深的概念与分类

6.1.1 基本概念

拉深是利用刚性模具使平板毛坯压入凹模成形为开口空心零件的工艺方法。拉深在工业中也常被称为拉延、压延等,国家标准 GB/T 8541—2012《锻压术语》中规定称为拉深,英文为 Drawing 或 Deep Drawing。欧美国家甚至把拉深作为钣金成形、冲压加工的总称,如国际深拉深研究会(英文缩写为 IDDRG),实际上不是字面上的仅仅局限于拉深加工技术的学术团体,而是关于整个冲压加工技术的学术团体。由此可见,拉深在板材成形以及冲压工艺中具有举足轻重的地位。

拉深成形的模具主要包括凸模(1)、压边圈(2)和凹模(4)三个部分组成。拉深成形时,直径为 D_0、厚度为 t_0 的圆形板坯(3)被放置在凹模上表面中心区,然后通过压边圈对板坯施加压边力(Q),同时直径为 d_p 的凸模开始下行,并对凸模底部的板坯施加拉深载荷(F),从而使其进入凹模内腔,这时凸模底部板坯由于加工硬化的作用不再发生变形或产生很小的塑性变形;随着拉深行程的增加,凸模底部的板坯把拉深载荷传递到处于凹模和压边圈之间的环形板坯($D_0 \sim d_p$ 之间的板坯),使这部分板坯逐渐被拉入凹模与凸模之间的间隙,从而形成筒壁部分;凸模持续下行,直到环形板坯被全部拉入或仅保留很小的凸缘,拉深成形结束,从而获得内径为 d_p、高度为 H 的平底圆筒形件。

需要注意的是凸模和凹模与板坯接触的部位分别加工有一定的圆角 r_p 和 r_d,从而避免局部应力集中。

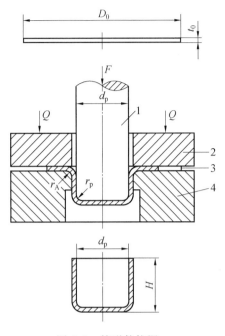

图 6.1 筒形件拉深

1—凸模;2—压边圈;3—板坯;4—凹模

6.1.2 拉深零件分类

按照拉深零件的形状不同以及变形特点的不同,拉深零件可以按照图 6.2 所示的方法分为直壁拉深件和曲面拉深件。其中,直壁拉深件可分为回转体直壁拉深件和非回转体直壁拉深件两类,曲面拉深件可分为回转体曲面拉深件和非回转体曲面拉深件(也称为复杂曲面拉深件)。

以上零件的成形,可以统称为拉深。但是,除了各类拉深件的形状不同外,各类拉深件的变形区位置、变形性质、变形分布以及毛坯各部分的应力状态和分布规律也存在着相当大的,甚至是本质上的差别,所以其工艺参数、工序数目与顺序的确定方法以及模具的设计原则与方法等都有所不同,必须区分对待。

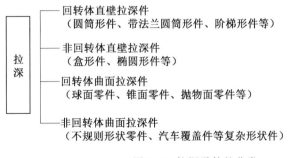

图 6.2 拉深零件的分类

6.2　圆筒形件的拉深原理

6.2.1　变形过程

虽然拉深件的形状很多,但是直壁圆筒形拉深件(简称筒形件)是其中最简单、最典型的代表,可以用筒形件变形过程来分析一块直径为 D_0、厚度为 t_0 的圆形平板毛坯究竟是怎样逐步拉深成形出高度为 H、内径为 d_p 的筒形件的。

图 6.3 所示为一块圆形平板毛坯在凸模载荷作用下向凹模变形过程的剖视图。

在平板毛坯上,沿着直径的方向取一个局部的扇形区 oab 来分析。凸模逐渐下行,迫使毛坯在凸模力的作用下拉入凹模,扇形区 oab 发生塑性变形和运动位移,开始进入到凹模和凸模的间隙中,此时的毛坯已经不再是一块平板,而是可以分为以下三个主要部分:

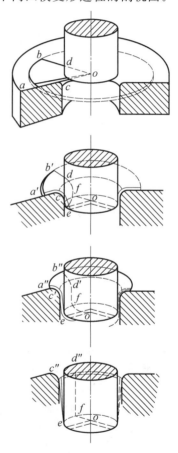

(1) Ⅰ区:筒底部分——oef。

(2) Ⅱ区:筒壁部分——$cdfe$。

(3) Ⅲ区:法兰部分——$a'b'dc$。

凸模继续下行,筒底基本不动,法兰部分的材料继续进入到凹模和凸模的间隙中变为筒壁,于是筒壁逐渐加高,法兰部分的直径逐渐缩小。由此可见,毛坯的变形主要集中在凹模表面法兰部分的毛坯上,拉深就是使法兰部分的毛坯直径逐渐收缩,使平板毛坯通过变形和位移转化为圆筒侧壁的过程。

6.2.2　变形特点

拉深过程中,与凸模底部相接触的筒底区(E区)始终保持为平面形状,而且这部分毛坯基本上不产生塑性变形(或产生很小的塑性变形),所以近似地认为这部分毛坯是弹性变形区,称为不变形区。这部分毛坯起到凸模拉力的传递作用,由它把

图 6.3　筒形件的拉深过程

承受到的凸模拉力传递给筒壁部分,使其产生轴向的拉应力。而其本身的受力情况相当于周边受均匀拉力的圆板,是双向受拉的应力状态。

筒壁区(C区)是由法兰部分变形转化而成的,该区已经经历过塑性变形而且结束了变形阶段,因此称为已变形区。该区的作用是把筒底部传递的凸模拉力传递给凹模表面的法兰部分毛坯,其内部需要承受沿筒壁方向(轴向)的拉应力,但其圆周方向不受力,因此该区也称为传力区。

法兰区(A 区)在筒壁部分传递的拉应力作用下产生塑性变形并向中心移动,逐渐地进入凸模与凹模的间隙里,最终形成圆筒形零件的侧壁,由于毛坯直径逐渐收缩变形并向凹模内发生较大的位移转动,因此通常认为法兰区是拉深时的变形区。该区圆周尺寸减小过程中,受到其毛坯内部金属的相互挤压作用,其作用效果与两个斜面间受拉变形的金属相似。因而,变形区毛坯在径向应力作用下产生伸长变形,在切向应力作用下产生压缩变形,称此类变形为拉深变形。在变形区的绝大部分上,绝对值最大的主应力是压应力。因此,拉深变形属于压缩类变形。

此外,由于凸模圆角区(D 区)的毛坯连接凸模底部和筒壁部分,其应力状态与其相邻底部部分的应力状态接近,可以认为是受双向拉应力;而凹模圆角区(B 区)连接筒壁部分和法兰部分,更接近于法兰区的径向受拉、切向受压的应力状态。

图 6.4 所示为拉深时扇形毛坯各区的应力状态情况。

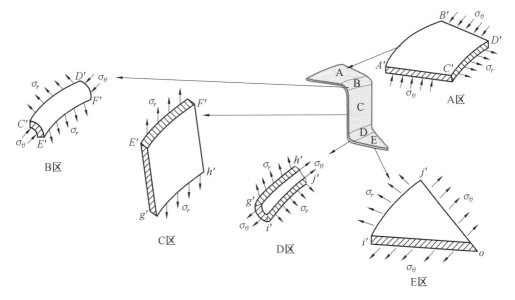

图 6.4　拉深时扇形毛坯各区的应力状态情况

总之,根据毛坯的受应力状态不同,可以将拉深过程的毛坯分块成五个区,表 6.1 汇总了毛坯各区的变形特点及应力状态情况。

表 6.1　拉深过程的毛坯分区

毛坯分区	变形特点	应力状态
筒底区(E 区)	不变形区	双向拉应力
凸模圆角区(D 区)	传力区	双向拉应力
筒壁区(C 区)	传力区	单向拉应力
凹模圆角区(B 区)	过渡区	径向拉应力、切向压应力
法兰区(A 区)	变形区	径向拉应力、切向压应力

6.2.3　受力分析

图 6.5 所示为筒形件拉深时的受力分析。由凸模作用力 F 引起的毛坯侧壁内的拉应力 $\sigma_a = p$ 沿圆周方向的分布是均匀的,其数值大小应能引起拉深毛坯变形区——毛坯的法兰区产生塑性变形。拉应力的数值为

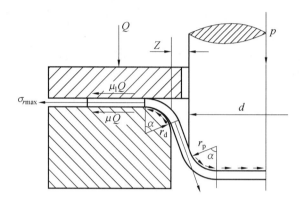

图 6.5　筒形件拉深时的受力分析

$$p = \frac{F}{\pi d t} = (\sigma_r + \sigma_\mu) \, \mathrm{e}^{\frac{\mu\pi}{2}} + \sigma_w \tag{6.1}$$

式中　σ_r——拉深变形区产生塑性变形所必需的径向拉应力,其值取决于板材的力学性能与拉深时的变形程度;

　　　σ_μ——克服由压边力 Q 引起的毛坯与压边圈和凹模表面之间摩擦阻力必须增加的拉应力部分,$\sigma_\mu = \dfrac{2\mu Q}{\pi d t}$;

　　　σ_w——克服毛坯在凹模圆角区范围内产生的弯曲变形阻力而必须增加的拉应力部分,$\sigma_w \approx \dfrac{\sigma_b}{2\dfrac{r_d}{t} + 1}$,其中 σ_b 为材料抗拉强度,r_d 为凹模圆角半径;

　　　$\mathrm{e}^{\frac{\mu\pi}{2}}$——考虑毛坯沿凹模圆角表面滑动时产生的摩擦阻力的系数;

　　　μ——摩擦因数。

因为 $\mathrm{e}^{\frac{\mu\pi}{2}} \approx 1 + \dfrac{\mu\pi}{2} \approx 1 + 1.6\mu$,代入式(6.1)可得

$$p = (\sigma_r + \sigma_\mu)(1 + 1.6\mu) + \sigma_w \tag{6.2}$$

6.2.4　应力分析

圆筒件拉深时的应力分析可以从拉深变形区内截取夹角为 α 的扇形部分,如图 6.6 所示。宽度为 $\mathrm{d}r$ 的扇形微体的平衡条件是

$$\sigma_r r \alpha t + \mathrm{d}(\sigma_r r \alpha t) - \sigma_r r \alpha t + 2\sigma_\theta t \sin\frac{\alpha}{2}\mathrm{d}r = 0 \tag{6.3}$$

因为所取的夹角 α 很小,所以可取

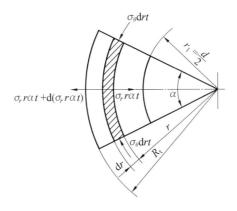

图 6.6 圆筒件拉深时的应力分析

$$\sin \frac{\alpha}{2} \approx \frac{\alpha}{2}$$

代入式(6.3),并经整理得

$$r\mathrm{d}\sigma_r + (\sigma_r + \sigma_\theta)\mathrm{d}r = 0 \tag{6.4}$$

根据塑性条件有

$$\sigma_r + \sigma_\theta = \beta\sigma_s \tag{6.5}$$

式中 β——考虑中间主应力影响的系数,$\beta=0$ 时不考虑中间主应力的影响,这里可近似取为 $\beta=1.1$,于是得

$$\sigma_r + \sigma_\theta = 1.1\sigma_s \tag{6.6}$$

将 $\sigma_r + \sigma_\theta$ 之值代入式(6.4)并经整理可得

$$\mathrm{d}\sigma_r = -1.1\sigma_s \frac{\mathrm{d}r}{r} \tag{6.7}$$

式中 σ_s——毛坯变形区内各不同部位上金属的变形抗力。

由于变形区内不同部位上金属所经历的塑性变形程度不同,所以由于冷变形硬化的作用,变形区内各点上金属的变形抗力 σ_s 也不相同。这里取 $\sigma_s = \sigma_{sm}$ 为一常量。σ_{sm} 是变形区不同部位金属变形抗力的平均值。于是可得式(6.7)的另一种形式:

$$\sigma_r = -1.1\sigma_{sm}\int \frac{\mathrm{d}r}{r} \tag{6.8}$$

对式(6.8)进行积分得

$$\sigma_r = -1.1\sigma_{sm}\ln r + C \tag{6.9}$$

当 $r=R_t$ 时,在毛坯变形区外边缘自由表面上径向拉应力的数值为零,即 $\sigma_r=0$,代入式(6.9)得出积分常数 C 值为

$$C = 1.1\sigma_{sm}\ln R_t \tag{6.10}$$

将 C 值代入式(6.9),即可得出径向拉应力 σ_r 的数值为

$$\sigma_r = 1.1\sigma_{sm}\ln \frac{R_t}{r} \tag{6.11}$$

利用式(6.5)与式(6.11),并取 $\sigma_s = \sigma_{sm}$,即可得到拉深变形区内各点上的切向应力 σ_θ 的计算式

$$\sigma_\theta = 1.1\sigma_{sm}\left(1 - \ln\frac{R_t}{r}\right) \tag{6.12}$$

根据式(6.11)与式(6.12)计算所得的变形区内径向应力与切向应力的分布如图 6.7 所示。

从图 6.7 中可以看出,径向拉应力的数值在变形区外边缘为零,而在变形区内边缘,即凹模入口处达到最大值;切向压应力的数值,在变形区内边缘最小,在变形区外边缘达到最大值。在变形区内几乎全部宽度上切向应力的绝对值都大于径向应力,所以圆筒形零件的拉深是压缩类变形。在变形区内边缘上的径向拉应力 σ_r 最大,其值为

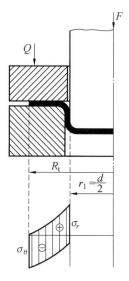

$$\sigma_{rmax} = 1.1\sigma_{sm}\ln\frac{R_t}{r} \tag{6.13}$$

将 σ_{rmax}、σ_μ、σ_w 之值代入式(6.2)可得拉深时所必需的拉应力为

$$p = \left(1.1\sigma_{sm}\ln\frac{R_t}{r} + \frac{2\mu Q}{\pi dt}\right)(1 + 1.6\mu) + \frac{\sigma_b}{\frac{2r_d}{t} + 1} \tag{6.14}$$

图 6.7 拉深变形区内径向应力与切向应力的分布

式中 d——凸模直径。

6.2.5 应变分布

由板面内主应变协调方程

$$r\frac{d\varepsilon_r}{dr} = \varepsilon_r - \varepsilon_\theta \tag{6.15}$$

得应力应变关系

$$\begin{cases} \varepsilon_\theta = \dfrac{1}{E'}\left(\sigma_\theta - \dfrac{1}{2}\sigma_r\right) \\ \varepsilon_r = \dfrac{1}{E'}\left(\sigma_r - \dfrac{1}{2}\sigma_\theta\right) \end{cases} \tag{6.16}$$

式中 E'——塑性模量。

将式(6.16)代入式(6.15),得到用应力表示的协调方程:

$$r\frac{d}{dr}\left[\frac{1}{E'}\left(\sigma_\theta - \frac{1}{2}\sigma_r\right)\right] = \frac{3}{E'}(\sigma_r - \sigma_\theta) \tag{6.17}$$

将式(6.11)与式(6.12)代入用应力表示的协调方程式(6.17),整理后可得

$$\frac{d}{dr}\left(\frac{1}{E'}\right) - \frac{4}{r\left(\ln\dfrac{R_t}{r} - 2\right)}\left(\frac{1}{E'}\right) = 0 \tag{6.18}$$

积分式(6.18)可得

$$\frac{1}{E'}\left(2 - \ln\frac{R_t}{r}\right)^4 = c \tag{6.19}$$

式中 c——积分常数,可以从以下的边界条件求得。

假设圆板毛坯的初始半径为 R_0,当其拉深至 R_t 时,凸缘边沿的周向应变 ε_θ 为

$$\varepsilon_\theta = \ln \frac{R_t}{R_0} = -\eta \qquad (6.20)$$

而凸缘边沿($R = R_t$)的径向应力 $\sigma_r = 0$,不考虑中间主应力的影响时周向应力 $\sigma_\theta = -\sigma_s$,$1/E' = \eta/\sigma_s$。根据式(6.19),所以积分常数 c 为

$$c = 16 \frac{\eta}{\sigma_s} r \qquad (6.21)$$

任意 r 处的塑性模数,即可由下式确定:

$$\frac{1}{E'} = \frac{1}{\left(1 - \frac{1}{2} \ln \frac{R_t}{r}\right)^4} \frac{\eta}{\sigma_s} \qquad (6.22)$$

利用式(6.16)、体积不变条件以及 $\beta = 1$ 时,$\varepsilon_i = \frac{2}{3}(\varepsilon_r - \varepsilon_\theta)$,即可求得任意 r 处的应变分布为

$$\varepsilon_r = \frac{1 + \ln \frac{R_t}{r}}{2\left(1 - \frac{1}{2} \ln \frac{R_t}{r}\right)^4} \eta \qquad (6.23)$$

$$\varepsilon_t = \frac{1 - 2\ln \frac{R_t}{r}}{2\left(1 - \frac{1}{2} \ln \frac{R_t}{r}\right)^4} \eta \qquad (6.24)$$

$$\varepsilon_\theta = \frac{-1}{\left(1 - \frac{1}{2} \ln \frac{R_t}{r}\right)^4} \eta \qquad (6.25)$$

$$\varepsilon_i = \frac{-1}{\left(1 - \frac{1}{2} \ln \frac{R_t}{r}\right)^4} \eta \qquad (6.26)$$

图 6.8 所示为圆板拉深时,按式(6.23)~(6.26)求得的凸缘变形区的应变分布规律。

假设材料的实际应力曲线为

$$\sigma_i = A\varepsilon_i^n \qquad (6.27)$$

式中,$n = \varepsilon_B$(单向拉伸细颈点的对数应变);$A = \left(\dfrac{e}{n}\right)^n \sigma_b$,e 为自然对数的底。

任意 r 处的应力强度为

$$\sigma_i = A\eta^n \left(1 - \frac{1}{2} \ln \frac{R_t}{r}\right)^{-4n} \qquad (6.28)$$

$$\sigma_r = \frac{2A\eta^n}{4n-1} \left[\left(1 - \frac{1}{2} \ln \frac{R_t}{r}\right)^{1-4n} - 1\right] \qquad (6.29)$$

$$\sigma_\theta = \frac{2A\eta^n}{4n-1} \left[\left(1 - \frac{1}{2} \ln \frac{R_t}{r}\right)^{1-4n} - 1\right]$$
$$- A\eta^n \left(1 - \frac{1}{2} \ln \frac{R_t}{r}\right)^{-4n} \qquad (6.30)$$

图 6.9 所示为按式(6.29)和式(6.30)求
得的两种材料 σ_r 和 σ_θ 的分布规律。

筒形件拉深过程的应变分布可以采用网
格应变法(图 6.10)获得,即通过在平板毛坯
上印制长宽尺寸均匀的网格,拉深成形后直
接测量网格的长宽方向尺寸的变化得到。筒
形件拉深成形后的网格变化具有以下特点:

(1)法兰的网格沿径向伸长($a_1 > a_2 >$
$a_3 > a_4 > a_5 > a$),沿圆周方向(切向)收缩
($b_1 = b_2 = b_3 = b_4 = b_5 = b$),网格的径向伸长
变形和切向压缩变形程度由法兰外侧向内部
逐渐增大。

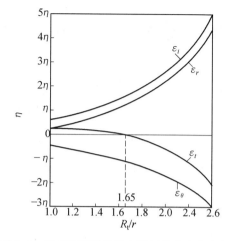

图 6.8　圆板拉深时凸缘变形区的应变分布规律

(2)筒壁的网格沿轴向伸长,伸长变形由
凹模圆角向凸模圆角逐渐减小,沿圆周方向基本不变形。

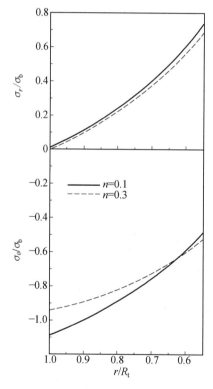

图 6.9　两种材料 σ_r 和 σ_θ 的分布曲线

(3)底部的网格基本不变形或长宽方向略有增大。

(4)筒壁高度 $H > (D-d)/2$。

(5)扇形网格变为矩形网格。

采用网格应变法和分段拉深法可以获得拉深件的主应变分布和应力历史,图 6.11 给

出了拉深件典型位置($a\sim f$点)在主应变图中的位置及各点随拉深行程增加的应变路径。此外,根据径向和切向应变结果并根据体积不变条件($\varepsilon_t = -(\varepsilon_r + \varepsilon_\theta)$),可以给出厚向应变分布。

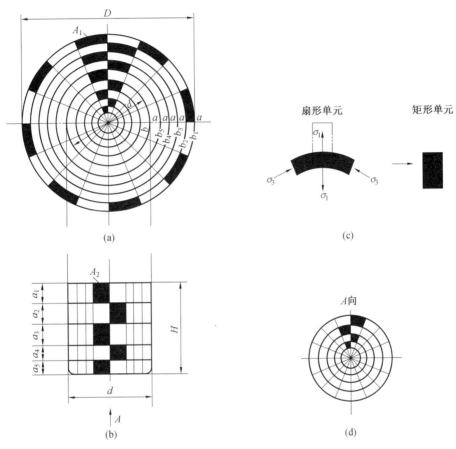

图 6.10　网格应变法的筒形件应变分析

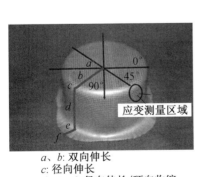

a、b: 双向伸长
c: 径向伸长
d、e、f: 径向伸长/环向收缩

(a) 拉深件的应变分析

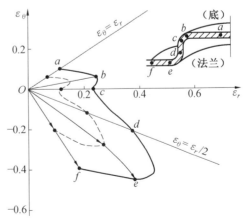

(b) 拉深应变路径图

图 6.11　拉深件典型位置的应变路径

6.2.6 厚度分布

拉深过程中,由于各处毛坯的受力、变形性质与变形经历的不同,拉深件各处的壁厚分布是不等的。拉深件的典型厚度和硬度变化如图 6.12 所示,拉深过程板厚分布如图 6.13 所示。根据对变形区的变形分析可知,靠近凸模圆角的材料首先开始包向凸模圆角,并发生弯曲及胀形变形,使厚度减薄;随着凸模继续下降,法兰不断向凹模内变形,拉深力上升,凸模圆角区以上的材料作为传力区承载着凸模拉深力,随之该处进一步拉薄;当拉深力达到最大值,凸模圆角与直壁交界处的壁厚变薄也发展到了最严重的地步,在此形成了拉深件的第一个厚度极小值(A 点),它是拉深变形时传力区的最危险部位,拉断现象通常首先发生在这个最为薄弱之处,通常称为危险断面。而在变形一开始时刻的凹模圆角处毛坯变薄,经过反复弯曲后再度减薄形成拉深件厚度的第二个极小值(B 点)。

筒底部的材料由于凸模与材料表面之间的摩擦力作用,受到的径向拉应力增加很慢,所以变薄的不多;而筒壁由 A 点向口部逐渐增厚,越远离 A 点厚度增加越大。受到法兰区切向压缩变形的影响,筒形件口部的增厚最大,厚度最厚,甚至超过毛坯的初始壁厚。一般而言,拉深件危险断面处减薄率为 10%~18%,口部的增厚率为 20%~30%,靠近筒形件口部的侧壁某一处位置的壁厚等于毛坯的初始壁厚。

危险断面之所以发生在筒壁与凸模圆角相切处而不是发生在圆角的部位,是因为凸模圆角对材料产生摩擦效应。凸模圆角对于材料产生的摩擦有助于抵制材料的变薄。但是,由于凸凹模间隙的存在,越靠近凸模圆角上方,材料与凸模之间的贴合越不紧密,有益摩擦效应的作用越小。而在筒壁直段与凸模圆角相切处,材料与凸模脱离接触,因此成为变薄最为严重的部位。

筒形件的硬度分布由底部向口部增大,主要是由于法兰区作为主要变形区拉深过程中的应变硬化效应,越靠近法兰外侧的硬化作用越显著,因此筒形件拉深成形后靠近筒壁上侧的硬度值最大。

根据以上分析可见,壁厚分布受到凸模圆角、凹模圆角、摩擦与润滑、凸凹模间隙、材料强度等因素的影响。此外,危险断面的出现同时伴随最大拉深力的出现,因此保证拉深能顺利进行的必要条件是:筒壁传力区的最大拉深力 p_{max} 应当小于危险断面的抗拉强度 σ_p。

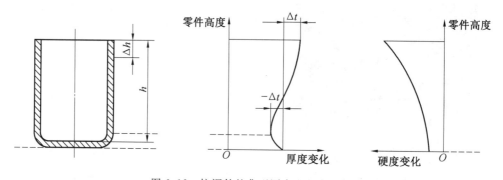

图 6.12　拉深件的典型厚度和硬度变化

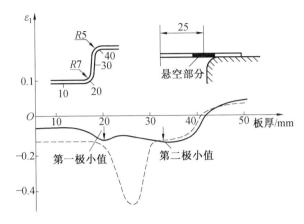

图 6.13 拉深过程板厚分布
实线—未破裂;虚线—破裂

6.3 拉深系数

6.3.1 基本概念

拉深系数(m)是拉深后零件的直径(d)与拉深前毛坯的直径(D_0)之比。它反映了毛坯外边缘在拉深后切向压缩变形的大小,因此它是表示拉深变形程度的重要参数:

$$m = \frac{d}{D_0} \tag{6.31}$$

拉深系数的倒数称为拉深比(K),也常作为表示拉深变形程度的参数:

$$K = \frac{1}{m} = \frac{D_0}{d} \tag{6.32}$$

任一瞬间法兰区的径向拉应力为

$$\sigma_r = \beta \sigma_{sm} \ln \frac{R_t}{r} \tag{6.33}$$

当拉深开始时,$R_t = \dfrac{D_0}{2}$,$r = \dfrac{d}{2}$,代入式(6.33)得法兰区的径向拉应力表达式为

$$\sigma_r = \beta \sigma_{sm} \ln \frac{D_0}{d} = \beta \sigma_{sm} \ln \frac{1}{m} = \beta \sigma_{sm} \ln(\text{LDR}) \tag{6.34}$$

可见,m 越小,K 越大,变形区的径向拉应力越大。

拉深系数、拉深比均为衡量拉深变形程度的重要指标。显然,零件直径(d)固定不变时,拉深系数越小,可成形的毛坯直径越大,通过拉深获得的零件深度越高,即拉深极限越大。因此,较小的拉深系数或较大的拉深比代表材料的拉深极限高,这是拉深工艺设计所希望的。

然而,受到材料的承载极限和工艺条件的制约,一般而言拉深系数不能过小。当拉深系数过小时,变形区内的径向拉应力就要增大,筒壁传力区的轴向拉应力也增大,当它大到超过其本身的塑性变形极限时即发生破坏,拉深变形无法继续。因此,要保证拉深过程的顺利进行,必须保证变形区优于传力区满足屈服准则。通常,必须保证变形区为弱区,传力区为强区,而且强弱程度的差别越大,拉深过程就越稳定。在保证变形区为弱区并优先塑性变形的条件下,所能采用的最小拉深系数称为极限拉深系数(m_{min}),又称为拉深的成形极限。同理,所能采用的最大拉深比(K_{max})称为极限拉深比(LDR)。

由图 6.14 可知,当拉深系数达到极限值 m_{min} 时,拉深力的最大值接近于毛坯侧壁的强度 $\pi dt\sigma_b$,拉深过程仍可正常进行。而当拉深系数小于极限拉深系数($m < m_{min}$)时,拉深力的最大值超过毛坯侧壁的承载能力 $\pi dt\sigma_b$,一定会出现侧壁的破坏,以致无法进行正常的拉深变形。

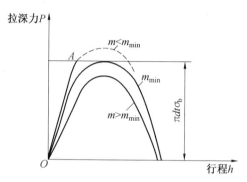

图 6.14   极限拉深系数时拉深力与毛坯侧壁强度件的关系

表 6.2 所示为主要金属材料的拉深系数取值范围,拉深系数的取值一般在 0.5～0.8 之间。

表 6.2   主要金属材料的拉深系数

材料名称	牌号	第一次拉深$[m_1]$	以后各次拉深$[m_n]$
铝和铝合金	2A06－O、1A30－O、5A21－O	0.52～0.55	0.70～0.75
杜拉铝	2A12－O、2A11－O	0.56～0.58	0.75～0.80
黄铜	H62	0.52～0.54	0.70～0.72
	H68	0.50～0.52	0.68～0.72
纯铜	T2、T3、T4	0.50～0.55	0.72～0.80
无氧铜	—	0.50～0.58	0.75～0.82
镍、镁镍、硅镍	—	0.48～0.53	0.70～0.75
铜镍合金	—	0.50～0.56	0.74～0.84
白铁皮	—	0.58～0.65	0.80～0.85
酸洗钢板	—	0.54～0.58	0.75～0.78

续表 6.2

材料名称	牌号	第一次拉深[m_1]	以后各次拉深[m_n]
不锈钢	Cr13	0.52～0.56	0.75～0.78
	Cr18Ni	0.50～0.52	0.70～0.75
	1Cr18Ni9Ni	0.52～0.55	0.78～0.81
	Cr18Ni11Nb、Cr23Ni18	0.52～0.55	0.78～0.80
镍铬合金	Cr20Ni80Ti	0.54～0.59	0.78～0.84
合金结构钢	30CrMnSiA	0.62～0.70	0.80～0.84
可伐合金	—	0.65～0.67	0.85～0.90
钼铱合金	—	0.72～0.82	0.91～0.97
钽	—	0.65～0.67	0.84～0.87
铌	—	0.65～0.67	0.84～0.87
钛及钛合金	TA2、TA3	0.58～0.60	0.80～0.85
	TA5	0.60～0.65	0.80～0.85
锌	—	0.65～0.70	0.85～0.90

注:1.凹模圆角半径 $r_d < 6t$ 时拉深系数取大值;凹模圆角半径 $r_d \geq (7 \sim 8)t$ 时拉深系数取小值。

2.材料相对厚度 $\frac{t}{D_0} \times 100 \geq 0.62$ 时拉深系数取小值;材料相对厚度 $\frac{t}{D_0} \times 100 < 0.62$ 时拉深系数取大值。

6.3.2 影响因素

1. 材料机械性能

一般来说,材料的塑性越好、组织均匀、晶粒大小适当、屈强比小、n 值大、r 值大而 Δr 小时,拉深性能越好,可采用较小的极限拉深系数。其中,屈强比($\frac{\sigma_s}{\sigma_b}$)越小时,筒壁传力区的最大拉应力的相对值越小,材料越不容易出现拉伸颈缩,危险断面的变薄和拉断可以延迟,可以获得较小的拉深系数。厚向异性指数 r 越大,厚度方向变形越困难,危险断面也越不易变薄和拉断,可以获得较小的拉深系数。

2. 板坯相对厚度

相对厚度($\frac{t}{D_0}$)越大,变形区抵抗压缩失稳起皱能力越强,压边力减小或不用压边时,可减小摩擦损耗,变形力减小,因而可选用较小的拉深系数。

3. 模具圆角半径及间隙

凸模圆角半径(r_p)较小时,板料绕凸模弯曲的拉应力增加,降低危险断面的强度;凸模圆角半径较大时,减小传力区的承载面积;一般凸模圆角半径取($6 \sim 8$)t。凹模圆角半径(r_d)太小时,拉深时的弯曲抗力增加,增加筒壁传力区的最大拉应力,相对圆角半径减小,拉深系数增加;凹模圆角半径太大,有效压边面积较小,容易导致法兰起皱;一般凹模圆角半径取($8 \sim 10$)t。凸凹模间隙(c)大有利于板料流动,避免板料受太大的挤压和摩擦力,但间隙过大降低拉深件的贴模性;一般间隙取$(1.25\sim1.3)t$。

4.模具润滑条件

改善凹模和压边圈表面润滑条件,有利于降低摩擦阻力并改善毛坯的流动条件。凸模表面粗糙有利于提高凸模和侧壁产生沿拉深方向的剪切力,有利于提高拉深能力。通常,凹模和压边圈的工作表面要求比较光滑,表面粗糙度一般取$Ra=1.6\sim0.8$或$Ra=0.4\sim0.2$,并且采用润滑剂。凸模的工作表面一般取$Ra=3.2$,而且拉深时,凸模表面不涂润滑剂。

5.压边方式和压边力

采用压边圈时,变形区的失稳起皱受到限制,因此可以取得较小的极限拉深系数。此外,理想的压边力是能够阻止法兰区毛坯起皱的最小力。压边力增大,法兰区摩擦力增大,不利于板料向凹模内流动,导致拉深系数增加。

总之,凡是能增加毛坯传力区拉应力及减小危险断面强度的因素均能使极限拉深系数加大;相反,凡是可以降低毛坯传力区拉应力及增加危险断面强度的因素都有助于使变形区成为相对的弱区,所以能降低极限拉深系数。

应该指出,在实际生产中不是在所有的情况下都采用极限拉深系数,因为接近极限值的拉深系数能引起毛坯在凸模圆角部位的过度变薄,而且在以后的拉深工序中这部分变薄的缺陷会转移到成品零件的侧壁上,降低零件的质量。所以,当零件有较高要求时,应采用稍大于极限值的拉深系数。

6.4 缺陷形式及控制方法

由拉深毛坯的应力、应变分析可知,毛坯变形区在径向拉应力作用下产生伸长变形,在切向压应力作用下产生压缩变形。在变形区的绝大部分上,绝对值最大的主应力是压应力,主要发生切向压缩变形。因此,拉深变形属于压缩类变形。由压缩类变形的变形极限可知,它受到毛坯传力区承载能力及变形区抗压缩失稳的限制。因此,导致拉深的主要缺陷形式是筒壁拉裂和法兰起皱两类。图6.15所示为拉深的主要缺陷。

(a) 法兰起皱　　　　　　　(b) 侧壁拉裂　　　　　　　(c) 圆角拉裂

图6.15　拉深的主要缺陷

拉深主要缺陷(拉裂和起皱)的应力分析如图6.16所示,具体原因分析如下。

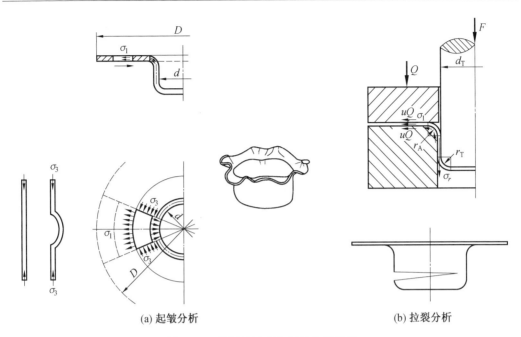

(a) 起皱分析 　　　　　　　　　　　(b) 拉裂分析

图 6.16　拉深的开裂和起皱分析图示

6.4.1　拉裂

拉裂是传力区材料在拉应力下造成的,主要发生在筒壁靠近凸模圆角区和凹模圆角区附近,凸模圆角区附近是危险断面位置,当拉深力超过该处材料的最大承载能力时拉裂常发生在该处。凹模圆角区附近拉裂是由于材料经过凹模圆角时产生较为严重的弯曲变形和凹模圆角的摩擦阻力作用,因此材料受到过大的径向拉应力。

6.4.2　起皱

起皱是毛坯变形区在切向压应力的作用下失稳所造成的。起皱不利于拉深变形,这是由于起皱导致毛坯不能被拉过凸凹模间隙面而拉断,即使拉过凸凹模间隙,也会留下起皱痕迹而影响质量,严重的起皱将导致零件报废。

1. 起皱的影响因素

(1)毛坯相对厚度 $\dfrac{t}{D}$。

板料毛坯的 $\dfrac{t}{D}$ 越小,变形区抗失稳能力越差,越容易起皱。

(2)拉深系数 m。

一方面,拉深系数越小,拉深变形程度越大,拉深变形区内金属的硬化程度也越高,所以切向压应力的数值也相应地增大。另一方面,拉深系数越小,拉深变形区的宽度越大,所以其抗失稳的能力变小。上述两方面因素综合作用的结果,都使拉深系数较小时毛坯的起皱趋向加大。反之,当拉深系数较大时,拉深变形程度较小,材料的硬化也不严重,所以切向压应力也比较小。同时,由于法兰边的宽度小,毛坯内部的直壁对法兰边的支撑作用加强,可以提高它的抗失稳能力,因而不易起皱。有时虽然毛坯的相对厚度较小,但是由于拉深系数较大,拉深时毛坯也不会起皱,可以不用防皱压板。高度很小的浅拉深件即属于这种情况。

(3)材料机械性能。

材料的 r 值、屈服点、弹性模量对起皱的影响较大。r 值大时发生起皱的毛坯外缘切向应变的临界值也大,对于防止起皱是有利的。屈服点高的材料容易发生法兰起皱。

(4)压边力。

采用压边装置时,压边力是影响起皱的主要因素。压边力能够约束毛坯法兰部分与凹模和压边圈表面之间的摩擦阻力,约束毛坯向凹模内流动,压边力过大可能引起筒壁传力区毛坯拉力过大,导致过度减薄甚至破裂。因此,压边力的选取存在一个合理的上、下限范围,在保证毛坯法兰部分不起皱的前提下,尽可能选取压边力的下限。然而,随着拉深比的增加,压边力的上、下限范围呈减小趋势,如图 6.17 所示。

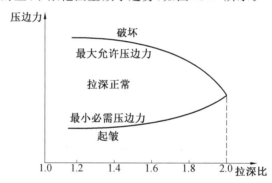

图 6.17　拉深变形程度对工艺稳定性的影响

(5)凹模工作部分形状。

凹模圆角半径过大,容易导致法兰区毛坯表面起皱。

无压边拉深时,与普通的平端面凹模相比,用锥形凹模拉深时,允许用相对厚度较小的毛坯而不致起皱,如图 6.18 所示。用锥形凹模拉深时,毛坯的过渡形状与平面环形的毛坯变形区相比(指用普通平端面凹模拉深),这种曲面形状的毛坯变形区具有更大一些的抗失稳能力,减小了起皱的趋向。

另外,用锥形凹模拉深时,由于建立了对拉深变形极为有利的条件:如凹模圆角半径造成的摩擦阻力和弯曲变形的阻力都减到很低的程度;凹模锥面对毛坯变形区的作用力也有助于使它产生切向压缩变形等等,拉深所需的冲头作用力比平端面凹模时要小得多。因此,可以采用很小的拉深系数。

从不容易起皱的要求来看,锥形凹模的角度应取 $30°\sim60°$;而从减小拉深力出发,凹模的角度应为 $20°\sim30°$。为了兼顾这两方面的要求,在生产中通常采用 $30°$ 的锥角。

2.起皱的判断

无压边装置时,用下面方法概略估算毛坯是否起皱:

(1)平端面凹模拉深不起皱条件:$t/D_0 \geqslant (0.09\sim0.17)(1-m)$。

(2)锥形凹模拉深不起皱条件:$t/D_0 \geqslant 0.03(1-m)$。

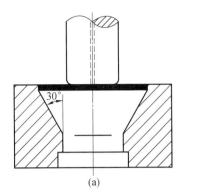 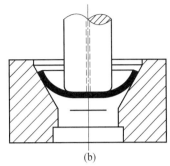

图 6.18 锥形凹模拉深的特点

(3)利用经验表格进行判断(表 6.3)。

表 6.3 采用或不采用压边圈的条件

拉深方法	第一次拉深		以后各次拉深	
	$(t/D_0)\times 100$	m_1	$(t/d_{n-1})\times 100$	m_n
用压边圈	<1.5	<0.6	<1	<0.8
可用可不用	1.5~2.0	0.6	1~1.5	0.8
不用压边圈	>2.0	>0.6	>1.0	>0.8

3. 防皱的措施

防皱的主要措施是采用压边圈装置或增大压边力。而且,只要压边力足够大,起皱总会被防止的。常用的压边装置包括弹性压边圈、刚性压边圈两种。

(1)弹性压边圈。

弹性压边圈主要用于单动压力机,常用橡胶、弹簧、气垫作为动力源提供压边力,通过顶杆传到压边圈上,并把毛坯的法兰边压紧,起防皱作用,图 6.19 所示为三种弹性压边装置的原理图。但是,三种压边装置除了气垫可以在拉深过程中使压边力基本保持不变外,弹簧和橡胶压边装置由于受压缩作用,其所提供的压边力在整个拉深过程中是不断增加

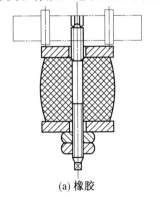 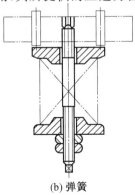 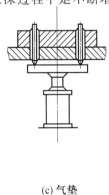

(a) 橡胶　　　　　　(b) 弹簧　　　　　　(c) 气垫

图 6.19 三种弹性压边装置的原理图

的。用压缩空气(如氮气)推动的气缸也称为
拉深气垫装置,广泛用于代替弹簧或橡胶,能
够提供不随凸模行程变化的稳定压边力,而
且调整较为方便。三种压边力的变化曲线如
图 6.20 所示。

　(2)刚性压边圈。

　刚性压边圈主要用于双动压力机,靠调
整压边圈和凹模之间的间隙 c 来调节压力,
一般取 $c = (1.03 \sim 1.07)t$,使拉深过程中增
厚的法兰毛坯便于向凹模内流动,如图 6.21
所示。

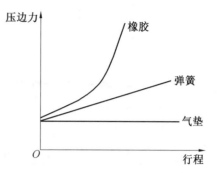

图 6.20　三种压边力的变化曲线

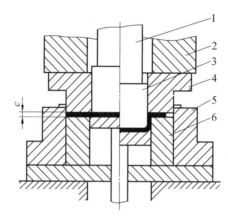

图 6.21　双动压力机用拉深模刚性压边圈原理

1—内滑块;2—外滑块;3—拉深凸模;4—落料凸模兼压边圈;5—落料凹模;6—拉深凹模

　如图 6.22 所示,另外一种刚性压边圈是把
压边圈和凹模同时均做成锥面,利用锥面压边
圈使毛坯压紧在凹模锥面的过程,使法兰区毛
坯变形为锥形,相当于预先完成一道锥形件的
拉深工序,毛坯的外径已经产生一定量的收缩,
用这种结构是的极限拉深系数可进一步降低,
甚至达到 0.35。但是,锥角的大小影响了压边
作用,锥角越大,其作用越显著。当毛坯相对厚
度较小时,过大的锥角容易在压边过程产生起
皱现象,所以在厚度很薄的零件成形时,锥形压
边圈的作用并不十分显著。表 6.4 所示为锥角
和对应的极限拉深系数关系。

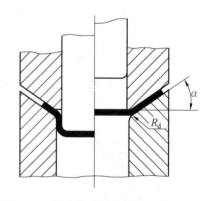

图 6.22　刚性锥形压边圈的工作原理

表 6.4 刚性锥形压边圈的角度及极限拉深系数

t/D_0	0.02	0.015	0.01	0.008	0.005	0.003	0.001 5
$[m_1]$	0.35	0.36	0.38	0.40	0.43	0.50	0.60
$\alpha/(°)$	60	45	30	23	17	13	10

6.5 多次拉深

6.5.1 基本概念

多次拉深是指一种材料在一定的拉深条件下,当拉深件的深度较大,其拉深系数小于极限拉深系数时,零件就不能直接由平板毛坯一次拉深而成,必须采用多次工序,分次逐步成形。

图 6.23 所示采用多道拉深工序代替一道工序拉深成形高度很大的零件原理。当拉深零件的拉深系数小于极限拉深系数时,如果以一道拉深工序由直径 D_0 的毛坯直接成形得到直径为 d 的筒形零件,则由于所必需的拉深力的最大值超过毛坯侧壁的承载能力 $\pi dt\sigma_b$,拉深过程不能实现,所以必须采用两道或多道拉深工序。采用两道拉深工序时,两道工序的拉深力都比采用一道工序时的拉深力有所降低,而且又由于第一道拉深工序所得半成品的直径 d_1 大于成品零件的直径 d,所以第一道工序中毛坯侧壁的承载能力也提高到 $\pi d_1 t\sigma_b$,这样就可能使采用一道工序不可能拉深成功的零件,而用两道工序拉深成形。

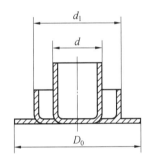

图 6.23 多道工序拉深原理

1. 多次拉深系数

如图 6.24 所示为一块直径为 D_0 的平板,经过多次拉深工序后,成形为一个直径为 d_n、高度为 h_n 的深筒形件的成形步骤。其各次拉深时的拉深系数可以分别表示为

第一次 $\quad m_1 = \dfrac{d_1}{D_0}$

第二次 $\quad m_2 = \dfrac{d_2}{d_1}$

$$\vdots \qquad \vdots$$

第 n 次 $\quad m_n = \dfrac{d_n}{d_{n-1}}$

零件经过多次拉深的总拉深系数 m_Σ 为

$$m_\Sigma = \frac{d_n}{D_0} \tag{6.35}$$

显然 $m_\Sigma = m_1 \times m_2 \times \cdots \times m_n$。

　　由此可见,所谓多次拉深是以筒形件半成品作为毛料,进一步减小直径,增加筒壁高度的成形工序。

　　由于多次拉深将板料直径的改变分为若干次逐步完成,减少了板料一次成形的变形量,从而可以降低拉深变形抵抗力,使小于一次极限拉深系数的深筒件得以分工序逐步拉深成形。

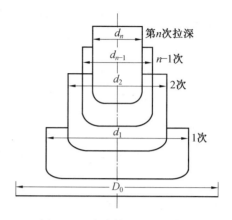

图 6.24　多次拉深成形示意图

2. 多次拉深基本形式

　　多次拉深的方法有两种基本形式:正拉深法(图 6.25(a))与反拉深法(图 6.25(b))。两种情况下,毛料的变形方式并无重大区别。但是反拉深时材料的变形阻力较正拉深为大。因此,对于一般深筒形件大都采用正拉深法。同时为了进一步提高正拉深时材料的流动,通常将半成品的底部做成 $45°$ 锥角。而反拉深法则用于成形锥形与球形一类的零件,以抵制内皱产生。此外,反拉深时,半成品毛料易于稳定定位,模具结构比较简单,凸模高度与工作行程均较正拉深为小。但是反拉深凹模壁厚取决于前后两次半成品直径之差,不能任意增大,所以往往影响凹模的强度。

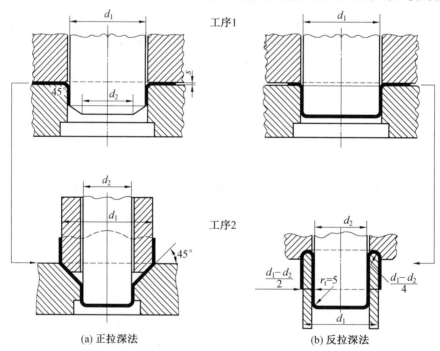

(a) 正拉深法　　　　　　　　(b) 反拉深法

图 6.25　多次拉深的基本形式

6.5.2 变形特点

多次拉深与第一次拉深的变形性质相仿,半成品直径的收缩也是依靠径向拉应力与切向压应力的联合作用,因而在拉深过程中同样也可能出现起皱与拉裂现象。但是由于多次拉深所用的毛料与变形过程和第一次拉深不同,因而以上现象发生的规律也与第一次拉深不一样。

1. 拉深过程与拉深力

第一次拉深所用的毛料是一块厚度均匀、机械性能基本一致的平板毛料。多次拉深所用的毛料则是一个壁厚不均、机械性能不均的筒形半成品。在第一次拉深中,板料凸缘始终参与变形,随着拉深过程的不断进行,凸缘变形区也逐渐缩小。但是在多次拉深中,半成品(毛料)筒壁并未始终参与拉深变形。拉深开始时,凸模将毛料底部首先拉入凹模,然后毛料筒壁逐渐向压边圈下和凹模洞口内流动,逐步形成新的筒壁,如图 6.26 所示。而毛料筒壁上的材料只是在转移到压边圈下时才发生直径的收缩。所以在多次拉深过程中,发生拉深变形的区域始终局限在压边圈下的台肩部分,其面积基本上保持不变。

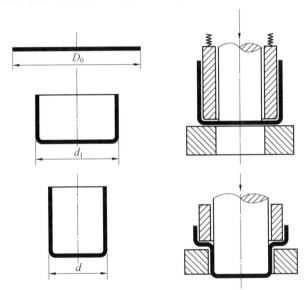

图 6.26 拉深过程示意图

图 6.27 所示为多次拉深时拉深力在拉深过程中的变化曲线。图中所注数字表示拉深次数,拉深所用的材料为 08 钢,毛料直径为 100 mm,厚 1.2 mm,第一次拉深系数为 0.6,以后各次均为 0.83。

当凸模开始接触毛料,将毛料拉入凹模,到凸模行程大约为 $r_d + r_t + t$ 时,毛料在凸、凹模圆角上的包角大约增至 90°。在此阶段内,拉深力迅速增加。这时第一次拉深的拉深力达到了最大值,而以后各次拉深则因变形区没有减少,变形区材料的变形抵抗力和厚度增加,拉深力仍将继续增加,只是增加的趋势有所减缓。

拉深力的大小取决于拉深变形区的大小和变形区材料的变形抵抗力。多次拉深与第一次拉深不同,变形区的大小基本保持不变,而陆续进入变形区的材料其变形抵抗力与厚

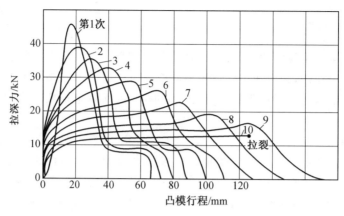

图 6.27 多次拉深时拉深力在拉深过程中的变化曲线

度本来就先后不同,越迟进入变形区的材料其变形抵抗力越大,厚度越厚,进入变形区后,经过拉深变形,其变形抵抗力与厚度又有所增加。变形区的大小基本保持不变而材料变形抵抗力又始终在增加,所以总的拉深力在拉深过程中仍然是增加的。直到拉深的最后阶段,当毛料筒壁的上边缘进到变形区,开始变形以后,变形区逐渐缩小,拉深力才由最大值逐渐降低为零。

2. 起皱与压边

多次拉深时,变形区的宽度一般要比第一次拉深时的小得多。加以多次拉深时变形区的内外两边均有筒壁圆角的刚性支持,所以失稳起皱的趋势相对较小。但在拉深过程的终了阶段,当毛料筒壁边缘开始进入变形区时,由于外边缘失去了筒壁圆角的刚性支持作用,所以这时最易出现失稳起皱现象。多次拉深的起皱现象可以通过压边圈有效防止。在正拉深法中,压边圈同时还有帮助毛料定位的作用。

3. 拉裂与极限拉深系数

与第一次拉深相同,多次拉深的危险断面也是位于凸模圆角与直壁相切处。这一部位的材料在前几次拉深时均位于筒底小变形区,厚度稍有减薄,其抗拉能力将较第一次拉深时略有降低。其次,第一次拉深时,由于最大拉深力发生在起始阶段,所以拉断的危险也出现在拉深的起始阶段。多次拉深时,最大拉深力发生在终了阶段,所以越接近拉深过程的终了阶段,危险断面也越易拉裂。

多次拉深时,由于所用毛料为一筒形半成品,材料厚度与变形抵抗力均有所增加,而在拉深过程中,材料的变形经历又比较复杂,弯折次数增多,加以危险断面经过几次拉深后又略有减弱,所以其极限拉深系数要比第一次大得多,而后一次一般又略大于前一次。例如相对厚度为1%的10钢,冷压手册所推荐的极限拉深系数 $m_{1min} = 0.53$、$m_{2min} = 0.76$、$m_{3min} = 0.79$ 等。

多次拉深一般可以不必中间退火。因为决定拉深成形极限的不是变形区材料的塑性不足,而是筒壁传力区的强度有限。多次拉深减小变形区的目的是减轻筒壁传力区的拉力。所以中间退火虽有恢复材料的塑性,减少冷作硬化效应的作用,但对极限拉深系数的降低,收效甚微。况且半成品的中间退火往往必须经过繁复的工艺周转过程,所以生产中很少采用。但是对于不锈钢、耐热合金、钛合金等硬化效应强的材料,为了充分恢复材料的塑性,中间热处理工序仍是必要的。对于一股塑性较好的材料,例如硬铝合金、软钢等,为了避免材料的严重冷作硬化,以致沿着零件筒壁方向可能发生纵向拉裂现象,也应根据生产经验适当控制不退火多次拉深的次数。例如软钢可控制为 7~8 次,LY12M 可控制为 4~5 次。

6.5.3　拉深次数的确定

当拉深系数过小时,拉深力超过侧壁承载能力使拉深失败,此时可采用多次拉深。拉深次数确定法有:

1. 公式法

$$n=1+\frac{\lg d_n-\lg(m_1 D_0)}{\lg m}$$
(6.36)

2. 估算法

只要求得总拉深系数,再查得各次拉深系数,即可由下式估算出所需拉深次数:

$$m_{总}=m_1 m_2\cdots m_n$$
(6.37)

3. 查表法

由生产实践总结的拉深次数表,可直接查找。表 6.5 所示为 08 钢和 10 号钢的拉深次数表,根据毛坯相对厚度($\frac{t}{D_0}$)和最大相对高度($\frac{h}{d}$)可查表获得对应的拉深次数。其他材料选用时可参考该表适当修改。

表 6.5　无法兰筒形拉深件的最大相对高度(h/d)

拉深次数 n	毛坯相对厚度(t/D_0)×100					
	2~1.5	<1.5~1	<1~0.6	<0.6~0.3	<0.3~0.15	<0.15~0.08
1	0.94~0.77	0.84~0.65	0.70~0.57	0.62~0.5	0.52~0.45	0.46~0.38
2	1.88~1.54	1.60~1.32	1.36~1.1	1.13~0.94	0.96~0.83	0.9~0.7
3	3.5~2.7	2.8~2.2	2.3~1.8	1.9~1.5	1.6~1.3	1.3~1.1
4	5.6~4.3	4.3~3.5	3.6~2.9	2.9~2.4	2.4~2.0	2.0~1.5
5	8.9~6.6	6.6~5.1	5.2~4.1	4.1~3.3	3.3~2.7	2.7~2.0

注:表中拉深次数适用于 08 钢及 10 号钢的拉深件。

6.5.4　典型零件的多次拉深

1. 带法兰圆筒形零件多次拉深

带法兰圆筒形零件拉深时,其变形区的应力状态及变形特点与圆筒形零件拉深相同,但其工艺计算方法却有一定的差别。带法兰圆筒形零件如图 6.28 所示,其拉深系数 m_F 表示为

$$m_F=\frac{d}{D_0}$$
(6.38)

当底部与法兰根部半径相等且为 R 时,毛坯直径为

$$D_0=\sqrt{d_F^2+4dh-3.44dR}$$
(6.39)

此时

$$m_F = \frac{1}{\sqrt{(d_F/d)^2 + 4d/h - 3.44R/d}} \tag{6.40}$$

带法兰圆筒形件多次拉深时,首次拉深即使法兰外径达到零件要求的尺寸(加上修边余量),在以后各次拉深中,仅筒形部分参加变形,逐渐减小其直径,而法兰直径保持不变。因为即使法兰直径产生很小的收缩变形,也能引起筒壁传力区过大的拉力而使其破坏。为此,在工艺设计时,通常把第一次拉入凹模的毛坯面积增大 3%～5%。由于多余材料在以后各次拉深中被挤到法兰部分,

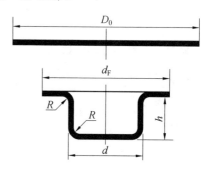

图 6.28　带法兰边的拉深件与毛坯

因此第二道和第三道工序中只需多拉入毛坯面积的 1%～3%。这样做一方面可以补偿计算上的误差及材料拉深过程中的变厚等;另一方面也便于试模时的调整工作。

2. 窄法兰筒形零件多次拉深方法

窄法兰筒形零件($\frac{d_F}{d} = 1.1～1.4$)的拉深方法如图 6.29 所示。一种是在前几次拉深中不留法兰,先拉深成无法兰筒形件,而在以后拉深中形成锥形法兰,最后再校平法兰(图 6.30(a))。另一种是在缩小直径的过程中留下法兰根部圆角部分(r_d),在整形前一工序把法兰压成圆锥形,最后整形时把法兰压平(图 6.30(b))。

3. 阶梯形零件多次拉深方法

阶梯形零件拉深的变形性质和筒形件基本相同。由于阶梯形零件的多样性和复杂性,不能用统一的方法来确定拉深次数和工艺程序。决定零件需要一道工序或几道工序才能压出来,一般可用以下的近似方法。以阶梯的最小直径和毛料直径的比值算出阶梯零件的拉深系数,再从筒形件的极限拉深系数表中根据毛料的相对厚度 $\frac{t}{D_0}$ 来确定拉深次数。多次拉深的阶梯形零件,如果任意两相邻直径的比值 $\frac{d_n}{d_{n-1}}$ 都大于相应的圆筒形零件的极限拉深系数,则拉深顺序为由大阶梯到小阶梯依次进行。如果某相邻直径的比值 $\frac{d_n}{d_{n-1}}$ 小于相应筒形件的极限拉深系数,则由直径 d_{n-1} 到 d_n,按宽凸缘件的拉深办法,分 n 次压成,并增加校形工序。如图 6.30 所示的阶梯形零件,由于 $\frac{d_2}{d_1}$ 小于相应的筒形件的极限拉深系数,工序安排应先压出 d_2 部分,最后再压 d_1 部分。

若工件总高度与最小直径(d_n)之比小于直径为 d_n 的圆筒形零件的最大拉深高度与之比值,可一次拉深成功,即

$$\frac{H}{d_n} \leqslant \frac{h}{d_n} \tag{6.41}$$

式中　h——直径为 d_n 的圆筒形零件最大拉深高度。

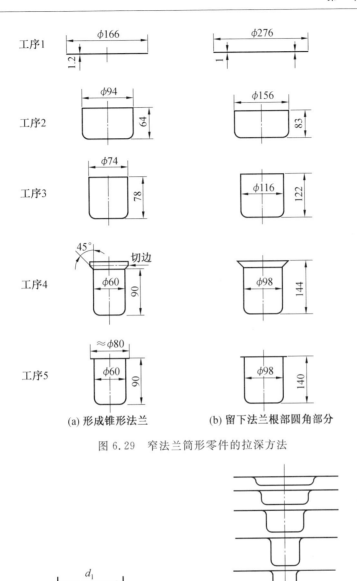

图 6.29　窄法兰筒形零件的拉深方法

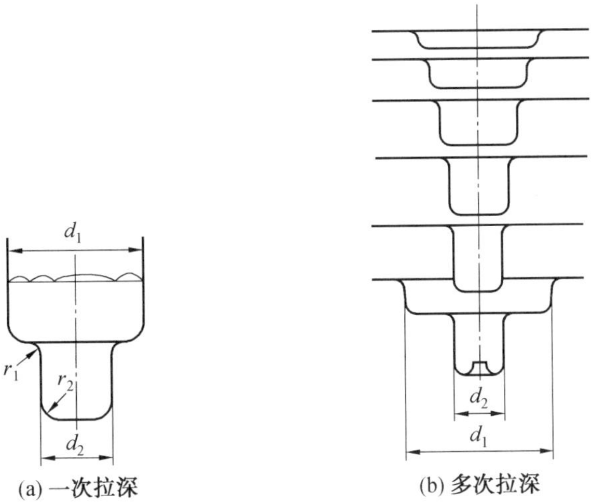

图 6.30　阶梯形零件的拉深方法

若上述条件不能满足,则需要多次拉深,如图 6.31 所示的零件。

常用的多次拉深一般方法如下:

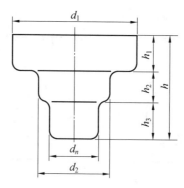

图 6.31　阶梯形零件

（1）从大阶梯到小阶梯依次拉深。

当每相邻阶梯的直径比$\dfrac{d_n}{d_{n-1}}$均大于或等于对应圆筒形零件极限拉深系数时用这种拉深方法，如图 6.32 所示。类似于圆筒形零件拉深，拉深次数等于阶梯数目。

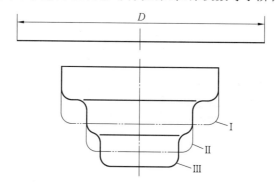

图 6.32　从大阶梯到小阶梯的拉深方法（Ⅰ～Ⅲ为中间工序件形状）

（2）从小阶梯到大阶梯依次拉深。

当相邻两阶梯的直径比小于相应圆筒形零件拉深系数时，应采用带法兰零件的拉深方法，由小阶梯到大阶梯拉深，如图 6.33 所示。

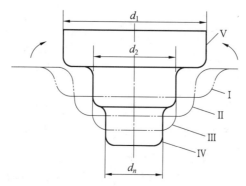

图 6.33　从小阶梯到大阶梯的拉深方法（Ⅰ～Ⅴ为中间工序件形状）

6.6　盒形件拉深

6.6.1　盒形件的拉深特点

盒形件在变形性质上与圆筒形零件相同,毛坯变形区(法兰边上)也是受一拉一压的应力状态作用。但由于盒形件是非回转体,变形沿变形区周边的分布是不均匀的。因此,在冲压工艺过程设计和模具设计当中,需要解决的问题和解决问题的方法与圆筒形零件相比是有较大差别的。

盒形件由两对长度分别为 $A-2r$ 和 $B-2r$ 的直边部分和四个半径为 r 的圆角部分构成(图 6.34)。若不考虑直边部分与圆角部分的相互影响,则可以把直边部分看成是弯曲变形,而圆角部分相当于四分之一圆筒形零件的拉深变形。显然,直边部分流入凹模的阻力远小于圆角部分,其变形也要比圆角部分容易得多。

但事实上,直边部分与圆角部分是一个整体,其变形也是相互联系、相互影响的,由图 6.34 毛坯网格在拉深前后的变化可以看出,拉深变形后盒形件侧壁上的网格尺寸发生了纵向伸长和横向压缩的变化。由于直边部分的存在,因此盒形件有如下变形特点:

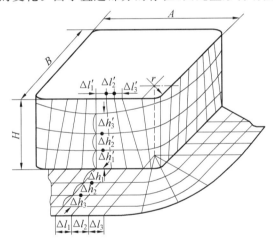

图 6.34　盒形件的拉深变形特点

(1)变形不均匀性。

横向压缩和纵向伸长的拉深变形沿周边分布是不均匀的。在直边的中间部分拉深变形最小,而靠近圆角部分拉深变形最大。变形在高度方向上的分布也是不均匀的,越往口部变形越大。

(2)直边对圆角处变形的减轻作用。

由于法兰变形区直边处产生切向收缩变形,圆角部分的拉深变形程度和由变形引起的硬化程度都有所降低,因而降低了圆角部分传力区的轴向拉应力。

(3)直边对圆角处的带动作用。

由于直边部分的纵向伸长变形小于圆角部分,因而在变形区内直边部分的位移速度大于圆角部分,这一速度差引起了直边部分对圆角部分的带动作用,结果使危险断面内的拉应力数值有所降低。

(4)圆角为 r 的盒形件的成形极限高于直径为 $2r$ 的圆筒形件的成形极限。

6.6.2 盒形件的多次拉深

盒形件是否需多次拉深,可查表确定。当零件的相对高度 H/r 超过一次成形极限高度时,不能一次拉深成形,必须经过多次拉深才能得到合格零件。

高盒形件多次拉深时的变形情况,不仅与圆筒形件多次拉深不同,而且与低盒形件一次拉深中的变形有很大差别。所以,在确定其变形参数以及处理工序数目、工序顺序和模具设计等问题时,都必须根据高盒形件多工序拉深变形的特点与实际情况决定。

1. 高盒形件多次拉深的变形特点

为了从根本上解决高盒形件多次拉深的工艺过程设计和工艺参数的确定问题,首先应该清楚高盒形件多次拉深的变形特点,找出变形中存在的关键问题及解决方法。在盒形件多次拉深时,可以把工序间半成品毛坯划分为直线部分与圆角部分。如果这两部分的拉深变形(指切向压缩变形与径向伸长变形)的大小不同,必然引起变形区内各部分的纵向伸长也不同。与用平板毛坯进行的初次拉深不同,在多次拉深时,拉深变形只能发生在宽度为 b 的窄条状的变形区之内,而毛坯的其他部分都是不变形的已变形区和待变形区(图 6.35)。在这种情况下,如果在变形区内沿毛坯周边产生纵向的不均匀变形,待变形区(图 6.35 中的高度为 h_1 的直立侧壁)就会阻碍这个不均匀变形的发生与发展,并引起诱发应力。在伸长变形较大的部位产生诱发压应力,从而引起局部的材料堆聚或横向起皱;在伸长变形比较小的部位上会产生诱发拉应力,可能引起局部的过度变薄或破坏。因此,在高盒形件多次拉深时,必须保证沿工序间半成品毛坯周边各处的纵向变形基本相同,并根据这个要求进行高盒形件多次拉深工艺过程的设计与工艺参数的确定。

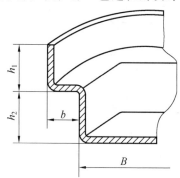

图 6.35 高盒形件多次拉深毛坯各部分的关系

h_1—待变形区高度;h_2—已变形区高度;b—变形区宽度;B—盒形件宽度

2. 高盒形件多次拉深方法

高方盒形件多次拉深的中间过渡毛坯采用圆筒形,如图 6.36 所示,采用直径为 D_0 的圆形毛坯,每道中间拉深工序都冲压成圆筒形的半成品,最后一道工序得到成品零件的形状和尺寸。

其他各道工序的计算可以参照圆筒形零件的拉深方法,相当于由直径 D_0 的平板毛坯拉深成直径为 D_{n-1},高度为 H_{n-1} 的圆筒形零件。

高矩形盒件多次拉深的中间过渡毛坯采用椭圆筒形,如图 6.37 所示。每道中间拉深工序都冲压成椭圆筒形的半成品,最后一道工序得到成品零件的形状和尺寸。

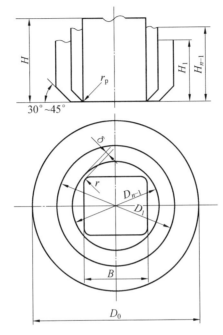

图 6.36 高方盒形件的拉深方法

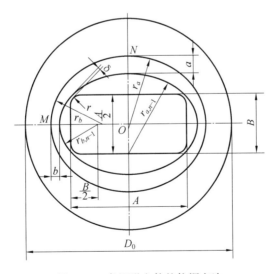

图 6.37 高矩形盒件的拉深方法

6.7　拉深工艺计算

6.7.1　毛坯尺寸确定

计算毛坯尺寸时可以忽略毛坯厚度变化,按拉深前的毛坯面积与拉深后的零件面积相等的原则进行计算,但需要注意修边余量和各向异性的影响。

按零件展开面积与毛坯面积相等得

$$S_p = S_0 \tag{6.42}$$

旋转体零件的毛坯形状应该是圆形的,其直径按面积相等的原则计算。在进行计算时,首先应将拉深零件划分成若干个便于计算的组成部分,分别求出各部分的面积并相加后,即可得到零件的总面积$\sum F$。然后根据旋转体零件的总面积$\sum F$按下式计算出圆形毛坯的直径:

$$D_0 = \sqrt{\frac{4}{\pi}\sum F} \tag{6.43}$$

例如图 6.38 所示的圆筒形零件,按便于计算的原则可以划分为三部分,每部分的面积分别为

$$F_1 = \pi d(11 - R) \tag{6.44}$$

$$F_2 = \frac{\pi}{4}\left[2\pi R(d - 2R) + 8R^2\right] \tag{6.45}$$

$$F_3 = \frac{\pi}{4}(d - 2R)^2 \tag{6.46}$$

将三部分面积相加求得$\sum F = F_1 + F_2 + F_3$,代入式(6.43),经整理后可得毛坯尺寸:

$$D_0 = \sqrt{(d - 2R)^2 + 2\pi R(d - 2R) + 8R^2 + 4d(H - R)} \tag{6.47}$$

当 $t > 1$ 时,工件直径按厚度中心线计算:

$$D_0 = \sqrt{d_1^2 + 4d_2 h + 6.28 r d_1 + 8r^2} \tag{6.48}$$

由于材料的性能和模具的几何形状等因素在不同的方向上存在着一定的差别,拉深后零件的边缘是不平齐的。尤其是经多次拉深工序所得的高度大的零件的边缘质量就更差,所以在大多数情况下必须加大零件的高度,拉深后经切边工序以保证零件的质量。切边余量 Δh 取决于板材的性能、拉深件的几何形状、拉深的次数等等。对于圆筒形零件,可参考表 6.6 选取。当拉深次数多(即 H/d 大时)或板材的方向性大时,取表中较大的 Δh;反之,取较小的 Δh。

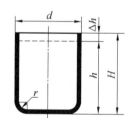
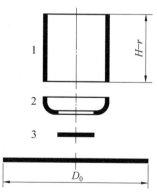

图 6.38　直壁旋转体拉深件毛坯尺寸计算

表 6.6　圆筒形拉深件的切边余量 Δh

零件高度 H/mm	切边余量 Δh/mm
$10 \sim 50$	$1 \sim 4$
$50 \sim 100$	$2 \sim 6$
$100 \sim 200$	$3 \sim 10$
$200 \sim 300$	$5 \sim 12$

当零件的相对高度 $\dfrac{H}{d}$ 很小时,也可以不用切边工序,当然也不必再加切边余量。应当说明,前述的毛坯计算方法是非常近似的,所以在实际应用时,还必须根据具体情况做必要的修正。事实上,拉深时毛坯的面积并不是不变的,相反,它是受材料的机械性能(如 σ_s、σ_b、δ、r 值等)、模具的几何形状(如凹模圆角半径 r、拉深筋等)、润滑、零件的几何形状、拉深系数等多种因素的影响而产生相当大的变化。例如在球形零件或其他曲面零件拉深时,毛坯的面积可能增大 $3\% \sim 8\%$,这时应适当地减小毛坯的尺寸。

6.7.2　拉深载荷计算

1. 拉深力

拉深力取决于拉深系数、材料的机械性能、零件的尺寸、凹模的圆角半径、润滑等等。计算拉深力的理论公式,在使用上并不方便,所以在生产中常用经验公式计算。虽然在经验公式里许多因素被忽略,因而是不十分准确的,可是在生产中的应用却很广泛。计算拉深力的经验公式很多,一种常用的形式:

第一次拉深力

$$P_1 = \pi d_1 t \sigma_b K_1 \tag{6.49}$$

式中　d_1——第一次拉深后零件的直径;

　　　σ_b——材料的强度;

　　　K_1——系数,其值可查手册。

2. 压边力

压边力大小对拉深成功与否有很大影响,压边力太大会增加危险断面的拉应力,导致拉裂或严重变薄,太小则防皱效果不好。在理论上压边力的大小最好按照起皱的趋势变化,其变化规律与最大拉深力的变化一致。通常,当毛坯外径减小至 $R_t = 0.85R_0$ 时起皱最严重,压边力也应最大,但实际上很难实现。

实际生产中可用下式计算压边力的大小:

$$Q = Aq \tag{6.51}$$

$$Q = \frac{\pi}{4}(D_0^2 - d_p^2)q \tag{6.52}$$

式中　A——开始拉深时不考虑凹模圆角时的压边圈面积,mm^2;

　　　q——单位面积的压边力,MPa,与材料的机械性能、拉深系数、相对厚度和润滑条件等有关,一般来说,材料的强度高、相对厚度小、拉深系数小时,所需的 q 取值较大；反之，q 取值较小。实际取值可查表 6.7。

表 6.7 各种材料拉深时的单位压边力

材料	单位压边力 q/MPa	材料	单位压边力 q/MPa
铝（退火状态）	0.8～1.2	膨胀合金 4J29（退火状态）	3.0～3.3
铝（硬态）	1.2～1.4	钼（退火状态）	4.0～4.5
黄铜（退火状态）	1.5～2.0	软钢 $t<0.5$ mm	2.5～3.0
黄铜（硬态）	2.4～2.6	软钢 $t>0.5$ mm	2.0～2.5
铜（退火状态）	1.2～1.8	不锈钢 1Cr18Ni9Ti	4.5～5.5
铜（硬态）	1.8～2.2	镍铬合金 Cr20Ni80	3.5～4.0
锰白铜 BMn40－1.5（硬态）	2.6～2.9		

思考练习题

6.1　阐述拉深变形的应力应变特点、壁厚变化规律。

6.2　为什么说拉深属于压缩类变形？

6.3　解释拉深系数（拉深比）的概念及影响因素有哪些？

6.4　多次拉深的总拉深次数总是能小于一次拉深的极限拉深系数，但生产实际中往往尽量减少拉深次数，为什么？

6.5　"一种板材不止一个极限拉深系数"为什么这句话正确？

6.6　设板料厚度不变，当拉深比分别为 1.8、2、2.25 和 2.5 时，试计算圆筒件拉深的高径比。

6.7　已知一种软钢筒形一次拉深件的 $m_c=0.50$，其高度为 40 mm（未修边时），$d_p=48$ mm，$R_p=6$ mm，料厚 $t=1.0$ mm。试计算此拉深件的坯料直径、拉深力（系数 K 取 0.6）。

6.8　一个带法兰边零件（图 6.39），原始坯料 D_0，拉深成 $d=30$ mm 的筒形件。请计算毛坯尺寸、各拉深工序。

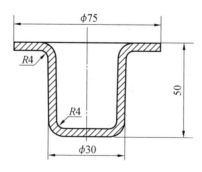

图 6.39　一个带法兰边零件

6.9　直径为 D_0 的圆板坯料，在拉深过程中凸缘的外径为 $2R_t$，如图 6.40 所示，假设材料为理想塑性体，试求凸缘上的应力分布。

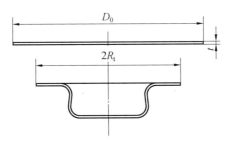

图 6.40 带凸缘的拉深件

6.10 已知图 6.40 中凸缘上的应变有如下关系：

$$r\frac{\mathrm{d}\varepsilon_r}{\mathrm{d}r}=\varepsilon_r-\varepsilon_\theta$$

式中 ε_r——径向应变；

ε_θ——切向应变。

材料仍为理想塑性体，试求凸缘上的应变强度 ε_i。

6.11 圆板拉深时，毛料直径为 D，初始厚度为 t_0，成形后的杯形件平均直径为 d。

(1)假定材料为理想塑性体，试确定拉深过程中凸缘上应力状态为纯剪的点的位置（提示：该点为凸缘上厚度不变的点或应力比为 -1 的点）。

(2)假定板料的厚向异性指数为 r，估算杯形件边沿厚度。

(3)假定板料的强度极限为 σ_b，材料各向同性，求危险断面的承载能力；如板料的厚向异性指数为 r，承载能力又如何？

第7章 曲面零件成形

除了平底直壁零件的拉深,在工程生产中还有很多非平底非直壁的空心零件,其中相当一部分可以归属为曲面零件。曲面零件包括:球面零件、锥面零件、抛物面形零件等,不同曲面零件的拉深成形往往是不同的。这类零件的拉深成形不同于平底直壁零件拉深,其变形区及变形特点并不是单一的,而是属于复合类成形,通常是拉深和胀形两种变形方式的复合。

7.1 曲面零件的成形原理

曲面零件包括回转体零件和非回转体零件。典型的回转体零件如半球形零件、锥形零件、抛物面形零件等,毛坯的变形沿中心轴回转分布;非回转体零件主要是复杂形状的曲面零件,变形沿周边非均匀分布,如汽车覆盖件等等。随着航天、航空以及汽车等产品形状向复杂化发展,复杂曲面零件在工业中的应用更加广泛。这类零件的变形区位置、受力情况、变形特点、成形机理与圆筒形零件不同,而半球形零件的变形具有一定的代表性。

7.1.1 变形特点

图 7.1 所示为半球形曲面零件成形的典型工艺。由于曲面零件形状复杂,变形毛坯各个部分具有不同的变形性质,应力及应变状态有很大的差别,因而与简单形状成形相比在变形特点上有很大不同。归纳起来,曲面零件有如下一些变形特点。

(1)曲面零件成形时,整个毛坯均为变形区。

a 区为已变形区,也是传力区。这部分材料首先与凸模接触,该区在后续变形中是否继续发生变形,在很大程度上取决于其本身的变形条件(如与凸模的摩擦等)。因此,它主要起力的传递作用。

b 区为主要变形区,成形过程中不与凸模接触,不受模具表面的直接作用,主要由 a 区和 c 区传递模具作用的拉力实现变形。由于这部分材料处于无模具约束的自由状态,

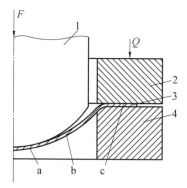

图 7.1 半球形曲面零件成形示意图
1—凸模;2—压边圈;3—毛坯;4—凹模

其应力应变分布、变形性质较为复杂,因此是影响曲面零件成形的主要障碍,也称为悬空区。当变形条件得不到满足时,这个区域极易出现起皱(内皱)缺陷,相反变形条件下这个区域又极易造成破裂缺陷。因此,该区是曲面零件成形的关键部位,成形与否受起皱和拉裂两类缺陷的同时约束。

c 区本身的变形很容易控制,但该区更重要的作用是对整个毛坯变形的影响。b 区能否顺利贴模,很大程度上取决于 c 区的变形条件,调整 c 区的变形及移动阻力将使 b 区的应力和应变性质发生变化。因此,合理确定 c 区的变形条件是保证零件顺利成形的主要措施。

(2)在这类零件成形时,所用的凸模与凹模并不具有一般冲模的配合关系,也不是靠凸模与凹模的相互配合的表面上作用的正压力使板料成形,而主要是板料在拉力作用下贴模的。因此,凸模与凹模仅在凹模模口部位有配合关系,而在成形表面部位不再存在凹模的作用(如大型封头成形)。此时,零件靠凸模表面成形,而拉力是使板料毛坯贴靠凸模表面的主要原因。

(3)压边圈对板料毛坯的作用,目的不仅是压紧于凹模端面的板料毛坯,使之在压边圈的直接作用下不致起皱,而更重要的是用压边的方法造成必要的拉力,使毛坯贴靠凸模表面达到成形的目的。由于零件变形的不均匀性,不但要求设备及模具能够给出足够的压边力,而且可以在不同部位实现压边力的调整。

(4)由于拉应力是实现曲面零件成形的必要条件,因此必须对 c 区施以足够的变形和流动阻力。在模具结构上除了采用压边圈外,有时必须采用拉深筋。

7.1.2 变形机理

图 7.2 所示为平板毛坯上一点向凸模表面的贴靠过程。变形前平板毛坯上某一点 D_0,在成形后与凸模的表面贴合。如果按照贴模前后板坯厚度不变,其贴模点应在 D_1 点;如果按照厚度减薄,其贴模点应在 D_3。然而,D 点的贴模点在 D_1 与 D_3 之间的不同位置上时,变形机理有如下区别。

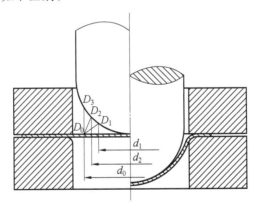

图 7.2 曲面零件成形机理

(1)假设毛坯的厚度不发生变化,成形前后毛坯的面积也相等,D 点与凸模的贴模位置为 D_1 点。因为,此时对应的毛坯圆周投影直径分别为 d_0 和 d_1,且 $d_0 > d_1$,所以这时 D 点的毛坯必须在纬向产生一定的压缩变形,才能贴靠在 D_1 点位置。

(2)假设毛坯的厚度发生减薄,成形后的毛坯面积大于成形前的毛坯面积,D 点与凸模的贴模位置为 D_3 点。因为,此时对应的毛坯圆周投影直径分别为 d_0 和 d_3,且 $d_0 = d_3$,所以这时 D 点的毛坯必须在纬向产生一定的伸长变形,才能贴靠在 D_3 点的位置。

由于毛坯径向始终受拉应力作用,因此毛坯径向必然发生伸长变形。结合以上(1)和(2)两种贴模点假设,可知:当贴模点位于 D_1 点时,毛坯的变形为径向伸长、纬向压缩变形,是典型的压缩类变形;当贴模点位于 D_3 点时,毛坯的变形为径向伸长、纬向伸长变形,是典型的伸长类变形;当贴模点位于 $D_1 \sim D_3$ 之间时,毛坯的变形是压缩类和伸长类两种变形方式的复合。

然而,根据观察实际成形过程中,曲面零件的成形是有法兰区材料流入的,通常贴模点既不在 D_1 点,也不在 D_3 点,而是位于 D_1 和 D_3 之间。因此,曲面零件的成形中毛坯变形区通常同时存在两种变形方式,即压缩类变形与伸长类变形两种变形方式的复合。而法兰区毛坯的变形方式与圆筒形零件拉深变形机理类似,属于典型的压缩类变形。

进一步分析可知,两种变形方式在毛坯的不同部位分布不同。靠近毛坯中心部位纬向伸长变形起主导作用,为伸长类变形(胀形);而在靠近凹模口部位部位纬向压缩变形起主导作用,为压缩类变形(拉深)。两种变形方式所占的比例取决于毛坯所受的径向拉应力的大小。

两种变形方式在曲面零件成形的不同阶段对成形的贡献也有所不同。在成形初期,变形主要集中在毛坯中间部分,变形方式主要为胀形。随着变形深度的增加,变形由中间部分向外扩展。成形后期,变形主要发生在毛坯的外部,变形方式主要是纬向收缩变形。因此,曲面零件成形时,拉裂主要发生在变形的初期和中期,而内皱主要发生在变形的后期。

7.1.3　应力应变状态

模具的形状或改变零件的形状和尺寸都能对两种变形的比例起到控制的作用。在成形毛坯内经向应力与纬向应力的分布如图 7.3 所示。直径为 D_2 的应力分界圆把毛坯的中间部分划分为两个不同的变形区,在分界圆上纬向应力为零。在分界圆内的毛坯处于两向受拉的应力状态,其成形机理为胀形;在分界圆外的毛坯金属处于一向受拉和另一向受压的应力状态,成形机理为拉深变形特点。这部分毛坯(图 7.3 中的 BF 部分)处于不与模具表面接触的悬空状态,也被称为悬空区,该区域的毛坯没有模具的约束作用,其抗失稳的能力较差,在纬向压应力的作用下很容易起皱,这个现象时常成为曲面零件拉深时必须解决的主要问题。

AB 段(法兰部分):其应力状态与圆筒形零件法兰区拉深的应力状态类似(径向拉应力、切向压应力)。

BC 段(曲面部分):其应力状态被直径为 D_2 的应力分界圆划分为两个不同的变形区。其中:

BF 段(D_2 外):$\sigma_\theta < 0, \sigma_r > 0$;

F 点 (D_2 圆):$\sigma_\theta = 0, \sigma_r > 0$;

FC 段(D_2 内):$\sigma_\theta > 0, \sigma_r > 0$。

经向拉应力在毛坯里的分布是不均匀的,在与冲头顶端接触的中心部位上经向拉应力具有最大值,并随与冲头中心距离的加大而迅速下降。因此,在拉深的初始阶段里,作用于毛坯中间部位的拉应力首先达到材料的屈服点,并开始产生厚度减薄的塑性变形。

在成形的初始阶段里,这个变形局部集中在冲头的顶端附近。由于毛坯中心部分的金属在变薄的塑性变形过程中的硬化现象,引起了它本身变形抗力的增大,因此其继续变形发生了困难。所以随着冲头的下降,由于冲头作用力的加大和中间部分金属的硬化,以及冲头与毛坯表面上摩擦的作用,胀形变形区也在逐渐地向外扩展,分界圆也跟着逐渐扩大。很显然,在这种情况下板材的冷变形硬化是使胀形变形区向外扩展、使变形趋向均匀和避免毛坯中间部分过度变薄的必要条件。因此,具有较大胀形成分的曲面零件拉深用的板材,要求具有比较大的硬化指数。

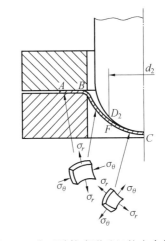

图 7.3　曲面零件成形毛坯的应力状态

另外,板厚方向性对曲面零件的拉深过程也具有较为重要的影响。具有较大的板厚方向性系数的板材,在经向拉应力的作用下,纬向的压缩变形大于厚度方向上的压缩变形,这样,不仅可以减小纬向压应力的数值,降低毛坯中间部分起皱的趋向,同时还能减轻毛坯厚度的变薄程度,有利于产品质量的改善。

图 7.4 所示为曲面零件成形的应变分布。法兰部分的应力状态与圆筒形零件法兰应力状态类似(经向受拉,纬向受压),BC 段为曲面部分。曲面零件成形坯料的中间部分(FC 段)是承受两向拉应力作用的胀形变形区,其成形机理是伸长类变形。坯料的外周部分(BF 段)是承受一拉一压应力作用的拉深变形区,其成形机理是压缩类变形。

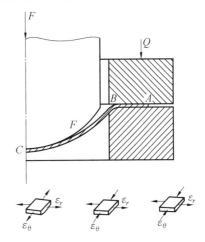

图 7.4　曲面零件成形的应变状态

如果认为板面内的主应力 σ_r、σ_θ 在厚度上是均匀分布的,根据全量理论和应变测量结果,利用下式确定出其应力分布(图 7.5):

$$\sigma_r = \frac{2\sigma_i}{3\varepsilon_i}(\varepsilon_r - \varepsilon_t) \qquad (7.1)$$

$$\sigma_\theta = \frac{2\sigma_i}{3\varepsilon_i}(\varepsilon_\theta - \varepsilon_t) \qquad (7.2)$$

式中　σ_i——等效应力;

　　　ε_i——等效应变;

　　　ε_θ——径向主应变;

　　　ε_r——切向主应变;

　　　ε_t——厚向主应变。

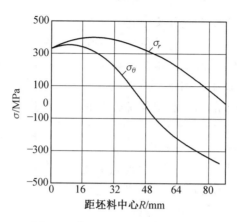

图 7.5 曲面零件的应力分布曲线

（冷轧低碳钢板，厚度 1 mm，球面直径 100 mm，成形深度 46 mm，压边力 21 120 N）

7.1.4 应力分界圆

两区的交界即切向应力为零的圆周（$\sigma_\theta = 0$），称为应力分界圆（F 点所在位置），其半径存在下述关系：

$$\frac{r_0}{r_1} = \frac{\mu Q}{\pi R_t t \sigma_s} + \ln \frac{R_t}{r_1} \tag{7.3}$$

式中　r_0——应力分界圆半径；

　　　r_1——凹模入口半径；

　　　μ——摩擦因数；

　　　Q——压边力；

　　　R_t——坯料瞬时外径；

　　　t——坯料厚度；

　　　σ_s——坯料变形抗力。

由式（7.3）可见，应力分界圆的位置，即胀形与拉深两个变形区的分界，主要随压边力、润滑状态、变形抗力、坯料尺寸及瞬时外径而变化。如图 7.5 所示，应力分界圆处于距离坯料中心 48 mm 处的圆周上。此外，如果压边力的数值不变，应力分界圆直径随坯料瞬时外径的减小而变小，故而经常是在成形的后期，曲面部分出现起皱现象。所以一般曲面零件成形，预留的法兰边宽度不能过小。受到应力状态的影响，曲面零件成形的切向变形同样存在应变分界圆（图中 6 点与 7 点之间），如图 7.6 所示。

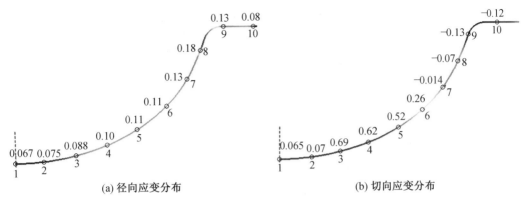

(a) 径向应变分布　　　　　　　　　(b) 切向应变分布

图 7.6　曲面零件径向和切向应变分布

7.1.5　主要缺陷形式和控制方法

分析图 7.7 可知,当 A_0 点的贴模点靠近凸模极顶时,需要较大的纬向压缩变形;而当贴模点远离凸模极顶时,需要较大的径向伸长变形。对于前者,影响 A_0 点顺利贴模的主要障碍是起皱(内皱),而后者则主要是拉裂。因此,变形毛坯的拉裂及悬空区的起皱(内皱)是限制曲面零件顺利成形的两大障碍。

靠近凹模口内侧的金属在贴模过程中需要的径向位移最大,纬向收缩变形也最大,起皱危险性最大。若能保证此点在变形中不起皱,则整个毛坯可以顺利实现贴模,称此点为起皱关键点。曲面毛坯上径向伸长最大点的拉裂危险最大,若能保证此点在变形中不发生拉裂,则整个毛坯可以顺利成形,称此点为拉裂关键点。对于一般曲面零件,应根据零件形状及变形特点具体分析。

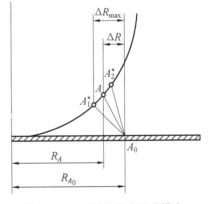

图 7.7　曲面零件的成形贴模点

为了保证曲面零件顺利成形,必须满足如下条件:

(1)凸模顶部的毛坯必须有足够的承载能力。

(2)毛坯的悬空区需有足够的抗压缩失稳能力。

(3)法兰区的压边力、拉深筋阻力等应能对毛坯产生足够的径向拉力。

(4)材料应具有较大的 δ_u、r 及 n 值,以保证在径向拉力作用下产生足够的纬向压缩变形。

曲面零件成形过程中的起皱主要发生在两个部位,即法兰部分和毛坯悬空部。法兰部分的起皱可采用压边结构避免,而悬空部分却因无模具的约束而无法采用压边的方法。因此,避免悬空部分的起皱(内皱)是曲面零件顺利成形的关键所在(图7.8)。

曲面零件的成形极限与零件的几何形状、模具的结构形式、润滑状态、材料冲压性能等因素有关。显然,凡是从材料或模具结构等方面,提高胀形变形或拉深变形的成形极

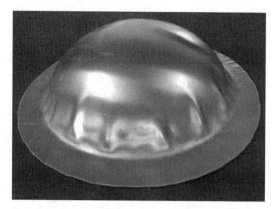

图 7.8 曲面零件成形时毛坯中间部分的起皱现象

限,都可能提高曲面零件的成形极限。但是,为了提高成形极限,则经常是设法降低成形过程的复合度,即以增加拉深成分效果比较明显。为了提高成形的稳定性和材料的利用率,则经常是设法提高成形过程的复合度,即以增加胀形成分更为有利。

另外,对于精度要求不高的曲面零件,有时可以采用预先允许起皱,然后再通过胀形消皱的成形工艺,可以有效地提高成形极限。

防止曲面零件拉深时毛坯的中间部分起皱的方法,从原理上和圆筒形零件拉深时有很大的差别。加大毛坯的直径、加大压边力和采用拉深筋形式的模具都能防止毛坯中间部分的起皱现象(图 7.9)。

(1)加大毛坯的直径,由 D 增加到 D',毛坯内部应力的分布发生了变化(图 7.9(a)),分界圆直径由 $D_{分界}$ 增大到 $D'_{分界}$(图 7.9(b)),也就是增大了胀形区,使毛坯中间部分受纬向压应力作用的宽度减小了,同时也降低了纬向压应力的数值,从而起到了防止起皱的作用。增大压边力 Q(图 7.9(c))和采用带拉深筋的凹模(图 7.9(d))都使毛坯中间部分的内应力发生类似的变化,也能起到防止起皱的作用。用加大毛坯的直径来防止其中间部分起皱的方法,能引起材料的额外消耗,所以时常在拉深的曲面零件本来就具有较宽的法兰边或者有一段直边时,把它当作一个顺便的条件予以应用,这时模具的形状简单,制造和修磨都很方便。

(2)靠适当地调整和增大压边力以防止毛坯的中间部分起皱的方法,在生产中时常采用。但是,由于双动冲床的外滑块给出的压边力受到板料厚度的波动和操作因素的影响较大,而且压边力的防皱作用也受到其他因素(如润滑条件等等)的影响而变化,所以当零件的形状比较复杂,其正常成形所需的变形力接近于毛坯被拉断的破坏力时,可能形成很低的工艺稳定性,而且对前述各种因素很敏感,容易造成大量的废品。采用弹性的压边装置,上述缺点能得到一定程度的克服,但是,当所需的压边力较大时,也受到弹簧垫或气垫结构尺寸上的限制。

(3)采用带拉深筋的拉深模,可以避免上述那些缺点。拉深筋对经向拉应力的影响,主要是靠板料在拉深筋上弯曲和滑动时产生的阻力的作用而实现的,所以改变拉深筋的高度 h、拉深筋的圆角半径 R(图 7.10)或者改变拉深筋的数目都可以达到调整阻力和控制经向拉应力和纬向压应力的目的。这时冲床外滑块的位置对拉深过程的影响,与普通

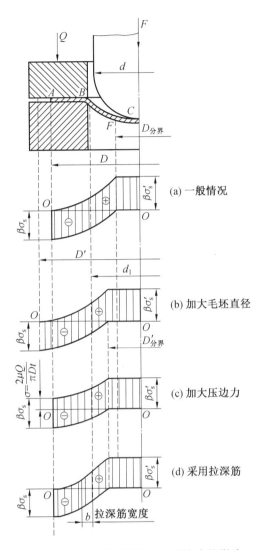

图 7.9　各种防皱措施对毛坯内应力的影响

的压边圈相比受到很大程度的减弱,因而降低了模具安装调整工作的难度,也提高了工艺稳定性。因此,现在在复杂形状零件的拉深时,拉深筋的应用是很广泛的。

　　上述三种防止毛坯中间部分起皱方法的共同特点,都是用增大毛坯法兰边的变形阻力和摩擦阻力的方法,提高了经向拉应力的数值,而且增大了毛坯中间部分的胀形成分。但是,过分地增大毛坯法兰边的阻力,可能使毛坯的中间部分成为“弱区”,变形将集中在毛坯的内部,而法兰边将不再发生切向收缩的变形,并使变形转变成为单纯的胀形。这时毛坯的成形深度受到材料塑性的限制而不能过大,并且还要产生很大的厚度变薄现象。这种情况下,如果使胀形变形过程继续发展下去,就会引起毛坯中间部分的破坏。所以,在实际生产当中,如何根据曲面零件拉深时具体的变形特点,正确地确定和仔细地调整压边力与拉深筋的尺寸,是个十分重要的问题,也是保证得到高质量拉深件的关键之一。

　　由于零件的形状和尺寸的不同,生产中所用拉深筋的形式较多,图 7.10 所示为曲面零件成形时常用的拉深筋形式中的一种。在设计时,一般都取较小的拉深筋圆角半径 R,以便在试模调整时根据实际情况逐渐修磨加大。

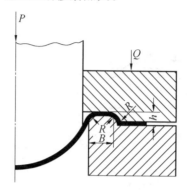

图 7.10 带拉深筋的结构

表 7.1 对比了直壁筒形零件拉深和曲面零件成形的特点,在成形机理、变形区、应力应变状态、成形极限等方面二者均存在较大的差别。

表 7.1 直壁筒形零件拉深和曲面零件成形的特点

比较内容	直壁筒形零件	曲面零件
成形机理	拉深变形	拉深变形与胀形变形的复合
变形区位置	坯料外周部分的法兰拉深变形区	坯料外周部分的法兰拉深变形区及坯料中部的胀形变形区
变形区受力状态及变形特点	坯料变形区在切向压应力、径向拉应力的作用下,产生切向压缩、径向伸长的拉深变形	坯料外周的变形区在切向压应力和径向拉应力的作用下,产生切向压缩径向伸长的拉深变形。坯料中部的变形区在两向拉应力的作用下,产生两向伸长的胀形变形
材料冲压性能	要求 r 值,n 值影响不大	同时要求 r 值与 n 值
悬空部分	无明显的悬空部分	有明显的悬空部分
凸模侧壁的摩擦作用	凸模与侧壁接触,存在凸模侧壁的摩擦作用	凸模与侧壁不接触,不存在凸模侧壁的摩擦作用
成形极限	受侧壁承载能力的限制	受侧壁承受能力、失稳起皱及胀形破裂的限制
成形难易	传力的危险断面受凸模侧壁摩擦的补强作用,比曲面零件成形容易	传力的危险断面不受凸模侧壁摩擦的补强作用,且存在易失稳起皱的悬空部分,比直壁筒形零件成形的难度大

7.2　球面零件的成形方法

图 7.11 所示为各种球面零件。对于半球面零件,由于其拉深系数是个定值 ($m = 0.71$),此时拉深拉裂已经不是限制球面零件成形的主要因素,而悬空区内皱缺陷成为球面零件成形与否的关键。因此不能像圆筒形零件那样,用极限拉深系数来判断零件能否顺利成形。因为当相对厚度减小时,球面零件悬空区抗失稳的能力显著下降,此时极易发生起皱缺陷,采用增大压边力或设置拉深筋等方法,极易导致曲面拉裂。所以毛坯的相对厚度 $\dfrac{t}{D_0}$ 就成为决定成形难易和选定拉深方法的主要依据。

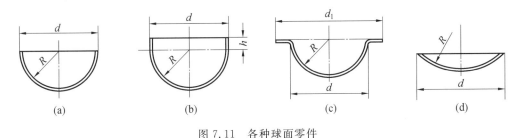

图 7.11　各种球面零件

当 $\dfrac{t}{D_0} > 3\%$ 时,由于稳定性提高,甚至可以不用压边圈一次压成;当较小 $\dfrac{t}{D_0} < 3\%$ 时,必须用带压边装置的模具进行拉深。这时压边装置的功用,除了防止位于压边圈下的毛坯法兰边部分起皱外,同时也靠压边力造成的摩擦阻力引起经向拉应力和胀形成分的增大,借以达到消除毛坯中间部分起皱和使它紧密地贴模的目的。压边装置可以是平面压边圈或反锥面压边圈,或采用带拉深筋的压边圈,如图 7.12 所示。

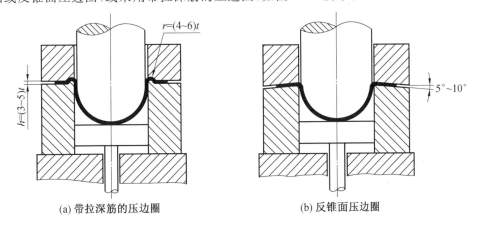

(a) 带拉深筋的压边圈　　　　　　　　(b) 反锥面压边圈

图 7.12　半球形零件成形

这时压边力由气垫或弹簧垫提供。气垫的作用力在拉深过程中随冲床滑块的向下运动可能升高 5%～10%,而弹簧垫作用力的升高较大,升高值与弹簧的刚度、弹簧的尺寸和预紧力等有关,时常可能在 30%～50%及 50%以上。这种作用力随冲床滑块的行程升高的现象,对球面零件的拉深常常是有利的,因为当毛坯法兰边直径在拉深后期的减小引起变形区所需的拉应力下降时,弹簧垫作用力的增大能起一定的补偿作用,对拉深后期毛坯的成形和贴模是有利的。

在双动冲床上拉深时,前述的两种压边圈都可采用。这时,压边力由冲床的外滑块提供,所以也称为刚性压边围。带拉深筋的压边装置(图 7.12)对板料厚度的波动以及对冲床调整和操作因素波动影响的敏感性低,所以其工艺稳定性较高,在生产中采用较多。刚性平面压边装置的工艺稳定性差,但制造简单,所以当对工艺稳定性要求不高时(如相对厚度较大或深度较浅又带有较宽的法兰边时),也可以采用。尤其当零件带有平法兰边时,也只能采用平面压边圈的拉深模。

当球面零件带有高度为 $(0.1\sim0.2)d$ 的直边或带有每边宽度为 $(0.1\sim0.15)d$ 的法兰边时,虽然拉深系数有一定的降低,但对零件的成形却有相当大的好处。所以当对不带直边和不带法兰边的半球形零件的表面质量和尺寸精度要求较高时,都要加工艺余料以形成法兰边,并在零件成形后切除。

当用平面压边圈时,压边力的大小不仅要使毛坯的法兰边部分不能起皱,而且也要保证毛坯中间的曲面部分也不起皱。曲面零件成形时,按后一条做所要求的压边力 Q 可按下式计算:

$$Q=\frac{\pi}{4}(D_0^2-d^2)\ (\mathrm{N}) \tag{7.4}$$

式中　D_0——毛坯的初始直径,mm;

　　　d——毛坯球面部分的直径,mm;

　　　q——法兰边上单位面积上的压力,N/mm²,其值取决于板料的性能、毛坯的初始直径和成形结束时毛坯的外径和毛坯的相对厚度等。表 7.2 中列出了必要的单位压力 q 的数值,它适用于厚度为 $0.5\sim2$ mm 的低碳冷轧钢板,冲压成半球形的情况。

表 7.2　防止毛坯内部起皱的必要的单位压力 q (N/mm²)

$\dfrac{D_0}{d}$	毛坯相对厚度 t/D_0	
	$0.006\sim0.013$	$0.003\sim0.006$
1.5	$3\sim3.5$	$5\sim6$
1.6	$1.7\sim2.2$	$3.5\sim4.5$
1.7	$1.0\sim1.5$	$1.5\sim3$
1.8	$1.0\sim1.2$	$0.7\sim1.5$

注:本表中的数据是按在压边部分不用润滑的条件下得到的试验结果,如果用润滑时,表中数据应提高 $50\%\sim100\%$。

根据球面零件形状及相对厚度不同,常采用多次成形的方法,如图 7.13 所示的二次反拉深成形法和预拉深过渡成形法。球面零件的成形方法见表 7.3。

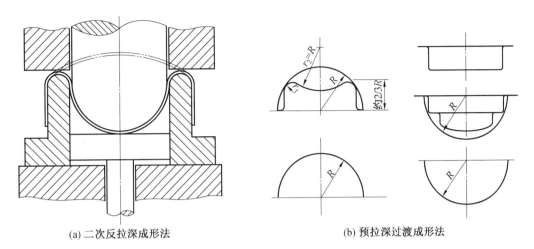

(a) 二次反拉深成形法　　　　　　　　(b) 预拉深过渡成形法

图 7.13　球面零件的多次成形方法

表 7.3　球面零件的成形方法

零件类型	成形方法
$t/D_0 \times 100 > 3$	可采用不带压边装置的简单模具一次成形。为了提高制件形状、尺寸精度,可采用带底凹模,成形终了时精压整形
$t/D_0 \times 100 = 3 \sim 0.5$	采用带压边装置的模具拉深或用反拉深成形
$t/D_0 \times 100 \leqslant 0.5$	毛坯相对厚度很小,容易引起内皱,必须采用有效的防皱措施。常见的方法有采用拉深筋、反锥面压边圈、预拉深过渡成形及反拉深等

7.3　抛物面形零件的成形方法

抛物面形零件的拉深方法与所用模具结构,与球形零件基本相似,图 7.14 所示为典型的抛物面形零件图,图 7.15 所示为其零件剖面壁厚变化情况。但是,抛物面形零件的相对高度 $\dfrac{h}{d}$ 较大、顶端的圆角半径 r 较小,尤其是在板料的相对厚度 $\dfrac{t}{D_0}$ 较小时,成形的难度更大。这时,为了使毛坯中间部分紧密贴模而又不起皱,必须加大成形中的胀形成分和径向拉应力。为此,通常采用带环形拉深筋的压边圈,用于较深抛物面形状零件的成形。但是这样又经常受到板坯承载能力的限制,因此应该根据抛物面形零件相对高度 $\dfrac{h}{d}$ 和相对厚度 $\dfrac{t}{D_0}$ 的不同,选用不同的成形方法。

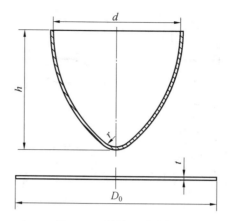

图 7.14　抛物面形零件

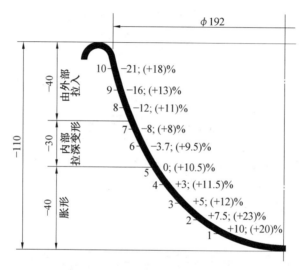

图 7.15　抛物面形零件成形后实测的壁厚变化

1.浅抛物面形零件($\frac{h}{d} \leqslant 0.6$)

由于高度小,几何形状与半球形零件相近,所以成形方法与半球形零件相似,根据相对厚度$\frac{t}{D_0}$,参照半球形零件选用适当的拉深方法,一般能用带拉深筋的模具一次顺利成形。

2.深抛物面形零件($\frac{h}{d} > 0.6$)

当深抛物面零件的深度大、顶端的圆角半径又小,特别是板料的相对厚度较小时,采用拉深筋等增大成形中的胀形成分和提高径向拉应力的措施受到毛坯尖顶部分承载能力的限制,所以在这种情况下一般采用多工序逐渐成形的方法。多工序逐渐成形的主要特点是采用正拉深或反拉深的方法,在逐渐地增加深度的同时减小顶部的圆角半径。如果对某一中间工序的过渡形状处理不当,就会引起波纹、皱折、拉裂等缺陷,一般为了保证成形零件的尺寸精度和表面质量,在最后一道工序里应保证一定的胀形成分,为此应使最后工序所用的中间毛坯的表面积稍小于成品零件的表面。图 7.16 所示分别为用多工序逐渐成形这类零件的典型例子。

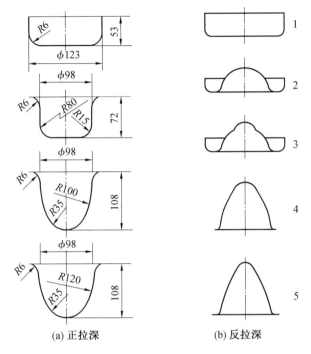

(a) 正拉深   (b) 反拉深

图 7.16 抛物面形零件的多工序逐渐成形

7.4 锥面零件的成形方法

7.4.1 锥面零件的变形特点

锥面零件的各部分尺寸如图 7.17 所示,其变形难易程度主要与以下几个因素有关。

(1)相对锥顶直径 $\dfrac{d_1}{d_2}$。

当 $\dfrac{d_1}{d_2}$ 较小时,成形过程中毛坯中间部分承载能力很差,易于破裂,而且毛坯悬空部分的宽度也大,容易起皱,所以成形比较困难。

(2)相对高度 $\dfrac{h}{d_2}$。

相对锥顶直径不变的情况下,当 h 较大时,毛坯变形时径向收缩量大,而且由于高度的增加,毛坯尺寸也相应增加,拉深成形所需

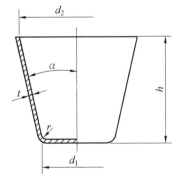

图 7.17 锥面零件的各部分尺寸

要的径向拉应力增大,所以当 $\dfrac{h}{d_2}$ 较大时,成形难度增大,有时需要多次拉深。

（3）相对厚度$\dfrac{t}{d_2}$。

毛坯相对厚度小，中间部分容易起皱，所以成形难度大。

显然，锥面零件的成形窗口较窄，成形过程受到以上因素的共同影响，获得合格的锥面零件需要在压边力、坯料尺寸、板厚、拉深高度之间找到一个合适的范围。然而，该工艺窗口较难获得，而且同时受到起皱和破裂的限制（图 7.18）。表 7.4 所示为锥面零件的成形性。

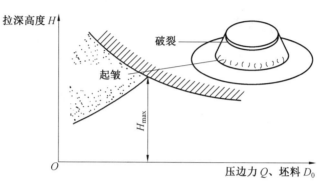

图 7.18　锥面零件的成形窗口和成形缺陷

表 7.4　锥面零件的成形性

形状	简图	成形性
浅锥形 $h \leqslant (0.25 \sim 0.3)d_2$		大部分可一道拉深成形
深度为最大直径 1/2 左右 $h = (0.4 \sim 0.55)d_2$		大部分可一道拉深成形。拉深系数用平均直径计算，采用圆筒件的拉深系数
大端与小端直径差小，深度相当大 $h = (0.8 \sim 1.5)d_2$		多道拉深成形，锥面容易残留冲压痕迹
极深的尖顶锥形		成形非常困难，需要多道拉深成形

7.4.2　锥面零件的成形方法

由于锥面零件的$\frac{d_1}{d_2}$、$\frac{h}{d_2}$及$\frac{t}{d_2}$数值不同,成形难度有所差异。可根据锥面零件的相对高度$\frac{h}{d_2}$采用表7.5所示的成形方法。

表 7.5　锥面零件的成形方法

零件类型	成形方法
浅锥形件(相对高度 $h/d_2 < 0.25$,半锥角 $\alpha = 50°\sim80°$)	浅锥形件的毛坯变形程度小,冻结性差。为保证制件的形状、尺寸精度,必须加大径向拉应力,提高胀形成分。因此,无论制件有无法兰,均需按有法兰的制件用带压边装置的模具一次成形。无法兰的制件,成形后切边修正
中锥形件(相对高度 $h/d_2 = 0.3\sim0.7$,半锥角 $\alpha = 15°\sim45°$)	当 $t/D_0\times100 > 2.5$ 时,坯料较厚,不易失稳起皱,也可用不带压边装置的模具一次成形,但需要在工作行程终了时对工件施加精压整形
	当 $t/D_0\times100 = 1.5\sim2$ 时,采用带压力装置的模具一次成形。对于无法兰的锥形件,可在成形后再切边
	当 $t/D_0\times100 < 1.5$ 时,或具有较宽法兰时,可用带压边装置的模具,经二次或三次成形,具体方法有近似形状过渡法和圆角形状过渡法
深锥形件(相对高度 $h/d_2 > 0.8$,半锥角 $\alpha \leqslant 10°\sim30°$)	由于毛坯变形程度较大,只靠坯料与凸模接触的局部面积传递成形力,极易引起毛坯局部过度变薄乃至破裂,所以需要经过多次过渡逐渐成形。常用方法有阶梯过渡法(图 7.19)、曲面过渡法(图 7.20)、圆筒过渡法(图 7.21)等

　　阶梯过渡法(图7.19)是锥面零件成形的主要方法,由于成形工序很多,锥面壁厚不均,表面有明显过渡压痕。曲面过渡法(图7.20)的锥面壁厚较均匀,表面光滑无痕,这种方法适用于成形尖顶类锥形件。圆筒过渡法从圆筒口部开始逐渐成形(图7.21(a)),所得锥形件的壁厚均匀程度及表面光滑性均高于阶梯过渡法,但低于曲面过渡法;而从圆筒底部开始逐渐成形(图7.21(b))所得的锥形件的锥面质量高,表面无工序间的压痕。

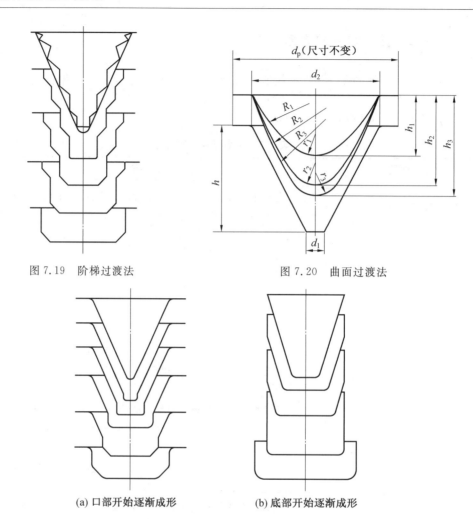

图 7.19　阶梯过渡法　　　　　　　　图 7.20　曲面过渡法

(a) 口部开始逐渐成形　　　　　　(b) 底部开始逐渐成形

图 7.21　圆筒过渡法

思考练习题

7.1　请简述曲面零件的变形特点和机理。

7.2　试分析曲面零件成形时变形区的应力与应变状态。

7.3　请写出实际生产中曲面零件拉深时的主要缺陷和防止措施。

7.4　试对比球面零件、抛物面形零件、锥面零件的成形方法。

第8章 冲 裁

冲裁是板材生产中最常见的工艺方法,它属于分离工序的范畴。在冲裁过程中,冲裁加工成的零件,从板材上分离出来,形成另一个完全独立的整体。用冲裁方法不但可以加工成具有很复杂轮廓形状的平面零件,而且也可以用于已成形为空间形状零件的修边、切口等工序。因此,冲裁方法在板材加工中占有很大的比重。

8.1 基本概念和分类

冲裁是通过一对模具(凸模与凹模)的工作部分(刃口),利用刃口之间的间隙,使板料产生剪切等变形,进而分离破断的冲压加工分离工序,如图 8.1 所示。

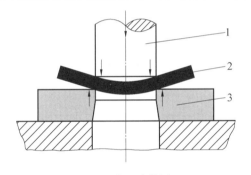

图 8.1 普通冲裁原理
1—凸模;2—板坯;3—凹模

从广义上说,冲裁是分离工序的总称,它包括切断、落料、冲孔、修边、切口等多种工序。但一般来说,冲裁工艺主要是指落料和冲孔工序。冲裁用途极广,既可直接冲出成品零件,又可为其他成形工序制备毛坯。典型冲裁零件如图 8.2 所示。

图 8.2 典型冲裁零件

当冲裁的目的是制取一定外形的毛坯部分,称为落料;当冲裁的目的是制取一定形状的内孔,称为冲孔。例如获得如图 8.3 所示的垫圈需要采用落料和冲孔工序,首先采用落料工序制取 $\phi22$ 外形,而后采用冲孔工序制取 $\phi10.5$ 的内孔。

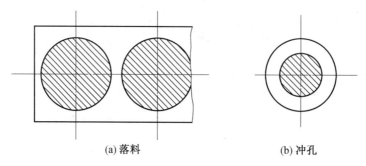

(a) 落料　　　　　　　　　　　(b) 冲孔

图 8.3　金属垫圈的落料与冲孔

　　按照冲裁件的质量分类,冲裁主要分为普通冲裁、精密冲裁和半精密冲裁。普通冲裁获得的冲裁件尺寸精度在 GB5～6 级以下,光洁度低于 4 级,断面带斜度,有粗糙带和毛刺,平整度低;精密冲裁件精度可达 GB4～2 级,光洁度在 ▽7～8 级,断面垂直,表面平整;半精密冲裁零件质量介于普通冲裁和精密冲裁之间。

8.2　冲裁变形分析

8.2.1　冲裁变形机理

1. 宏观模型

　　图 8.4 所示为金属材料的冲裁过程,当模具间隙正常时,冲裁过程大致可分为四个阶段。

　　(1)弹性变形阶段。

　　凸模接触板料后,使材料产生弹性压缩、拉伸与弯曲等变形。凹模上部板料产生上翘。但材料内应力尚未超过弹性极限,卸载后可恢复原来形状。

　　(2)塑性变形阶段。

　　凸模继续压入,材料内应力达到屈服极限,材料被挤入凹模洞口,出现光亮带。材料变形区硬化加剧,冲裁力不断增大,直到刃口附近材料由于拉应力的作用出现微裂纹,冲裁力达到最大值,塑性变形阶段结束。

　　(3)裂纹延伸阶段。

　　凸模继续压入,已形成的上、下裂纹逐渐扩大,并向材料内部延伸。

　　(4)断裂分离阶段。

　　当上、下裂纹重合时,材料被剪断分离,整个冲裁过程结束。

　　从以上变形过程可以分析,冲裁的变形区位于冲头与凹模的上下刃口尖端连线为中心的区域,为一个纺锤形的范围。冲裁剪切过程中,已经发生剪切的区域为已变形区(剪切变形区),此时凸模与凹模之间为待变形区,如图 8.5 所示。

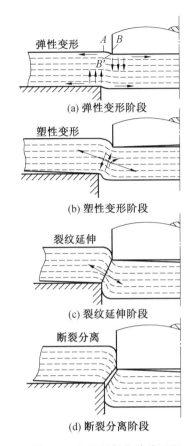

图 8.4 金属材料的冲裁过程

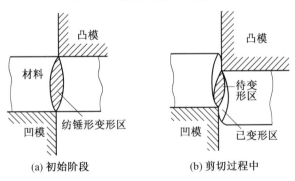

图 8.5 剪切变形区

2. 细观模型

图 8.6 所示为凹模侧裂纹成长模型图。裂纹首先在凹模刃口侧面发生,此时凸模的行程比为 20%。裂纹产生后先向废料侧(指落料)发展,主裂纹暂停发展,然后裂纹前端附近依次重新产生微小裂纹,微小裂纹的根部汇成主裂纹,直到主裂纹成长到凸模侧与产生的裂纹会合而使板料断裂,微裂纹与主裂纹的方向是逐渐由废料侧转向成品侧的。间隙过大时,只在凹模刃口侧面产生裂纹,且裂纹发展不大,直到凸模行程比超过 100%,板料才逐渐缩颈直至断裂。上述裂纹成长的方向与最大剪应变速度方向大致相同,所以归

结起来说冲裁时刃口附近应变与应力集中,加上拉应力的作用造成了裂纹的产生与扩展,裂纹产生后大致沿最大剪应变速度方向发展。

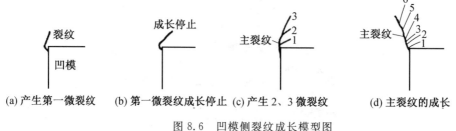

(a)产生第一微裂纹　(b)第一微裂纹成长停止　(c)产生2、3微裂纹　　(d)主裂纹的成长

图 8.6　凹模侧裂纹成长模型图

8.2.2　冲裁变形区的受力分析

图 8.7 所示为模具对板料进行冲裁时的情形。当凸模下降至与板料接触时,板料就受到凸、凹模端面的作用力。由于凸、凹模之间存在间隙,因此凸、凹模施加于板料的力产生一个力矩 M,其值等于凸、凹模作用的合力与稍大于间隙的力臂 a 的乘积。力矩使材料产生弯曲,故模具与板料仅在刃口附近的狭小区域内保持接触,接触面宽度为板料厚度的 0.2~0.4 倍。因此,凸、凹模作用于板料的垂直压力呈不均匀分布,随着向模具刃口靠近而急剧增大(图 8.7),该图表明了无压紧装置冲裁时板料的受力情况,其中:

F_1、F_2——凸、凹模对板料的垂直作用力;

P_1、P_2——凸、凹模对板料的侧压力;

μF_1、μF_2——凸、凹模端面与板料间的摩擦力,其方向与间隙大小有关,但一般是指向模具刃口;

μP_1、μP_2——凸、凹模侧面与板料间的摩擦力。

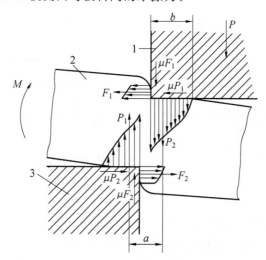

图 8.7　冲裁时作用于材料上的力

1—凹模;2—材料;3—凸模

8.2.3 冲裁变形区的应力分析

由于冲裁时材料受到如此多的外力作用,加上冲头下面材料像简支梁一样产生弯曲变形的影响,因此其变形区及邻域的应力状态是很复杂的,且与变形过程有关。按塑性力学分析,应力状态如图 8.8 所示,其中:

A 点(凸模侧面):处于一拉两压的三向应力状态。σ_1 为板材弯曲与凸模侧压力引起的径向压应力,切向应力 σ_2 为板材弯曲引起的压应力与侧压力引起的拉应力的合成应力,σ_3 为凸模下压引起的轴向拉应力。

B 点(凸模端面):处于凸模下压及板材弯曲引起的三向压应力状态。

C 点(切割区中部):σ_1 为板材受拉伸而产生的拉应力,σ_3 为板材受挤压而产生的压应力。

D 点(凹模端面):σ_1、σ_2 分别为板材弯曲引起的径向拉应力和切向拉应力,σ_3 为凹模挤压板材产生的轴向压应力。

E 点(凹模侧面):σ_1、σ_2 为由板材弯曲引起的拉应力与凹模侧压力引起的压应力合成产生的应力,该合成应力究竟是拉应力还是压应力,与间隙大小有关,σ_3 为凸模下压引起的轴向拉应力。

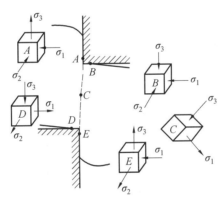

图 8.8 冲裁应力状态图

8.3 冲裁件断面质量

8.3.1 冲裁件断面特征

与冲裁过程相对应,冲裁件断面形成明显的四个区域性特征,即塌角、光亮带、剪裂带和毛刺(图 8.9)。塌角是当凸模压入材料时,刃口附近的材料被牵拉变形的结果。在大间隙和软材料冲裁时,塌角尤为明显。光亮带是塑性变形阶段刃口切入板料后,材料被模具侧面挤压形成的,光亮带光滑、垂直、断面质量好。剪裂带是在断裂分离阶段造成的撕裂面,剪裂带表面粗糙,不与板平面垂直,往往是后续变形时的裂纹源。毛刺是在出现微裂纹时形成的,微裂纹产生的位置并非正对着刃口,而是在离刃口不远的侧面上,冲头继续下行,使已形成的毛刺拉长,并残留在冲裁件上。因此,从冲裁的原理上说,冲裁件必然有一定的毛刺存在。间隙合适时,毛刺的高度很小。

塑性差的材料,断裂倾向严重,由塑性变形形成的光亮带及塌角两部分所占的比例较小,毛刺也较小,而断面大部分是剪裂带。塑性较好的材料,与此相反,其光亮带所占的比例较大,塌角和毛刺也较大,而剪裂带则小一些。

对于同一种材料来说,光亮带、剪裂带、塌角和毛刺四个部分所占的比例也不是固定不变的,它与材料本身的厚度、冲裁间隙、刃口锋利程度、模具结构和冲裁速度等冲裁条件有关。

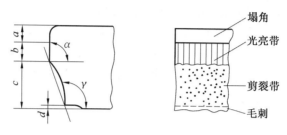

图 8.9　冲裁件断面特征

8.3.2　冲裁件断面质量分析

冲裁件质量主要指断面质量、表面质量、形状误差和尺寸精度。其中,断面质量是衡量冲裁件质量好坏的最主要指标。影响冲裁件断面质量的因素很多,主要有冲裁间隙、模具刃口状态、材料性能等。

1. 冲裁间隙对断面质量的影响

冲裁间隙是指冲裁凸模与凹模刃口尺寸的差值。图 8.10 和 8.11 所示为不同冲裁间隙对冲裁件断面质量的影响。间隙过小时,上下产生的裂纹会进入到板料内部,并在分离过程中产生二次剪切的光亮带,形成折叠缺陷,影响断面质量。间隙过大时,由凸模刃口与凹模刃口发生的剪裂纹也不能重合,两个剪裂纹之间的金属被切、折、拉断。同时,毛刺、塌角、斜度也增大,不能形成理想的断面。间隙正常时,上、下裂纹重合相遇,使材料顺利分离,形成较规则的冲裁断面。这时光亮带约占板厚的 1/3。

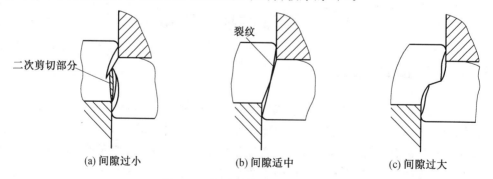

(a) 间隙过小　　　　(b) 间隙适中　　　　(c) 间隙过大

图 8.10　间隙对剪裂纹重合的影响

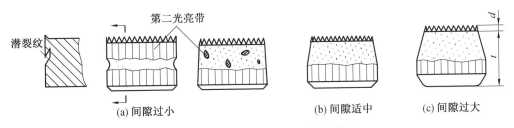

图 8.11 间隙对冲裁件断面质量的影响

2. 模具刃口状态对断面质量的影响

模具刃口磨钝时,冲裁件毛刺会增大,一般规律是,凸模刃口磨钝时,落料件毛刺增大;凹模刃口磨钝时,孔边缘毛刺增大。刃口状态是影响毛刺的主要因素。

3. 材料性能对断面质量的影响

冲裁件本身的材料性能对冲裁件断面质量有重要影响。材料塑性好时,塑性剪切过程延长,产生较大比例的光亮带,剪裂带相应减少,但塌角、毛刺也较大;材料塑性差时,裂纹出现较早,使光亮带比例减小,剪裂带增大,但塌角、毛刺也较小。

可见,为了提高冲裁件断面质量,应选用合理的冲裁间隙,保持凸、凹模刃口的锋利,材料塑性良好的材料。此外,还可考虑采用带压边的模具结构。

8.4 冲裁间隙

8.4.1 基本概念

如图 8.12 所示,冲裁间隙是指凸模和凹模刃口间的缝隙的距离,用符号 c 表示,称为单面间隙,双面间隙用 Z 表示。冲裁间隙对冲裁件断面质量有极重要的影响。此外,冲裁间隙还影响模具寿命、卸料力、推件力、冲裁力。因此,冲裁间隙是冲裁工艺与模具设计中一个非常重要的工艺参数。

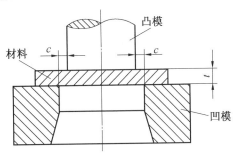

图 8.12 冲裁间隙示意图

8.4.2 冲裁间隙对冲裁工艺的影响

1. 冲裁间隙对冲裁断面的影响

冲裁断面上的四个带在整个断面上所占的比例因板料的性能、厚度、冲裁间隙、模具结构不同而变化。其中冲裁间隙对其影响最大。间隙过小时,断面有第二光亮带;间隙逐渐增大时,上述缺陷逐渐消失;间隙过大时,对薄料则形成拉长的毛刺,对厚料则形成很大的塌角。

2. 冲裁间隙对模具寿命的影响

间隙是影响模具寿命的各种因素中最主要的一个。冲裁过程中,凸模与被冲的孔之间,凹模与落料件之间均有摩擦,而且间隙越小,摩擦越严重。在生产实际中模具受到制造误差和装配精度的限制,凸模不可能绝对垂直于凹模平面,而且间隙也不会绝对均匀分布,适当的均匀间隙可使凸、凹模侧面与材料间的摩擦减小,从而提高模具的寿命。

3. 冲裁间隙对冲裁力的影响

虽然冲裁力随冲裁间隙的增大有一定程度的降低,但是,当单边间隙介于材料厚度的 5%～20%范围内时,冲裁力的降低并不显著(仅降低 5%～10%)。因此,在正常情况下,间隙对冲裁力的影响不大。

4. 冲裁间隙对尺寸精度的影响

间隙对冲裁件尺寸精度的影响如图 8.13 所示。生产实践中,孔径的测量方法总是由内向外,所以确定尺寸精度要以凸模外径为准;而落料件尺寸的测量方法则总是由外向内,所以确定尺寸精度要以凹模内径为准。可见,间隙对于冲孔和落料的影响规律是不同的,并且与材料轧制的纤维方向有关。

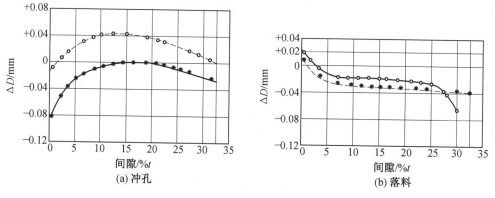

图 8.13　间隙对冲裁件尺寸精度的影响
材料:带钢;冲裁直径:ϕ18;料厚:1.6 mm
冲孔:ΔD=冲裁的孔径-凸模外径;——纤维方向
落料:ΔD=落料件外径-凹模直径;------垂直于纤维方向

8.4.3　合理间隙值的确定

由以上分析可知,凸、凹模间隙对冲裁件质量、冲裁力、模具寿命都有很大的影响。因此,设计模具时一定要选择一个合理的间隙,使冲裁件的断面质量较好、所需冲裁力较小、模具寿命较高。但分别从质量、精度、冲裁力等方面的要求各自确定的合理间隙值并不相同,考虑到模具制造中的偏差及使用中的磨损,生产中通常是选择一个适当的范围作为合理间隙,只要间隙在这个范围内,就可以冲出良好的零件。这个范围的最小值称为最小合理间隙(C_{min}),最大值称为最大合理间隙(C_{max})。考虑到模具在使用过程中的磨损使间隙增大,故设计与制造新模具时要采用最小合理间隙值 C_{min}。确定合理间隙的方法有两种。

1. 理论确定法

理论确定法的主要依据是保证冲裁时材料中的上、下两剪裂纹重合,正好相交于一条连线上(图 8.14),以便获得良好的断面。根据图中的几何关系可得

$$c = (t-b)\tan\beta = t\left(1-\frac{b}{t}\right)\tan\beta \tag{8.1}$$

式中　c——单边间隙;

　　　t——材料厚度;

　　　b——光亮带宽度,或产生裂纹时凸模挤入的深度;

　　　b/t——产生裂纹时凸模挤入材料的相对深度;

　　　β——剪裂纹与垂线间的夹角。

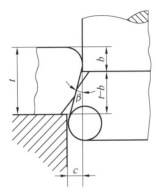

图 8.14　冲裁间隙

上式可以看出,合理间隙值取决于 t、$1-b/t$、$\tan\beta$ 等三个因素。由于角度 β 值的变化不大(表 8.1),所以间隙数值主要取决于前两个因素的影响。材料厚度增大,间隙数值应正比地增大,反之亦然。

比值 b/t 是产生剪裂纹时的相对挤入深度,它与材料有关。材料塑性好,光亮带 b 大,间隙数值就小。塑性低的硬脆材料,间隙数值就大一些。另外,b/t 还与材料的厚度有关,对同一种材料来说,b/t 不是一个常数。b/t 的数值见表 8.1。例如,薄料冲裁时,光亮带 b 的宽度增大,b/t 的比值也大。因此,薄料冲裁的合理间隙要小一些,而厚料的 b/t 数值小,合理间隙则应取得大一些。

表 8.1　b/t 与 β 值(厚度 t 单位为 mm)

材料	$b/t \times 100\%$				$\beta/(°)$
	$t<1$	$t=1\sim2$	$t=2\sim4$	$t>4$	
软　钢	75~70	70~65	65~55	50~40	5~6
中硬钢	65~60	60~55	55~48	45~35	4~5
硬　钢	50~47	47~45	44~38	35~25	4

综合上述两个因素的影响,可以看出,材料厚度对间隙的综合影响并不是简单的正比关系。所以,按材料厚度的百分比来确定合理间隙时,这个百分比应根据材料厚度本身来选取。

上述确定间隙的方法可以用来说明材料性能、厚度等几个因素对间隙数值的一些影响,但在实际工作中都采用比较简便的,由试验方法制订的表格来确定合理间隙的数值。

2. 经验确定法

(1)可采用下述经验公式计算合理间隙 c 的数值:

$$c = mt \tag{8.2}$$

式中　t——材料厚度,mm;

　　　m——系数,与材料性能及厚度有关。

在实用上,当材料较薄时,可以选用下列数值:

①软钢、纯铁:$m = 6\% \sim 9\%$。

②铜、铝合金:$m = 6\% \sim 10\%$。

③硬钢:$m = 8\% \sim 12\%$。

(2)可以根据以下材料的软硬程度和厚度确定双面间隙:

软材料:

$$t < 1 \text{ mm} \quad Z = (6\% \sim 8\%)t$$
$$t < 1 \sim 3 \text{ mm} \quad Z = (10\% \sim 15\%)t$$
$$t < 3 \sim 5 \text{ mm} \quad Z = (15\% \sim 20\%)t$$

硬材料:

$$t < 1 \text{ mm} \quad Z = (8\% \sim 10\%)t$$
$$t < 1 \sim 3 \text{ mm} \quad Z = (11\% \sim 17\%)t$$
$$t < 3 \sim 5 \text{ mm} \quad Z = (17\% \sim 25\%)t$$

(3)可以查找冲压模具手册,表8.2所示为冲裁模初始双面间隙。

表8.2　冲裁模初始双面间隙

材料厚度/mm	软铝		紫铜、黄铜、含碳0.08%~0.20%的软钢		杜拉铝、含碳0.3%~0.4%的中等硬钢		含碳0.5%~0.6%的硬钢	
	Z_{min}	Z_{max}	Z_{min}	Z_{max}	Z_{min}	Z_{max}	Z_{min}	Z_{max}
0.2	0.008	0.012	0.010	0.014	0.012	0.016	0.014	0.018
0.3	0.012	0.018	0.015	0.021	0.018	0.024	0.021	0.027
0.4	0.016	0.024	0.020	0.028	0.024	0.032	0.028	0.036
0.5	0.020	0.030	0.025	0.035	0.030	0.040	0.035	0.045
0.6	0.024	0.036	0.030	0.042	0.036	0.048	0.042	0.054
0.7	0.028	0.042	0.035	0.049	0.042	0.056	0.049	0.063
0.8	0.032	0.048	0.040	0.056	0.048	0.064	0.056	0.072

续表 8.2

材料厚度 /mm	软铝		紫铜、黄铜、含碳 0.08%~0.20% 的软钢		杜拉铝、含碳 0.3%~ 0.4%的中等硬钢		含碳 0.5%~0.6%的硬钢	
	Z_{min}	Z_{max}	Z_{min}	Z_{max}	Z_{min}	Z_{max}	Z_{min}	Z_{max}
0.9	0.036	0.054	0.045	0.063	0.054	0.072	0.063	0.081
1.0	0.040	0.060	0.050	0.070	0.060	0.080	0.070	0.090
1.2	0.050	0.084	0.072	0.096	0.084	0.108	0.096	0.120
1.5	0.075	0.105	0.090	0.120	0.105	0.135	0.120	0.150
1.8	0.090	0.126	0.108	0.144	0.126	0.162	0.144	0.180
2.0	0.100	0.140	0.120	0.160	0.140	0.180	0.160	0.200
2.2	0.132	0.176	0.154	0.198	0.176	0.220	0.198	0.242
2.5	0.150	0.200	0.175	0.225	0.200	0.250	0.225	0.275
2.8	0.168	0.224	0.196	0.252	0.224	0.280	0.252	0.308
3.0	0.180	0.240	0.210	0.270	0.240	0.300	0.270	0.330
3.5	0.245	0.315	0.280	0.350	0.315	0.385	0.350	0.420
4.0	0.280	0.360	0.320	0.400	0.360	0.440	0.400	0.480
4.5	0.315	0.405	0.360	0.450	0.405	0.490	0.450	0.540
5.0	0.350	0.450	0.400	0.500	0.450	0.550	0.500	0.600
6.0	0.480	0.600	0.540	0.660	0.600	0.720	0.660	0.780
7.0	0.560	0.700	0.630	0.770	0.700	0.840	0.770	0.910
8.0	0.720	0.880	0.800	0.960	0.880	1.040	0.960	1.120
9.0	0.870	0.990	0.900	1.080	0.990	1.170	1.080	1.260
10.0	0.900	1.100	1.000	1.200	1.100	1.300	1.200	1.400

注:1. 初始间隙的最小值相当于间隙的公称数值。

　　2. 初始间隙的最大值是考虑到凸模和凹模的制造公差所增加的数值。

　　3. 在使用过程中,由于模具工作部分的磨损,间隙将有所增加,因而超过表列数值。

　　在冲压的实际生产中,间隙的选用应主要考虑冲裁件断面质量和模具寿命这两个主要的因素。但许多研究结果和实际生产经验证明,能够保证良好冲裁断面质量的间隙值和可以获得较高冲模寿命的间隙值也不是一致的。一般说来,当对冲裁件断面质量要求较高时,应选取较小的间隙值;而当对冲裁件的质量要求不高时,则可适当地加大间隙值以利于提高冲模的寿命。

8.5   冲裁力和降低冲裁力的方法

8.5.1   冲裁力

冲裁力是选择压力机和进行模具设计必不可少的参数。采用不同刃口形式时其计算公式也有所不同。

平刃冲裁力可由下式确定：

$$F = KLt\tau \approx Lt\sigma_b \tag{8.3}$$

式中 F——冲裁力，kN；

      K——系数，主要考虑刃口磨损、冲裁间隙波动、材料机械性能的不均匀性及料厚偏差等，通常取 $K = 1.3$；

      L——冲裁轮廓线长度，mm；

      t——坯料厚度，mm；

      τ——坯料抗剪强度，MPa；

      σ_b——坯料抗拉强度，MPa。

8.5.2   降低冲裁力的方法

在冲裁高强度材料或厚料、大尺寸工件时，所需冲裁力如果超过可用压力机吨位，须采取措施降低冲裁力。常用如下几种方法。

1. 斜刃冲模冲裁

斜刃冲模冲裁(图 8.15)降低冲裁力的原理类似斜刃剪板机，材料沿长度逐渐分离。为制取平整的零件，落料时凸模做成平刃，凹模做成斜刃。冲孔时，则凹模做成平刃，凸模做成斜刃。斜刃设计应力求对称以避免水平方向的侧向力。斜刃冲裁常用于大型工件及厚板。

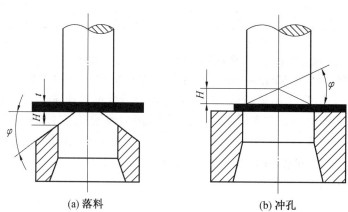

(a) 落料   (b) 冲孔

图 8.15   斜刃冲模冲裁

2. 阶梯凸模冲裁

阶梯凸模冲裁(图 8.16)降低冲裁力的原理是避免各凸模冲裁力同时出现。采用阶

梯凸模应使阶梯高度差 H 稍大于光亮带高度。采用阶梯凸模时,应注意以下几点:

(1)各阶梯凸模距压力中心对称分布。

(2)首先开始工作的凸模应该是端部带导正销的凸模。

(3)一般先冲大孔,后冲小孔,以降低小凸模长度,提高其使用寿命。

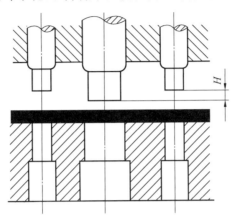

图 8.16　阶梯凸模冲裁

3.加热冲裁

材料在加热状态下的剪切强度明显降低,所以能有效降低冲裁力。由于加热,冲裁制件表面质量和尺寸精度有所降低,因此只适用于厚板或表面质量及尺寸精度要求不高的零件。

8.6　精密冲裁

8.6.1　基本概念

精密冲裁是在普通冲裁工艺的基础上发展起来的,它主要是依靠减少间隙、改进模具结构,在变形区建立三向受压的应力状态,抑制撕裂增加材料的可塑性以改善冲裁件断面质量,提高尺寸精度的冲裁过程,如图 8.17 所示。

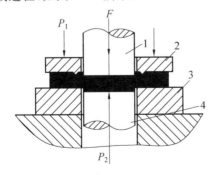

图 8.17　精冲过程示意图

1—凸模;2—齿圈压板;3—凹模;4—反向压板

精密冲裁是在三动冲床(冲裁力、压边力和反压力都可单独调整)和带有特殊结构的模具上进行的。精密冲裁能在一次冲压行程中获得比普通冲裁零件尺寸精度高、冲裁面光洁、翘曲小且互换性好的优质精冲零件,零件断面几乎全部是光亮带,并以较低的成本达到产品质量的改善。

精密冲裁实现的必要条件:

1. V 形齿圈压边圈

凸模接触材料之前,V 形齿已压入材料,在 V 形齿形成的强力压边作用下,冲裁件周边法向受到强力压缩,以阻止材料在剪切面内撕裂和金属的横向流动。

2. 强力的反压顶板

随着凸模压入材料的同时,反压顶板将材料压紧,增强静水压效果。

3. 小冲裁间隙

精冲采用小间隙,使材料变形区三向压应力增高,促使剪切区金属的塑性流动,避免普通冲裁时的撕裂现象。一般来说,普通冲裁的双向间隙值为材料厚度的 $5\% \sim 10\%$,而精冲则为 $0.5\% \sim 1\%$。

4. 凹模刃口带有小圆角

普通冲裁模模具刃口是锐利的,而精冲则采用较小圆角的凹模(落料)或凸模(冲孔)刃口,从而减小了材料在刃口处的应力集中,避免了微裂纹的产生,同时增大了压缩力,降低了剪切表面的表面粗糙度值。

8.6.2 精密冲裁变形机理

在整个冲裁过程中,剪切区内的金属处于三向压应力状态,从而提高了金属的塑性,避免了微裂纹的出现,无断裂分离阶段,以纯剪切的形式完成精冲分离过程。精密冲裁时,在凸模接触板料之前,V 形齿圈压板先将板料压紧在凹模面上,V 形齿随即压入板料,在 V 形齿的压力 P_1 作用下,冲裁件周边法向受到强力压缩,应力值接近材料的屈服极限 σ_s。当凸模接触板料后,由于有反向压板的支承,毛坯在厚度方向受到 P_2 的强力压缩,单位压力也接近材料的屈服极限 σ_s。在齿圈压板、凸模和反向压板的夹持挤压下,剪切变形区内的材料处于在三向受压的应力状态,因而抑制了裂纹的发生和发展,提高了材料塑性变形的能力。加之冲裁间隙小,冲裁件就以简单剪切的变形方式冲切下来。冲出的零件断面平直光亮,没有撕裂痕迹。

此外,精冲从形式上看虽是分离工序,但实际上,制件和坯料在最后分离前,在压板压紧之下,各自始终保持为一个整体。精冲过程的塑性变形始终集中在狭窄的间隙区内,变形区处于三向受压的平面应变状态,材料纤维沿厚度方向有很大伸长,沿径向有压缩,如图 8.18 所示为精冲变形区域及变形过程。

图 8.18 中 A 点和 B 点分别表示凸模和凹模的刃口,AB 连线将间隙区分为 Ⅰ、Ⅱ 两部分。塑性变形主要集中在间隙区,间隙两侧为刚性平移传力区,分别为塑性变形影响区Ⅲ和弹性变形区Ⅳ。精冲的塑性变形始终在以 AB 为对角线的矩形中进行。在精冲的过程中,Ⅰ区间的材料将被凸模逐渐挤压到坯料上,Ⅱ区间的材料将被凹模逐渐挤压到制件上。随着精冲过程的继续,AB 距离和矩形变形区逐渐缩短,一部分材料将转移到 AB 连

线以外的已变形区,当 AB 距离达最小值时,材料全部转移,精冲过程完毕。

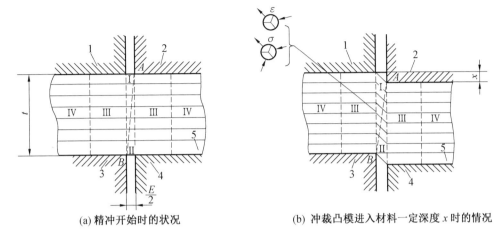

(a) 精冲开始时的状况　　　(b) 冲裁凸模进入材料一定深度 x 时的情况

图 8.18　精冲变形区域及变形过程

1—压边圈;2—凸模;3—凹模;4—反压板;5—制件

Ⅰ、Ⅱ—塑性变形区;Ⅲ—塑性变形影响区;Ⅳ—弹性变形区

8.6.3　精密冲裁力

精冲力主要包括冲裁力 F_1(单位:N)、压边力 F_2(单位:N)、顶板压力 F_3(单位:N)、卸料力 F_4(单位:N)及推件力 F_5(单位:N),可分别由以下各式确定:

$$F_1 = 0.9\sigma_b Lt \tag{8.4}$$

$$F_2 = (0.3 \sim 0.6)F_1 \tag{8.5}$$

$$F_3 = 0.2F_1 \tag{8.6}$$

$$F_4 = (0.1 \sim 0.15)F_1 \tag{8.7}$$

$$F_5 = (0.1 \sim 0.15)F_1 \tag{8.8}$$

式中　σ_b——材料的抗拉强度,MPa;

　　　L——内外冲裁周边长度总和,mm;

　　　t——坯料厚度,mm。

8.7　其他冲裁方法

8.7.1　半精冲

为了提高冲裁件的断面质量,除了精冲工艺外,在生产中还经常采用半精冲工艺。半精冲工艺虽然仍然采用产生剪裂纹而分离的普通冲裁的机理,但由于加强了冲裁区的静水压效果,因此所获得的断面质量明显地高于普通冲裁所能达到的质量,光亮带在整个断面上的比例有较大的增加。半精冲工艺的冲裁质量介于精冲与普通冲裁之间,但工艺装备或设备却比精冲简单得多。

目前常见的半精冲工艺有小间隙圆角刃口冲裁、负间隙冲裁、上下冲裁、对向凹模冲裁等。

1. 小间隙圆角刃口冲裁

如图 8.19 所示,小间隙圆角刃口冲裁在落料时凹模刃口带小圆角,冲孔时凸模刃口带小圆角,冲裁间隙为 0.01~0.02 mm,适用于塑性好的材料。凹模圆角半径为 $0.1t$。

冲裁力为

$$P=(1.3\sim1.5)P_{普} \tag{8.9}$$

采用小圆角刃口和很小的冲模间隙,加强了冲裁区的静水压,起到抑制裂纹的作用。

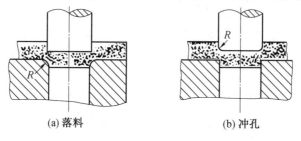

(a) 落料   (b) 冲孔

图 8.19　小间隙圆角刃口冲裁

2. 负间隙冲裁

如图 8.20 所示,负间隙冲裁的凸模直径大于凹模直径,一般为 $(0.05\sim0.3)t$,冲裁时先形成一倒锥毛坯,再将其挤过凹模洞口,适用于塑性好的材料。

冲裁力为

$$P=CP_{普} \tag{8.10}$$

式中　C——系数(铝的为 1.3~1.6;黄铜、软钢的为 2.25~2.8)

冲裁力比普通冲裁大得多,凹模承受的压力较大,容易引起开裂,采用良好的润滑,可以防止材料黏模,延长模具寿命。

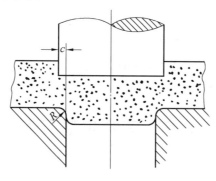

图 8.20　负间隙冲裁

3. 上下冲裁

如图 8.21 所示,上下冲裁的过程是:首先向某一方向冲裁,当凸模挤入深度达 $(0.15\sim0.3)t$ 时中止,然后再向另一个相反的方向冲裁而获得零件。冲裁原理同普通冲裁,存在剪裂纹,存在断裂带。但是经过上下两次冲裁可以获得两个光亮带,增大光亮带比例,消除毛刺,可使断面质量有较大的提高。

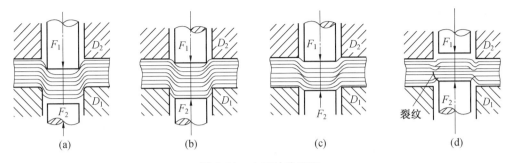

图 8.21　上下冲裁过程

4. 对向凹模冲裁

对向凹模冲裁是基于切削原理,将冲裁废料向外挤压流动的同时进行剪切的方法。如图 8.22 所示,对向凹模冲裁原理与精密冲裁原理完全不同。采用一个平凹模和一个带小凸台的凹模进行冲裁。凸起顶部宽度为板厚的 $30\%\sim40\%$,高度为板厚的 1.2 倍左右。带小凸台的凹模除凸台外刃与下面平凹模刃口之间起剪切作用外,还起了向下挤压落料件的作用。因此,当顶杆最后推出零件时残留在断面上的剪裂带已不大了,整个断面比较光亮。

适合厚板和低塑性材料,减小塌角,无毛刺。

8.7.2　各种冲裁方法对比

1. 变形机理不同

从变形机理来讲,冲压分离加工的基本工序可以分为冲裁、整修、精冲和半精冲四种,变形机理如下:

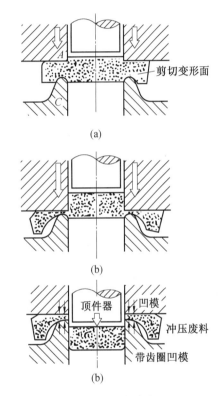

图 8.22　对向凹模冲裁过程

(1)冲裁:有裂缝发生、发展且会合而达到材料分离的变形机理。

(2)整修:对冲裁件断面再加工,以生成切屑的方式实现分离的变形切削机理。

(3)精冲:以强烈的静水压条件抑制裂纹发展而实现材料断面塑性分离的变形机理。

(4)半精冲:复合普通冲裁和精密冲裁两种以上的断裂分离机理。

2. 冲裁间隙不同(图 8.23)

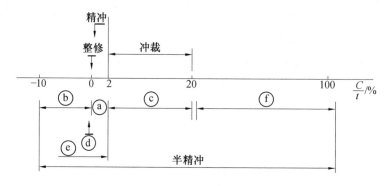

图 8.23 分离工序在间隙坐标轴上的位置

ⓐ小间隙圆角刃口冲裁;ⓑ负间隙冲裁;ⓒ上下冲裁;

ⓓ对向凹模切断;ⓔ挤压式冲裁;ⓕ胀拉冲裁

3. 断面质量不同(图 8.24)

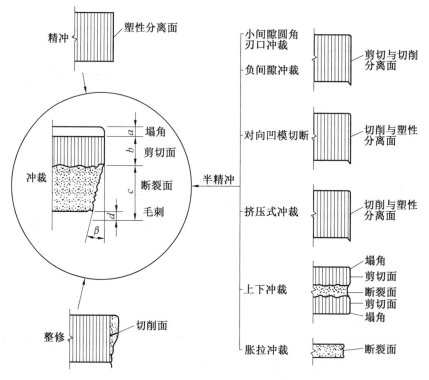

图 8.24 分离加工基本工序件断面示意图

思考练习题

8.1　简述冲裁时板材被切断分离的变形过程。

8.2　分析板料冲裁过程中变形区的应力状态。

8.3　试分析冲裁模具间隙的大小与冲裁断面质量间的关系。

8.4　试分析冲裁间隙对冲裁件质量、冲裁力、模具寿命的影响。

8.5　简述精密冲裁与普通冲裁的工艺特点与区别。

8.6　在生产实际中应如何选择冲裁间隙？

第9章　其他成形方法

在板材成形中,除了冲裁、弯曲和拉深以外,还有一些其他变形工艺,如胀形、扩口、缩口和翻边等,这些变形工艺也属于成形工艺。一般来说,成形是坯料上局部区域的变形工艺,通过几种成形工艺的复合使毛坯变形成所需几何形状的零件,广泛应用于国防工业、机械制造业和日用品工业中。

9.1　胀　形

胀形是利用模具或介质强迫毛坯发生厚度减薄和表面积增大,以获得零件几何形状的成形工艺方法。胀形时毛坯的塑性变形局限于一个固定的变形区范围之内,材料不向变形区外转移,也不从外部进入变形区。主要用于:

(1)平板毛坯:压凸起、凹坑、加强筋、花纹、图形及标记等。

(2)空心管坯:局部特征、变径、变截面、管接头胀接等。

图9.1所示为典型胀形零件,胀形可以是单独的成形工序,也可以和其他的变形方式相结合用于复杂形状零件的成形过程。

在胀形过程中,材料的变形主要是面内双向扩张,使表面积增加而厚度减薄。

图9.1　典型胀形零件

由于胀形时板料处于双向受拉的应力状态,在一般情况下,变形区的毛坯不会产生失稳起皱现象,冲成零件的表面光滑,质量好。所以有时也用胀形代替其他成形方法加工某些相对厚度很小的零件。胀形时在变形区板料毛坯的截面上只有拉应力的作用,而且在厚度方向上其分布比较均匀(即靠近于毛坯内表面和外表面部位上的拉应力之差较小),所以在受力状态下毛坯的几何形状易于固定,卸载时的弹复很小,容易得到尺寸精度较高的零件。在某些曲率不大,比较平坦的曲面零件冲压生产中,时常采用胀形方法或带有很大胀形成分的拉深方法(如具有很强作用的拉深筋等)。

根据模具介质类型不同,胀形可分为:

(1)刚模胀形。机械式的刚性模具。

(2)液压胀形。流体介质:液体(水、油等)、气体(氩气、氮气等)。

（3）软模胀形。固体介质：橡皮囊、橡胶、聚氨酯、固体颗粒。

（4）特种能场胀形。非接触胀形（磁脉冲、爆炸、电爆）。

9.1.1 胀形变形机理

1. 胀形变形特点

图 9.2 所示为平板毛坯胀形示意图。变形前毛坯直径为 D_0，变形过程中，由于毛坯法兰部分被约束，该部分金属不能流动，变形前直径为 d 的平板部分变形后成为球面部分（涂黑部分）。从以上变形分析，可归纳出胀形变形有如下特点：

（1）胀形时毛坯的塑性变形局限于一个固定的变形区域内，板料不向变形区外转移，也不从外部进入变形区内。

（2）胀形变形区内金属处于两向受拉的应力状态，变形区内板料形状的变化主要是由其表面积的局部增大实现的，所以胀形时毛坯厚度的变薄是不可避免的。

（3）胀形时变形区的毛坯一般不会产生失稳起皱现象，成形零件的表面光滑，质量好。卸载时弹复小，容易得到尺寸精度较高的零件。

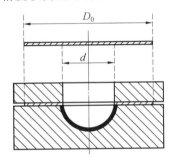

图 9.2 平板毛坯胀形示意图

2. 应力应变分析

一般情况下，胀形变形时，两个应力的大小在变形区内各部位是不完全相同的，如用应力比值 $x=\sigma_2/\sigma_1$ 表征变形区内的应力情况，那么胀形区的应力应该处于 $0 \leqslant x \leqslant 1$ 的范围内。而且不同的应力比值 x 分别对应着确定的应变比值 $\beta=\varepsilon_2/\varepsilon_1$（$x=1$ 时，$\beta=1$；$x=0.5$ 时，$\beta=0$；$x=0$ 时，$\beta=-0.5$）。胀形时的应力和应变如图 9.3 所示。

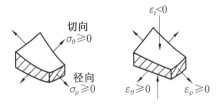

图 9.3 胀形时的应力和应变

分析图 9.4 可知，变形区内平行于板料平面的径向应变 ε_ρ 和切向应变 ε_θ 基本上都大于零（只是在凹模圆角附近，材料向凹模内流动时，才有一些 ε_θ 小于零的现象，但其值接近零），导致各点厚度减薄（$\varepsilon_t<0$），因此变形区各点的承载能力（即强度）在胀形过程中不断下降，一旦变形区某点的拉应力超过了该点强度，该点就会发生破裂。通常，把这种因

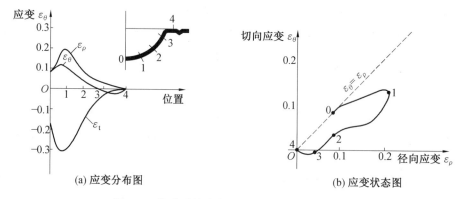

图 9.4　胀形时的应变分布图和应变状态图

强度不足而引起的破裂称为 α 破裂。

3. 胀形成形极限

不同材料的胀形成形极限图并不相同，一般说来，材料的塑性好、硬化指数 n 值大时，胀形成形的极限值也高，当然胀形变形引起的毛坯总体尺寸的变化（如胀形深度等）也越大。

胀形毛坯总体尺寸变化的影响因素还有润滑、毛坯的几何形状、模具的结构等。凡是可以使胀形变形区内的变形均匀、降低危险部位应变值的各种因素，均能提高胀形的深度。

影响胀形成形极限的材料因素主要是延伸率和应变硬化指数 n。一般讲，延伸率大，破裂前允许的变形程度大，成形极限也大；n 值大，应变硬化能力强，可促使应变分布趋于均匀化，同时还能提高材料的局部应变能力，故成形极限也大。

当冲头的圆角半径 r 很小时，变形分布很不均匀且集中在冲头的圆角附近，所以胀形深度很小；当圆角半径 r 较大时，变形均匀，所以总的变形深度有一定的提高。一般情况下用球形冲头（$r=d/2$）对低碳钢等胀形时，极限胀形深度可为 $h=(1/3\sim1/2)d$；用平冲头（$r<d/2$）胀形时，极限胀形深度仅为 $(1/5\sim1/4)d$。

润滑条件和变形速度（主要针对刚性凸模胀形）以及材料厚度对胀形成形极限也有影响。例如，用球头凸模胀形时，若在毛坯和凸模之间施加良好的润滑（如加衬一定厚度的聚乙烯薄膜），其应变分布要比干摩擦时均匀，能使胀形高度增大。变形速度的影响主要是通过改变摩擦因数来体现的，对球头凸模来讲，速度大，摩擦因数减小，有利于应变分布均匀化，胀形高度有所增大。必须指出，用平底凸模胀形时，应尽量增大凸模底部板料的变形，避免板料在圆角处变形过于集中，否则，胀形高度就比较小。一般来讲，材料厚度增大，胀形成形极限有所增大，但料厚与零件尺寸比值较小时，其影响不太显著。

9.1.2 平板毛坯胀形

1. 成形极限

平板毛坯的局部胀形如图 9.5 所示。当坯料外径 $D_0>3d$ 时成形，坯料的环形部分不能产生切向收缩变形，变形只发生在凸模端面作用的直径为 d 的圆面积之内。该区材料在双向拉应力作用下靠本身的局部变薄实现成形，在平板毛坯或零件上成形各种凹坑、突起和加强筋等(图 9.6)都是利用这种方法。

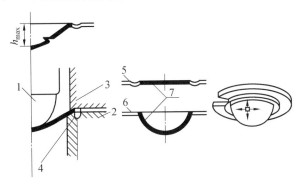

图 9.5　平板毛坯的局部胀形

1—凸模;2—凹模;3—压边圈;4—拉深埂;

5—胀形前;6—胀形后;7—胀形变形部分

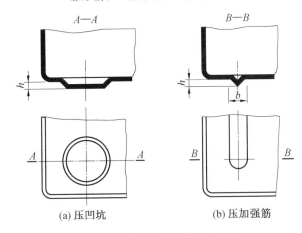

(a) 压凹坑　　　　　　　(b) 压加强筋

图 9.6　平板毛坯局部胀形的形式

在平板毛坯上进行局部胀形的极限深度受材料的塑性、凸模的几何形状和润滑等因素的影响。简单几何形状的胀形其成形极限可用胀形极限深度表示。用球形凸模($r=d/2$)对低碳钢和软铝进行胀形时极限深度约为 $h=d/3$,用平端面凸模胀形时极限深度列于表 9.1,而压制具有圆滑过渡形状的加强筋时胀形极限深度 $h \leqslant 0.3b$(图 9.6(b))。

表 9.1　平板毛坯胀形深度

软钢	$h \leqslant (0.15 \sim 0.20)d$
铝	$h \leqslant (0.1 \sim 0.15)d$
黄铜	$h \leqslant (0.15 \sim 0.22)d$

材料在胀形中所能达到的极限伸长率可以概略地用下式来检查,即

$$(L-L_0)/L_0 \times 100\% \leqslant 0.75\delta \tag{9.1}$$

式中　L——坯料胀形后变形处的最大尺寸,mm;

L_0——该处胀形前的原始尺寸,mm;

δ——材料的许可伸长率,%。

2. 胀形力

材料的塑性越好,成形极限越高。另外,变形区变形越均匀,越能充分发挥各处的材料的变形能力,可使成形极限提高。因此应尽可能加大凸、凹模圆角半径,并尽量减小摩擦。

用刚体凸模(图9.7)时,平板毛坯胀形力可按下式估算:

$$F = KLt\sigma_b \tag{9.2}$$

式中　L——胀形区周边的长度;

　　　t——板料的厚度;

　　　σ_b——板料的强度极限;

　　　K——考虑胀形程度大小的系数,一般取 $K = 0.7 \sim 1$。

软模胀形(图9.8)时,即用液体、橡胶、聚氨酯或气体的压力代替刚性凸模的作用,所需的单位压力 p 可从胀形区内板料的平衡条件求得。球面形状零件胀形过程中所必需的压力 p 之值,可按下式做近似的计算(不考虑材料的硬化和厚度的变薄等因素):

$$p = \frac{2t}{R}\sigma_s \tag{9.3}$$

式中　σ_s——板料的屈服极限;

　　　R——球面零件的曲率半径;

　　　t——板料厚度。

长度很大的条形肋胀形时,所需的单位压力可按下式计算:

$$p = \frac{t}{R}\sigma_s \tag{9.4}$$

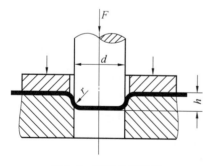

图 9.7　刚模局部胀形

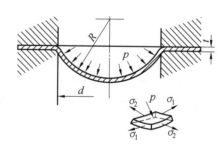

图 9.8　软模局部胀形

9.1.3　空心件胀形

1. 成形极限

(1)胀形变形程度的计算。

圆柱空心毛坯胀形时,材料主要受双向拉伸,变形程度受材料成形极限的限制。常用胀形系数 K 来表示圆筒形坯料胀形的变形程度:

$$K = d_{max}/d_0 \tag{9.5}$$

式中　d_{max}——圆柱空心毛坯胀形后的最大直径;

d_0——圆柱空心毛坯的原始直径。

胀形系数可近似地用材料的伸长率 δ 表示为

$$\delta=(d_{max}-d_0)/d_0=K-1 \tag{9.6}$$

或写成

$$K=1+\delta \tag{9.7}$$

表 9.2 列出了一些材料的极限胀形系数和极限伸长率的试验值，供参考。

表 9.2　一些材料的极限胀形系数和极限伸长率的试验值

材　　料	厚度/mm	材料许用伸长率 $\delta/\%$	极限胀形系数 K
高塑性铝合金 （如 3A21 等）	0.5	25	1.25
	1.0	28	1.28
	1.5	32	1.32
	2.0	32	1.32
低碳钢 （如 08F、10 及 20 钢）	0.5	20	1.20
	1.0	24	1.24
耐热不锈钢 （如 1Cr18Ni9Ti 等）	0.5	26～32	1.26～1.32
	1.0	28～34	1.28～1.34
黄铜 （如 H62、H68 等）	0.5～1.0	35	1.35
	1.5～2.0	40	1.40

2. 分瓣刚性凸模胀形

圆柱形空心毛坯的胀形如图 9.9 所示，由于芯杆 2 锥面的作用，在冲床滑块向下压分瓣凸模 1 时使后者向外扩张，并使毛坯 3 产生直径增大的胀形变形。胀形结束后，分瓣凸模 1 在冲床气垫顶杆 4 的作用下回复到初始位置，以便取出成品零件。刚性凸模和坯料间的摩擦力较大，使材料的应力应变分布不均，因此降低了胀形系数的极限值。

摩擦力对应力应变分布不均的影响，除了摩擦因数的大小外，主要取决于坯料与模具接触包角 α 的大小，也就是说取决于凸模的分瓣数量。若凸模的瓣数为 N，则 $\alpha=2\pi/N$，随着分瓣数量增多，应力的分布逐渐趋于均匀，精度也越好，但模具制造复杂，因此生产实际中最多采用 8～12 块。这种胀形方法的缺点是很难保证较高精度，模具结构复杂，以及不便于加工形状复杂的零件等。

刚模胀形力可按下式计算（图 9.9）：

$$F=2\times10^{-2}\pi Ht\sigma_b\frac{\mu+\tan\beta}{1-\mu^2-2\mu\tan\beta} \tag{9.8}$$

式中　μ——摩擦因数，一般取 $\mu=0.15\sim0.20$；

　　　β——芯轴半锥角，一般 $\beta=6°$、$8°$、$12°$、$15°$；

　　　σ_b——材料的抗拉强度，MPa；

　　　t——材料厚度，mm；

　　　H——胀形高度，mm；

F——胀形力，kN。

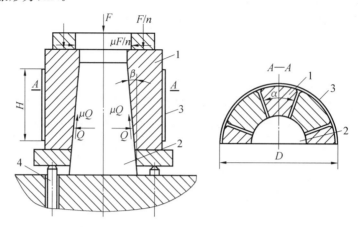

图 9.9　圆柱形空心毛坯的胀形
1—凸模；2—芯杆；3—毛坯；4—顶杆

3. 软模胀形

用液体、气体或橡胶压力代替刚性的分瓣凸模的作用，称软模胀形，图 9.10 即为用橡胶压力进行的软模胀形。软模胀形时坯料的变形比较均匀，容易保证零件的正确几何形状，也便于加工形状复杂的空心零件，所以在生产中应用比较广泛，例如波纹管、高压气瓶等都常用液体胀形或气体胀形方法。

软模胀形所需的单位压力，可由变形区内单元微体的平衡条件求得。

(1)管坯液压胀形(图 9.11)。

当胀形毛坯两端固定，而且不产生轴间收缩时：

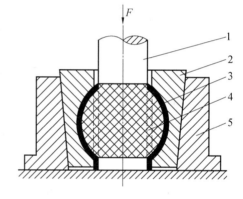

图 9.10　固体软膜凸模胀形
1—凸模；2—凹模；3—毛坯；4—软体介质；5—外套

$$p=\left(\frac{t}{r}+\frac{t}{R}\right)\sigma_s \tag{9.9}$$

当胀形毛坯两端不固定，允许轴间自由收缩时，可近似地取为

$$p=\frac{t}{r}\sigma_s \tag{9.10}$$

式中　p——胀形所需的单位压力；

σ_s——材料的屈服点，胀形的变形程度较大时，其数值应按材料的硬化曲线确定；

t——坯料的厚度；

r 与 R——胀形毛坯的曲率半径。

(2)球形容器无模液压成形(图 9.12)。

屈服压力：

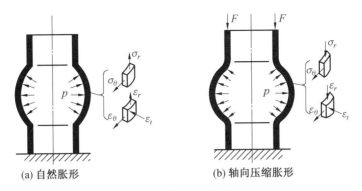

(a) 自然胀形　　　　　　(b) 轴向压缩胀形

图 9.11　管坯液压胀形

$$p = \frac{2t}{r}\sigma_s \tag{9.11}$$

开裂压力：

$$p_{max} = = \frac{2t_0}{r_0}K\left(\frac{2n}{3e}\right)^n \tag{9.12}$$

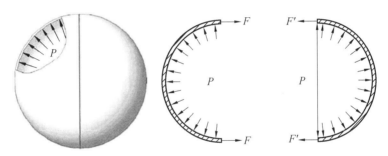

图 9.12　球形容器无模液压成形

球形容器无模液压成形方法用于制造大型储水罐(图 9.13)和液化石油气储罐(图 9.14)。

图 9.13　300 m³ 球形储水罐
(直径 4.6 m,壁厚 6 mm,Q235)

图 9.14　200 m³ 液化石油气储罐

（直径 7.1 m,材料 16MnR,壁厚 24 mm,三类容器）

9.2 翻 边

翻边是在成形坯料的平面部分或曲面部分上,使板料沿一定的曲线翻成竖立边缘的成形方法。

按翻边坯料的状况,翻边可分为平面翻边和曲面翻边。当翻边是在平面坯料或坯料的平面部分进行时,称为平面翻边。当翻边是在曲面坯料或坯料的曲面部分进行时,称为曲面翻边。

按变形性质,翻边可分为伸长类翻边和压缩类翻边。伸长类翻边,坯料变形区为双向拉应力状态,沿切向作用的拉应力为最大主应力,在该方向发生伸长变形,其成形极限主要受变形区坯料边缘开裂的限制。压缩类翻边,坯料变形区为切向受压、径向受拉的应力状态,沿切向作用的压应力为绝对值最大的主应力,在该方向发生压缩变形,变形区失稳起皱是限制其成形极限的主要因素。

9.2.1 伸长类翻边

1.平面圆孔翻边

平面圆孔翻边(图 9.15)时,材料的变形区域基本上限制在凹模圆角以内,凸模底部为材料的主要变形区,因为孔的边缘材料变形程度最大,所以通常均以板料的原始孔径 d_0 与翻边完成后的孔径 D 之比值 K_f 表示翻边变形程度的大小:

$$K_f = \frac{d_0}{D}$$

K_f 称为翻边系数。K_f 的数值越小,翻边时板料的变形程度越大。

2.应力应变分析

圆孔翻边时,平底变形区处于双向受拉的应力状态,如图 9.16 所示。这里,有两个未知应力,即径向拉应力 σ_r 与切向拉应力 σ_θ,$\sigma_\theta > \sigma_r$。

为要求解上述两个未知应力,需要两个独立的方程式。仿照拉深凸缘变形区应力分析的方法,两个独立的方程式,一个是微分平衡方程式(方程建立的推导从略),即

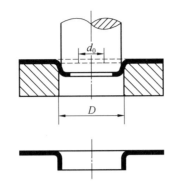

图 9.15　平面圆孔翻边

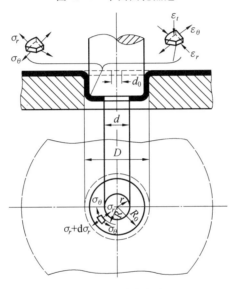

图 9.16　圆孔翻边

$$R\frac{\mathrm{d}\sigma_r}{\mathrm{d}R}+\sigma_r-\sigma_\theta=0 \tag{9.13}$$

另一个是塑性方程式,按 $\sigma_1-\sigma_3=\beta\sigma_s$,取 $\sigma_1=\sigma_\theta$,$\sigma_3=\sigma_r=0$、$\beta=1.1$,则

$$\sigma_\theta=1.1\sigma_s \tag{9.14}$$

　　联立求解式(9.13)与式(9.14),即可求得当翻边孔的半径扩大为 r 时,变形区任意 R 处的径向拉应力 σ_r 与切向拉应力 σ_θ 为

$$\sigma_r=1.1\sigma_s\left(1-\frac{r}{R}\right) \tag{9.15}$$

$$\sigma_\theta=1.1\sigma_s \tag{9.16}$$

　　如图 9.17(a)所示,为按式(9.15)与式(9.16)求得的平底变形区 σ_r 与 σ_θ 的变化规律。式(9.15)与式(9.16)是理想塑性体($\sigma_s=$ 常数)的计算结果,如果考虑应变强化的效应,计算结果虽略有出入,但是 σ_r 与 σ_θ 总的变化趋势基本一致,如图 9.17(b)所示。

　　同样,如果仿照拉深凸缘变形区应力分析的办法也可进而推得翻边过程中径向拉应力的变化规律等,但这在实际应用中并无必要,因为翻边与拉深的性质迥然不同,影响拉

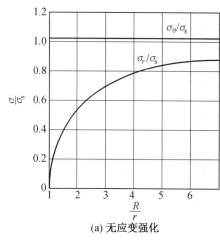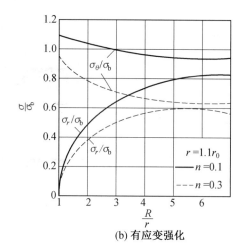

(a) 无应变强化　　　　　　　　　(b) 有应变强化

图 9.17　应力变化

深过程顺利进行的主要障碍,一是凸缘变形区失稳起皱,一是筒壁传力区危险断面的拉断;而造成翻边过程中断的主要原因是翻边时孔的边缘拉断。因此对于翻边,分析平底变形区应变分布的情况更为重要。

　　图 9.18 所示为翻边时某一变形瞬间($r=1.1r_0$ 时),平底变形区径向应变 ε_r、切向应变 ε_θ 与厚向应变 ε_t 的分布规律。由图中曲线可以看出在整个变形区材料都要变薄,而在孔的边缘变薄最为严重。此处,材料的应变状态相当于单向拉伸,切向拉应变 ε_θ 最大,厚向压应变 $\varepsilon_t = -\dfrac{1}{2}\varepsilon_\theta$。其次,在一部分区域内,径向应变为压应变 ε_r,因此变形区的宽度将略有收缩。翻边终了以后,零件的高度将略有缩短。

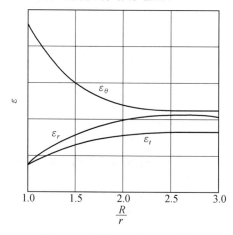

图 9.18　圆孔翻边的应变分布

　　变形区的切向发生伸长变形,在孔边缘上具有最大值 $\varepsilon_\theta = \ln \dfrac{D}{d_0}$,而且随变形过程的进展而不断地增大,翻边结束时,其值为 $\varepsilon_{\theta\max} = \ln \dfrac{D}{d_0}$。变形区的径向略有收缩,因此翻边后零件的翻边高度较原变形区的环形部分宽度略有减少。毛坯变形区的厚度在翻边过程

中不断变薄,孔边缘变薄最严重,其值可用单向受拉时变形值的计算方法估算:

$$t = t_0 \sqrt{\frac{d_0}{D}} \tag{9.17}$$

式中　t——翻边后竖边边缘厚度;

　　　t_0——毛坯原始厚度;

　　　d_0——翻边前孔的直径;

　　　D——翻边后孔的直径。

翻边系数越小,表示变形程度越大。由式 $t = t_0 \sqrt{\frac{d_0}{D}} = t_0 \sqrt{K_f}$ 可见,翻边系数越小,毛坯边缘变薄越严重。当翻边系数小到使孔的边缘濒于破裂时的翻边系数称为极限翻边系数。由于圆孔翻边时变形区内金属在切向拉应力作用下产生切向伸长变形,所以极限翻边系数主要取决于毛坯材料的塑性。圆孔翻边时毛坯变形区内在半径方向上各点的切向伸长变形的数值是不同的,最大的伸长变形发生在孔边缘,所以翻边时应保证毛坯孔边缘的伸长变形小于材料塑性所允许的极限值:

$$\varepsilon_{\theta\max} = \frac{D - d_0}{d_0} = \frac{1}{K_f} - 1 \leqslant \delta \tag{9.18}$$

式中　δ——材料的伸长率。

由式(9.18)可见,圆孔翻边时的极限翻边系数与材料的伸长率 δ 成反比。

由于毛坯变形区内存在变形梯度,因而翻边时毛坯边缘部分可能得到比简单拉伸时大的伸长变形。即式(9.18)中的 δ 值通常大于在简单拉伸中所得到的均匀延伸率。但是,只有在切向应变的变化梯度较大的情况下这样的影响才是显著的。

影响圆孔翻边成形极限的主要因素及提高变形程度的主要措施有:

(1)孔边缘状态。

圆孔翻边对孔边缘状态反应最敏感。对于冷轧低碳钢板,冲裁边缘的变形能力比切削边缘减少 30%~80%。由于冲裁边缘产生的加工硬化层、表面凸凹不平乃至微小裂纹的存在等,因此材料伸长变形能力相对于母材大大降低。

为提高孔边缘的翻边变形能力,可考虑以切削孔、钻孔代替冲孔。对于冲裁孔边缘,可通过对毛坯退火消除硬化及用铲刺或刮削的方法去除毛刺以提高其变形能力。使翻边方向与冲孔方向相反,也可提高材料翻边变形能力。

(2)材料性能。

材料塑性及塑性变形稳定性对极限翻边系数有较大影响,延伸率 δ 及 n 值大,可提高翻边的极限变形程度。

(3)凸模形状。

由图 9.19 可见,凸模形状为平底、球底、圆锥底可依次提高极限翻边变形程度。

(4)材料厚度。

随着板厚的增加,极限翻边变形能力提高(图 9.19)。

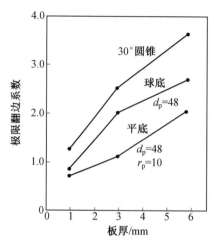

图 9.19　凸模形状及板厚对极限翻边变形能力的影响

常用材料的极限翻边系数见表 9.3 和表 9.4。

表 9.3　低碳钢的极限翻边系数 K

翻边方法	孔的加工方法	比值 d_0/t										
		100	50	35	20	15	10	8	6.5	5	3	1
球形凸模	钻后去毛刺	0.70	0.60	0.52	0.45	0.40	0.36	0.33	0.31	0.30	0.25	0.20
	用冲孔模冲孔	0.75	0.65	0.57	0.52	0.48	0.45	0.44	0.43	0.42	0.42	—
圆柱形凸模	钻后去毛刺	0.80	0.70	0.60	0.50	0.45	0.42	0.40	0.37	0.35	0.30	0.25
	用冲孔模冲孔	0.85	0.75	0.65	0.60	0.55	0.52	0.50	0.50	0.48	0.47	—

表 9.4　其他一些材料的翻边系数

退火的材料	翻边系数	
	K	K_{min}
白铁皮	0.70	0.55
黄铜 H62($t=0.5\sim6$ mm)	0.68	0.62
铝($t=0.5\sim5$ mm)	0.70	0.64
硬铝	0.89	0.80

圆孔翻边时毛坯的孔径(图 9.2)可按弯曲变形长度展开的方法做近似的计算,计算公式为

$$d_0 = d_1 - 2(H - 0.43r - 0.22t) \tag{9.19}$$

当翻边高度过大,即翻边系数小于极限翻边系数时,可采用变薄翻边,拉深—冲底孔—翻边,加中间退火的多次翻边等工艺方法。

当采用拉深—冲底孔—翻边的工艺方法时(图 9.20),可先计算翻边所能达到的最大高度,使用球底凸模时,翻边力按下式计算:

$$F = 1.2 \pi d_1 t m \sigma_b \tag{9.20}$$

式中　m——系数,其值由表 9.5 查得;

　　　d_1——翻边后孔的直径;

　　　t——板厚;

　　　σ_b——板材抗拉强度。

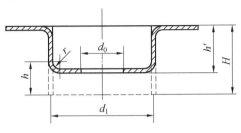

图 9.20　拉深—冲底孔—翻边

表 9.5　系数 m 值

翻边系数 K	m	翻边系数 K	m
0.5	0.20～0.25	0.7	0.08～0.12
0.6	0.14～0.18	0.8	0.05～0.07

然后根据翻边高度及制件高度来确定拉深高度。

翻边力一般不是很大,其与凸模形式及凸、凹模间隙有关。使用平底凸模时,翻边力(单位:N)按下式计算:

$$F = 1.1 \pi t (d_1 - d_0) \sigma_b \tag{9.21}$$

式中　σ_b——材料抗拉强度, MPa;

　　　d_0——预制孔直径, mm;

　　　d_1——翻边后竖边直径, mm;

　　　t——材料厚度, mm。

3. 非圆孔和沿不封闭内凹曲线翻边

非圆孔翻边(图 9.21)和沿不封闭内凹曲线翻边(图 9.22)的应力状态及变形特点都与圆孔翻边相同,区别仅仅在于变形区内沿翻边线应力与变形的分布是不均匀的,而且随其曲率半径的变化而变化。假如翻边的高度相同,则曲率半径较小的部位上切向拉应力和切向伸长变形都大。相反,在曲率半径大的部位的切向拉应力和切向伸长变形都小,而在直线部分则仅在凹模圆角附近产生弯曲变形。曲线部分和直线部分是连接在一起的一个整体,不可避免地会使曲线部分上的翻边变形在一定程度上扩展到直边部分,使曲线部分的切向伸长变形得到一定程度的减轻,所以这时可以采用较圆孔翻边时更小一些的极限翻边系数。极限翻边系数降低多少取决于直线部分和曲线部分之间的比例,使用时可近似地按下式计算:

$$K' = \frac{K\alpha}{180°} \tag{9.22}$$

式中　K'——非圆孔翻边极限翻边系数；

　　　　K——圆孔翻边极限翻边系数；

　　　　α——曲线部分夹角，(°)。

　　式(9.22)适用于 $\alpha \leqslant 180°$。当 $\alpha > 180°$ 时，由于直边部分的影响已不明显，此时应按圆孔翻边的极限翻边系数判断其变形的可能性。

　　沿内凹曲线翻边的翻边系数 K' 用下式表示：

$$K' = \frac{R - b}{R} \tag{9.23}$$

式中　R——翻边线的曲率半径；

　　　　b——毛坯上需要翻边部分的宽度。

　　沿不封闭内凹曲线翻边(图 9.22)时，毛坯变形区内切向应力和切向伸长变形沿全部翻边线的分布是不均匀的，在远离边缘部位最大，而在边缘的自由表面上的切向拉应力和切向伸长变形都为零。切向伸长变形对毛坯在高度方向上变形的影响大小沿全部翻边线的分布也是不均匀的。

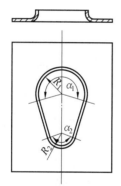

图 9.21　非圆孔翻边

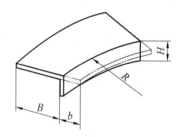

图 9.22　沿不封闭内凹曲线翻边

4. 伸长类曲面翻边

　　伸长类曲面翻边是指在毛坯或零件的曲面部分，沿其边缘向曲面的曲率中心的相反方向翻起，形成与此曲面垂直竖边的冲压成形方法。

　　(1)变形分析。

　　伸长类曲面翻边变形前后的毛坯形状如图 9.23 所示。冲压变形前的毛坯是半径为 R 的圆柱表面的部分。翻边时，宽度为 b、长度为 αR 的条形部分是变形区，由曲面形状变成平面形状，成为垂直于毛坯曲面的竖边，其高度为 H。由网格法分析可知，变形区内沿圆周方向上的伸长变形最大，该方向上的拉应力为绝对值最大的主应力。

　　(2)成形极限及其影响因素。

　　伸长类曲面翻边的成形极限主要受到变形区内材料塑性变形能力的限制。如果翻边变形超过某一成形极限，毛坯圆弧部分内产生的圆周方向的伸长变形(切向变形)可能达到或超过材料塑性所允许的数值而发生破坏。因此，凡是影响毛坯圆弧部分切向应变数值的各种因素，同时也一定是决定成形极限的因素。能清楚认识各因素对圆弧部分切向伸长变形的影响规律，对于确定伸长类曲面翻边的成形极限和寻求提高成形极限的措施是十分重要的。影响圆弧部分切向变形的因素主要是翻边零件的几何形状和尺寸,即翻边高度 h、直边部分长度 l、圆弧部分曲率半径 R、底面宽度 b 以及模具几何形状等(有关尺寸如图 9.24 所示)。

图 9.23 伸长类曲面翻边变形前后的毛坯形状

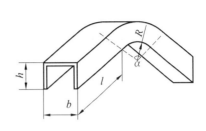

图 9.24 伸长类曲面翻边的典型零件

9.2.2 压缩类翻边

1. 压缩类平面翻边

压缩类平面翻边如图 9.25 所示。在毛坯变形区内,除靠近竖边根部圆角半径附近的金属产生弯曲变形外,其余主要部分都处于切向压应力和径向拉应力的作用下,产生切向压缩变形和径向伸长变形(这里切向压应力和切向压缩变形是主要的)。实质上,压缩类平面翻边应力状态和变形特点和拉深是

图 9.25 压缩类平面翻边

完全相同的,区别仅在于前者是沿不封闭的曲线边缘进行的非轴对称的拉深变形,这时的极限变形程度主要受毛坯变形区失稳起皱的限制。不用压边装置可能达到的翻边高度不大,所以当翻边高度较大时,模具上也要带有防止起皱的压边装置。

压缩类平面翻边系数 K 用下式表示:

$$K = \frac{r}{R} \tag{9.24}$$

式中 r——翻边线曲率半径;

R——毛坯外边缘曲率半径。

压缩类平面翻边系数 K 可参考拉深系数选取。

2. 压缩类曲面翻边

压缩类曲面翻边是指在坯料或零件的曲面部分,沿其边缘向曲面的曲率中心方向翻起竖边的成形方法。

(1)变形分析。

压缩类曲面翻边如图 9.26 所示。与伸长类曲面翻边相比,差别就在于翻起竖边的方向与之相反。正因为如此,才使其受力情况及变形特点出现了根本的不同。压缩类曲面翻边变形区绝对值最大的主应力是沿切向(翻边线方向)的压应力,在该方向产生压缩变

形,并主要发生在圆弧部分,这里易发生失稳起皱。这是限制压缩类曲面翻边成形极限的主要原因。因而,减少圆弧部分的切向压应力、防止侧边失稳起皱的发生是提高压缩类曲面翻边成形极限的关键。与圆弧部分相毗连的直边部分,由于与圆弧部分的相互作用,发生了明显的剪切变形,而这一剪切变形又使圆弧部分的切向压缩变形发生变化。因此,直边部分的存在与否及大小将直接影响压缩类曲面翻边的成形极限。

(2)成形极限及其影响因素。

压缩类曲面翻边侧边的失稳起皱是影响其成形极限的主要障碍。当变形区的切向变形超过某极限值时,就会引起变形毛坯侧边的失稳起皱,因而影响零件质量,甚至使变形无法进行。明确变形毛坯切向变形以及各种因素对其数值、分布的影响规律,对于确定压缩类曲面翻边成形极限和提高成形极限的措施是十分重要的。影响圆弧部分切向变形的主要因素有零件直边长度 l、底面宽度 b、翻边高度 h、曲率半径 R 等(有关尺寸如图 9.27 所示)。

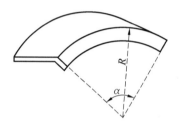 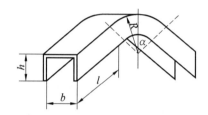

图 9.26   压缩类曲面翻边   图 9.27   压缩类曲面翻边的典型零件

9.3   扩口和缩口

9.3.1   扩口

扩口(图 9.28)是使管材端部直径增大的工艺方法,在管件连接中得到广泛应用。

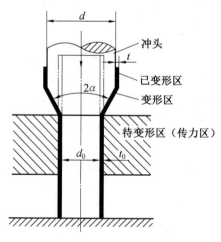

图 9.28   扩口

扩口变形过程中,管坯在凸模作用下,变形区受到切向拉应力、轴向压应力作用。发生切向伸长、轴向压缩变形,同时板厚减薄。变形区的拉裂和传力区的压缩失稳起皱是限制其成形的主要原因。

1. 变形程度

扩口变形程度常用扩口系数 K 表示:

$$K = \frac{d}{d_0} \tag{9.25}$$

式中　　d_0——扩口前管材直径,mm;

　　　　d——扩口后管口直径,mm。

刚性锥模一次扩口的极限变形量受到变形区材料拉裂与传力区失稳的限制,后者又常常成为主要原因。按传力区失稳理论计算的极限扩口系数 K_{max} 为

$$K_{max} = \frac{1}{\left[1 - \dfrac{\sigma_k}{\sigma_m} \dfrac{1}{1.1\left(1 + \dfrac{\tan\alpha}{\mu}\right)}\right]\dfrac{\tan\alpha}{\mu}} \tag{9.26}$$

式中　　σ_k——抗失稳的临界应力,MPa;

　　　　σ_m——变形区平均变形抗力,MPa;

　　　　α——凸模的半锥角,(°);

　　　　μ——摩擦因数。

影响极限扩口系数的主要因素有材料性能、模具约束条件、相对料厚、管口形状、扩口方式、管口状态等。

利用半锥角 $\alpha = 20°$ 的刚性凸模扩口所得到的钢管极限扩口系数的试验数据见表 9.6。

表 9.6　极限扩口系数与料厚的关系

t_0/d_0	0.04	0.06	0.08	0.10	0.12	0.14
K_{max}	1.45	1.52	10.54	1.56	1.58	1.60

2. 扩口力

当采用锥形刚性凸模扩口时(图 9.29),单位扩口力 p(单位:MPa)可用下式计算:

$$p = 1.15\sigma \frac{1}{3 - \mu - \cos\alpha}\left(\ln K + \sqrt{\frac{t_0}{2R}}\sin\alpha\right) \tag{9.26}$$

式中　　σ——单位变形抗力,MPa;

　　　　μ——摩擦因数;

　　　　α——凸模半锥角,(°);

　　　　K——扩口系数。

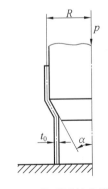

图 9.29　锥形刚性凸模扩口

9.3.2 缩口

缩口是使管材端部直径减小的工艺方法,制取的典型零件如图 9.30 所示。对于中小零件,生产中常采用图 9.31 所示的整体凹模缩口工艺。对于长管件的缩口,则常采用分瓣凹模缩口(图 9.32)。分瓣凹模要装在快速短行程通用压力机上,管材则一边送进一边旋转。对于相对料厚小的大中型空心坯料,则更适宜采用旋压缩口(图 9.33)。

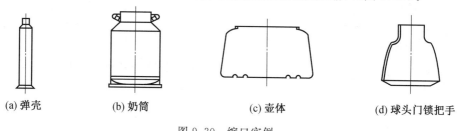

(a) 弹壳　　　(b) 奶筒　　　　　(c) 壶体　　　　(d) 球头门锁把手

图 9.30　缩口实例

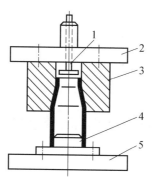

图 9.31　整体凹模缩口

1—推料杆;2—上模板;3—凹模;4—定位器;5—下模板

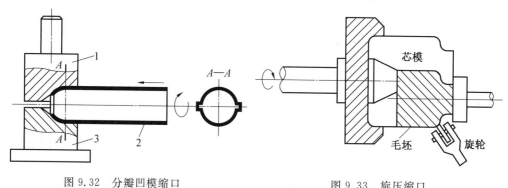

图 9.32　分瓣凹模缩口

1—上半模;2—毛坯;3—下半模

图 9.33　旋压缩口

缩口变形时,管坯在模具作用下,变形区切向和轴向受到压应力作用,发生切向压缩,轴向伸长变形,同时厚度增加。变形区和传力区的失稳起皱是限制其成形极限的主要因素。

1. 变形程度

缩口变形程度是以切向压缩变形的大小来衡量的。一般采用缩口系数 K 表示(图

9.34）：

$$K = \frac{d}{D_0} \tag{9.27}$$

式中　D_0——缩口前口部直径；
　　　d——缩口后口部直径。

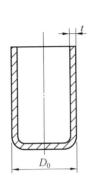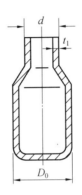

图 9.34　缩口件的尺寸关系

　　一次缩口变形程度不能过大，即缩口系数不能过小。否则，零件在传力的直壁部分或在变形的口部会产生失稳起皱现象。一道缩口所能达到的最小缩口系数称为极限缩口系数。试验得到的极限缩口系数列于表 9.7、表 9.8。

表 9.7　钢管的极限缩口系数

凹模半角	相对料厚 $t/D_0 \times 100$					
	2	3	5	8	12	16
10°	0.75	0.72	0.69	0.67	0.65	0.63
20°	0.81	0.77	0.73	0.70	0.67	0.64

表 9.8　几种材料的极限缩口系数（凹模半角为 15°、t/D_0 为 0.02～0.10）

材料	模具形式		
	无支撑	有外支撑	内外支撑
软铜	0.70～0.75	0.55～0.60	0.30～0.35
黄铜	0.65～0.70	0.50～0.55	0.27～0.32
铝	0.68～0.72	0.53～0.57	0.27～0.32
硬铝（退火）	0.73～0.80	0.60～0.63	0.35～0.40
硬铝（淬火）	0.75～0.80	0.68～0.72	0.40～0.43

　　变形区局部加热或缩口坯料内填充材料都可有效地提高极限变形程度。如果零件缩口系数小于极限缩口系数，则需多次缩口。缩口次数 n 可以根据零件总缩口系数 K_0 与平均缩口系数 K_n 来估算：

$$n = \frac{\lg K_0}{\lg K_n} \tag{9.28}$$

这里的平均缩口系数可取为 1.1 倍的极限缩口系数。

当制件两端直径相差较大时,可采用扩口—缩口复合工艺(图 9.35)。

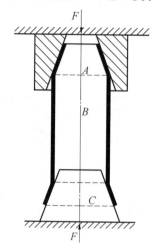

图 9.35　扩口—缩口复合工艺示意图

2. 缩口力

缩口力可按下式计算:

$$F=K\left[1.1\pi d_0 t\sigma_s\left(1-\frac{d}{d_0}\right)\times(1+\mu\cot\alpha)/\cos\alpha\right] \tag{9.29}$$

式中　F——缩口力,N;

　　　t——毛坯厚度,mm;

　　　d_0——毛坯直径(按中心层),mm;

　　　d——缩口部分直径(按中心层),mm;

　　　μ——摩擦因数;

　　　σ_s——假定的材料屈服强度($\sigma_s\approx\sigma_b$),MPa;

　　　α——凹模的圆锥角度,(°);

　　　K——速度系数,曲柄压力机可取 $K=1.15$。

思考练习题

9.1　试将胀形变形区的应力、应变特点与翻边、拉深工序做一比较。

9.2　试从应力应变关系角度上把扩口与翻边、胀形做一比较。

9.3　缩口与拉深在变形特点上有何相同与不同的地方。

9.4　简述翻边的变形力学特点。

9.5　采用哪些工艺措施可以提高翻边的极限变形程度?

9.6　用液压胀形法制造如图 9.36 所示的储箱底,材料单向拉伸试验中最大拉力为 11 860 N,试件原始剖面积为 40 mm²,拉断后均匀变形阶段剖面积为 31.5 mm²,断口面积为 17.31 mm²,求胀形过程中变形区材料的平均径向应变和径向应力。如果毛料的原始厚度为 2.5 mm,求成形后零件的厚度以及成形所需的液压大小。

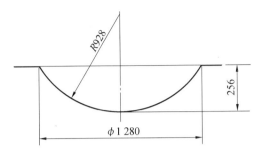

图 9.36　储箱底示意图

9.7　如图 9.37 所示为一轴对称液压胀形件。胀形前在圆筒毛料表面 A 点作一 $\phi 2.50$ mm 的小圆,胀形以后测得小圆沿周向和经线向(沿母线)的长度分别为 3.12 mm 和 2.82 mm,假定材料的实际应力曲线为 $\sigma = 536\varepsilon^{0.23}$ MPa,毛料的原始厚度为 1.2 mm,求零件胀形所需的液压压力。

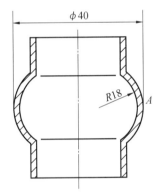

图 9.37　一轴对称液压胀形件

9.8　某板料用平底凸模(圆柱形)局部成形,已知钣料的屈服应力为 240 MPa,板材的厚向异性指数 $r=1.2$。试求:

(1)平板的厚向屈服应力。

(2)底部任意半径 R 处的主应变增量比。

9.9　圆孔翻边时,在毛料孔边划上同心圆和半径线,如图 9.38 所示,翻边后测量格子尺寸变化得到以下数据,见表 9.9。

假设翻边过程近似符合简单加载,求:

(1)1、2 和 3 点的主应变状态图,并区分 ε_1、ε_2 和 ε_3。

(2)各点的主应力状态图,注明 o_1、o_2 和 o_3。

(3)写出各点的塑性方程。

(4)如果翻边材料的实际应力曲线为 $\sigma = 536\varepsilon^{0.23}$ MPa,并且忽略材料的厚向应力,求其余两个主应力的数值。

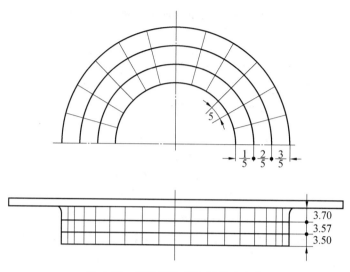

图 9.38　圆孔翻边后格子尺寸变化

表 9.9　圆孔翻边后格子尺寸数据

测量点	格子原始切向宽度	翻边后切向宽度	翻边后径向长度
1	5.00	10.50	3.50
2	5.24	10.50	3.57
3	5.48	10.50	3.70

9.10　为减少翻边变形量,先压出凹窝再冲孔翻边,图 9.39(a)、(b)双点画线所示的两种预成形形状,哪一种形状对减小翻边减薄更有效?

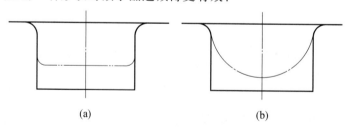

图 9.39　预成形后再翻边

第10章 板管成形新工艺

随着板材和管材构件向轻量化、整体化和高性能化快速发展,以铝合金、高强钢、钛合金等为代表的新材料在航空航天、汽车等领域的应用愈加广泛,同时先进的航空航天飞行器、轨道交通车辆对复杂空心变截面、空间曲率、大尺寸薄壁等复杂结构的需求也愈加迫切。为此,近年来国内外汽车、航空航天等制造业顺应发展趋势,发展出管材内高压成形、高强钢热冲压成形以及钛合金热成形等板管成形新工艺。

10.1　管材内高压成形

内高压成形是20世纪90年代从德国最早发展起来的一项先进制造技术,主要是为了适应汽车和飞机等运输工具对结构轻量化发展需要。目前,已经被国内外广泛用于汽车、飞机和火箭等复杂管件成形制造。尤其在现代汽车工业制造中,内高压成形技术是车身底盘类零件、车体构件以及排气管件等的关键成形技术。内高压成形技术主要的特点是整体成形轴线为二维或三维曲线的异形截面空心零件,从管材的初始圆截面可以成形为矩形、梯形、椭圆形或其他异形的封闭截面,如图10.1所示。传统制造工艺一般为先冲压成形两个或两个以上半片再焊接成整体,为了减少焊接变形,一般采用点焊,因此得到的不是封闭的截面。此外,冲压件的截面形状相对比较简单,很难满足结构设计的需要。

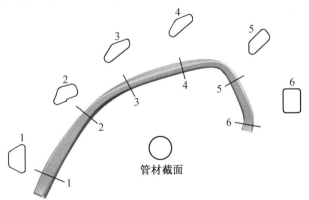

图 10.1　异形截面空心零件

10.1.1　内高压成形工艺原理

内高压成形基本原理是以管材作为坯料,通过在管材内部施加高压液体和轴向补料的联合作用,把管材压入到模具型腔使其成形为所需形状的工件。由于使用的成形介质多为水介质或油介质,又称为管材液压成形或水压成形。按零件几何特征,内高压成形分为三类:(1)变径管内高压成形;(2)弯曲管件内高压成形;(3)多通管内高压成形。

变径管内高压成形最具典型性,其工艺过程可以分为成形和整形两个阶段,如图10.2所示。成形阶段(图10.2(a)):模具闭合后,将管的两端用水平冲头密封,使管坯内充满液体,并排出气体,实现管端冲头密封。对管内液体加压胀形的同时,两端的冲头按照设定的加载曲线向内推进补料,在内压和轴向补料的联合作用下使管坯基本贴靠模具,这时除了过渡区圆角以外的大部分区域已经成形。整形阶段(图10.2(b)):提高压力使过渡区圆角完全贴靠模具而成形为所需的工件。从截面形状看,可以把管材的圆截面变为矩形、梯形、椭圆形或其他异型截面(图10.2(c))。

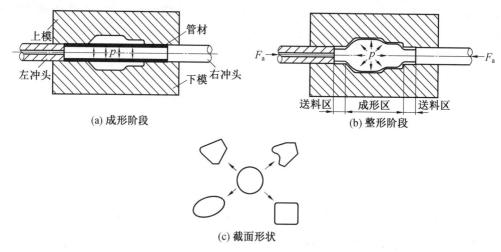

(a) 成形阶段   (b) 整形阶段

(c) 截面形状

图 10.2   变径管内高压成形

10.1.2   变径管内高压成形的应力应变状态

图 10.3 所示为变径管内高压成形的应力应变状态在平面应力屈服轨迹上的位置。在充填阶段,整个管材都处于单向轴向受压的应力状态,位于屈服轨迹上 A 点,对应的应变状态为轴向压缩、环向伸长和厚度增加,但变形量都很小。在成形初期,管材保持平直的状态,管材应力状态为环向受拉、轴向受压的一拉一压状态,位于屈服轨迹中 A 点和 B 点之间,但应变状态与环向应力和轴向应力的数值大小有关。当位于屈服轨迹的 A 点和 D 点之间时,有 $\sigma_\theta < |\sigma_z|$,壁厚增加;当位于屈服轨迹的 B 点和 D 点之间时,$\sigma_\theta > |\sigma_z|$,壁厚减薄;当 $\sigma_\theta = |\sigma_z|$,位于屈服轨迹的 D 点,此时有 $d\varepsilon_\theta = -d\varepsilon_z$,管材处于平面应变状态,有 $d\varepsilon_t = 0$,壁厚不变。在成形后期和整形阶段,位于屈服轨迹中 B 点和 C 点之间,处于双向拉应力状态,这时壁厚始终减薄。

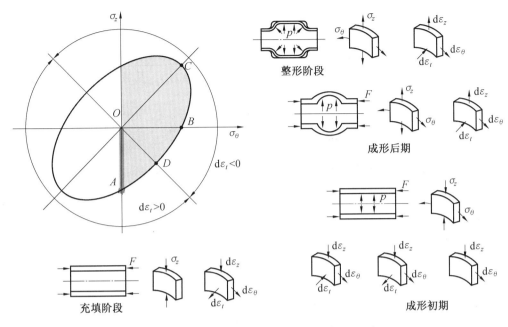

图 10.3　变径管内高压成形的应力应变状态

10.1.3　内高压成形的工艺优点

与传统的冲压焊接技术相比,内高压成形技术的主要优点有:

(1)减轻质量,节约材料。对于空心轴类件(图 10.4)可以减轻 $40\%\sim50\%$,有些件可达 75%。汽车上部分冲压件与内高压成形件的质量对比见表 10.1。

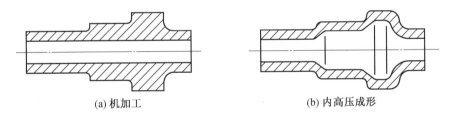

(a) 机加工　　　　　　　　　　　(b) 内高压成形

图 10.4　阶梯轴

表 10.1　汽车上部分冲压件与内高压成形件的质量对比

名称	冲压件 /kg	内高压成形件 /kg	减重 /%
散热器支架	16.5	11.5	24
副车架	12	7.9	34
仪表盘支梁	2.72	1.36	50

(2)减少零件和模具数量,降低模具费用。内高压成形件通常仅需要一套模具,而冲压件大多需要多套模具。如副车架零件由 6 个减少到 1 个;散热器支架零件由 17 个减少

到 10 个。

（3）可减少后续机械加工和组装焊接量。以散热器支架为例，散热面积增加 43%，焊点由 174 个减少到 20 个，装配工序由 13 道减少到 6 道，生产率提高 66%。

（4）提高强度与刚度，尤其疲劳强度。仍以散热器支架为例，其疲劳强度在垂直方向提高 39%；水平方向提高 50%。

（5）降低生产成本。根据德国某公司对已应用零件统计分析，内高压成形件比冲压件平均降低 15%～20%，模具费用降低 20%～30%。

10.1.4　内高压成形的应用范围

1.汽车工业

内高压成形适用于制造汽车、航空航天等行业的沿构件轴线变化的圆形、矩形截面或异型截面空心构件以及管件等。图 10.5 所示为德国 SPS 公司采用内高压成形生产的各种零件。

德国于 20 世纪 70 年代末开始内高压成形基础研究，并于 20 世纪 90 年代初率先开始在工业生产中采用内高压成形技术制造汽车轻体构件。德国奔驰汽车公司于 1993 年建立其内高压成形车间，宝马公司已在其几个车型上应用了内高压成形的零件。目前在汽车上应用有：(1)排气系统异型管件；(2)副车架总成；(3)底盘构件、车身框架、座椅框架及散热器支架；(4)前轴、后轴及驱动轴；(5)安全构件等(图 10.6)。

美国克莱斯勒（Chrysler）汽车公司于 1990 年首先引进内高压成形技术生产了仪表盘支梁。目前美国最大的汽车公司通用汽车公司（GM）已用液压成形技术制造了发动机托架、散热器支架、下梁、棚顶托梁和内支架等空心轻体件。

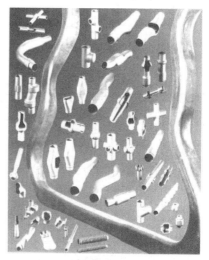

图 10.5　内高压成形生产的各种零件
（来源：德国 SPS 公司）

图 10.6　内高压件在汽车上的典型应用(来源：美国 Variform 公司)

2. 航空航天工业

随着航空航天装备向着轻量化、长寿命、高可靠的方向发展,内高压成形件在运载火箭、飞机等运载工具中也获得越来越广泛的应用。在航空航天领域应用的主要构件包括运载火箭增压输送系统异型管件、多通管;飞机进气道、排气道及各种导管;发动机导流罩、封严环、火焰筒等。成形材料有:高强铝合金、耐热不锈钢、高温合金等难变形材料。结构形式也由拼焊结构发展到整体结构,焊缝数量大大减少。用内高压成形制造的飞机发动机空心双拐曲轴,与原零件相比减重 48%。

3. 其他领域应用

除了用内高压成形汽车和飞机上使用的各种轻体件外,内高压成形还用于制造空心阶梯轴。与弯曲工艺结合,可加工轴线为曲线,截面为圆形、矩形或其他形状的空心构件。通过连接和成形的复合,可加工出轻体凸轮轴。用不同材料的两种管材,通过内高压成形,可以加工双层复合管件,以满足不同的要求,例如具有高或低的热传导的零件,以及具有较高防腐性能的零件。还可以用于中间带陶瓷材料层的零件的制造,陶瓷材料可以作为保温层,还可阻碍声波和振动的传播。

10.1.5　内高压成形的典型缺陷形式

内高压成形是在内压和轴向补料联合作用下的复杂成形过程。如果内压过高,会引起过度减薄甚至破裂;如果轴向补料过大,会引起管材屈曲或起皱,如图 10.7 所示。只有给出内压力与轴向进给的合理匹配关系,才能获得合格的制件。

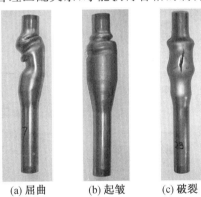

(a) 屈曲　　(b) 起皱　　(c) 破裂

图 10.7　内高压成形失效形式

1. 屈曲

在成形的开始阶段,当过高的轴向力作用在直管件上就有屈曲的危险,并且在整个初期阶段都存在这种危险性。可通过减小自由镦粗长度和增加管材截面模量来控制屈曲的发生。

2. 起皱

入口区皱纹的形成是不可避免的,这些沿纵轴对称的皱纹在胀形后期通过增加内压可以消除。当轴向力过大时,在工件中部也可能产生另外的皱纹,可以通过适当的工艺控制防止这种皱纹产生。在胀形初期将管材推出皱纹以补充材料是必要的,但前提条件是后续压力能将皱纹全部展开。

3. 破裂

当膨胀量到中等水平($d_1/d>1.4$,其中 d_1 为胀形后管材的最大外径)时,过高的内压容易使管件胀破。胀破由管壁的局部减薄所引起,减薄开始时刻取决于初始管壁厚度和材料性能,这通常导致管壁向外不均匀鼓起,这种情况通过过程控制可以加以调节。为避免胀破,必须保证管壁在最后发生颈缩前紧贴模具。

10.1.6　内高压成形加载区间和加载曲线

图 10.8 所示为轴向力和内压的合理匹配区间。通过绘制该图可以确定临界轴向力和临界内压,从而确定既不起皱又不破裂的成形区间。图中 A 区为轴向力过低发生泄漏区域,B 区为弹性区域,C 区为正常成形区域,D 区为破裂区域,E 区为发生起皱区域,F 为屈曲区域。但在实际工艺控制过程中,由于摩擦等因素的影响,很难准确控制轴向力,因此在生产中实际意义是内压和轴向补料的关系,如图 10.9 所示。这种关系又称为加载曲线,确定加载曲线的关键问题是如何确定内压的上下限,通常办法是通过计算机模拟获得合理的加载曲线。通过计算机模拟还可获得壁厚分布与加载曲线关系。

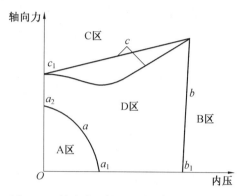

图 10.8　轴向力和内压的合理匹配区间
A—泄漏区;B—弹性区;C—成形区;
D—破裂区;E—起皱区;F—屈曲区

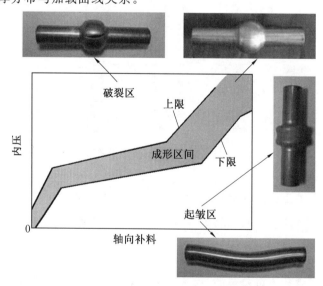

图 10.9　轴向补料和内压加载曲线

10.1.7　内高压成形主要参数的计算

内高压成形的主要工艺参数包括初始屈服内压、整形压力、轴向进给力、合模力和开裂压力等。在一定假设的基础上，可以给出这些参数的简单计算公式，方便工程应用。

1. 初始屈服内压

设轴向应力 σ_z 和环向应力 σ_θ 的比值 $\sigma_z/\sigma_\theta = \beta$，初始屈服内压计算公式：

$$p_s = \frac{1}{1-\beta}\frac{2t}{d}\sigma_s \tag{10.1}$$

式中　p_s ——初始屈服内压，MPa；

　　　t —— 管坯壁厚，mm；

　　　d ——管坯外径，mm；

　　　σ_s ——材料流动应力，MPa；

　　　β ——轴向应力 σ_z 与环向应力 σ_θ 的比值。

内高压成形时施加的轴向力为压力，β 的取值范围是 $-1 \leqslant \beta \leqslant 0$。当 $\beta = -1$ 时，初始屈服内压为

$$p_s = \frac{t}{d}\sigma_s \tag{10.2}$$

当无轴向力作用时 $\beta = 0$，即自由胀形时的初始屈服内压为

$$p_s = \frac{2t}{d}\sigma_s \tag{10.3}$$

作为工程上的简便应用，经常采用式（10.3）估算初始屈服内压，这样既简单又趋于可靠。

考虑到圆角部位在自由胀形时直边到圆角过渡区应力分布的不均匀性，可以按式（10.4）计算所需初始屈服内压：

$$p_s = \frac{t}{R+t}\sigma_s \tag{10.4}$$

2. 整形压力

在内高压成形后期，工件大部分已成形，这时需要更高压力成形局部圆角，这一阶段称为整形。整形阶段一般轴向无进给，整形所需压力可用下式估算：

$$p_c = \frac{t}{r}\sigma_s' \tag{10.5}$$

式中　p_c ——整形压力，MPa；

　　　r ——工件最小圆角半径，mm；

　　　σ_s' —— 整形前的材料流动应力，需要考虑应变硬化程度求得或按下式估算：$\sigma_s' = (\sigma_s + \sigma_b)/2$。

3. 轴向进给力

轴向进给力由三部分构成，即冲头上的液体反作用力 F_p、摩擦力 F_μ 及维持管材塑性变形所需的力 F_t：

$$F_a = (F_p + F_\mu + F_t) \times 10^{-3} \tag{10.6}$$

$$F_p = \pi \frac{d_i^2}{4} p_i$$

$$F_\mu = \pi d l_\mu p_i \mu$$

$$F_t = \frac{1}{2} t d \sigma_s$$

式中　F_a—— 轴向进给力,kN;

　　　d_i—— 管材内径,mm;

　　　p_i—— 内压,MPa;

　　　l_μ—— 管材与模具的有效接触长度,mm;

　　　t —— 管材壁厚,mm;

　　　μ—— 摩擦因数。

在构成轴向进给力的三部分中,液体反作用力占绝大部分,其次是管材与模具之间的摩擦力,最小的是塑性变形抗力,为了工程应用方便,可以采用下式估算:

$$F_a = (1.2 \sim 1.5) F_p \tag{10.7}$$

表 10.2 给出了不同直径管坯在不同整形压力情况下需要的水平缸推力,表中数据是按照 $F_a = 1.3 F_p$ 估算所得。

表 10.2　水平缸推力(×10 kN)计算表

管坯外径/mm	成形压力/MPa			
	50	100	200	300
25.4	3	7	13	20
38.1	7	15	30	44
50.8	13	26	53	79
63.5	21	41	82	124
76.2	30	59	119	178
88.9	40	81	161	242
101.6	53	105	211	316

4. 合模力

计算合模力主要是为了估算设备吨位和模具承载力,合模力计算公式为

$$F_z = A_p p_i \times 10^{-3} \tag{10.8}$$

式中　F_z——合模力,kN;

　　　A_p——工件在水平面上的投影面积,mm²。

为便于实际应用时查阅,表 10.3 给出了成形压力 100 MPa 时,不同投影长度和直径的零件成形所需的合模力。当成形压力或管坯参数变化时,可根据表中的数值按比例计算需要的合模力。

表 10.3　成形压力 100 MPa 时合模力(×10 kN)

管坯外径/mm	投影长度/mm			
	1 000	2 000	3 000	4 000
25.4	250	510	760	1 020
38.1	380	760	1 140	1 520
50.8	510	1 020	1 520	2 030
63.5	640	1 270	1 910	2 540
76.2	760	1 520	2 290	3 050
88.9	890	1 780	2 670	3 560
101.6	1 020	2 030	3 050	4 060

5. 开裂压力

胀形开裂压力可以用下式估算：

$$p_b = \frac{2t}{d-t}\sigma_b \qquad (10.9)$$

式中　p_b——开裂压力，MPa；

σ_b——材料的抗拉强度。

图 10.10 所示为不同材料和不同壁厚管坯试验获得的开裂压力与式(10.9)计算值的比较。由图 10.10(a)可见，用式(10.9)计算的开裂压力与试验吻合较好。式(10.9)不仅适用于钢管，还适用于铝合金和铜合金管坯。

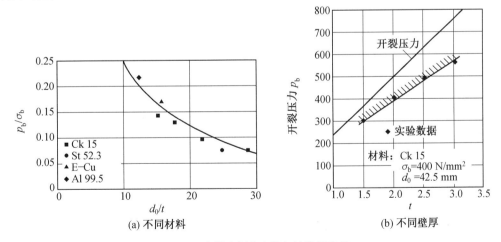

图 10.10　开裂压力试验值与计算值比较

6. 成形极限

可以采用极限胀形系数来反映管材内高压成形极限。极限胀形系数 η_{max} 是内高压成形的一个重要参数，如下式：

$$\eta_{max} = \frac{d_{max}}{d} \qquad (10.10)$$

式中　d_{max}——零件胀破前允许的最大胀形外径;

d —— 管坯外径。

对于无轴向进给的自由胀形或最终阶段的整形,其极限胀形系数主要受管坯环向伸长率的限制。常用材料自由胀形的极限胀形系数 η_{max} 列于表 10.4。

表 10.4　管坯自由胀形的极限胀形系数 η_{max}

材料	厚度/mm	η_{max}
不锈钢 1Cr18Ni9Ti	0.5	1.26~1.32
	1.0	1.28~1.34
低碳钢 08F, 10, 20	0.5	1.20
	1.0	1.24
铝合金 LF21M	0.5	1.25
黄铜 H62, H68	0.5~1.0	1.35
	1.5~2.0	1.40

在内高压成形时,由于轴向补料作用,极限胀形系数 η_{max} 将会大幅提高。试验获得极限胀形系数 η_{max} 一般为 1.8~2.0。

影响极限胀形系数的主要因素是管坯的延伸率和硬化指数,此外壁厚和最大胀形部位也有一定的影响。延伸率越大,破裂前的允许的变形程度越大,则极限胀形系数越大。硬化指数越大,应变硬化能力强可促使变形区应变分布趋于均匀,同时还可以提高材料的局部变形能力。不锈钢的极限胀形系数要大于铝合金。最大胀形量的位置对极限胀形系数也有较大影响,最大胀形处位于工件两端,容易补料,可以获得较大的极限胀形系数;最大胀形处位于工件中部,不容易补料,极限胀形系数相对较小。一般来讲,管壁厚度增大,极限胀形系数有所增大,但幅度较小。实际生产中,主要利用极限胀形系数进行管件结构的设计或材料选取,使各个位置的实际胀形系数不能高于对应的极限胀形系数。

10.1.8　内高压成形在汽车构件制造中的应用

汽车底盘结构件种类繁多,形状复杂,强度、刚度要求高。以往经常采用先冲压成两个或多个半片,再进行焊接制造。采用内高压成形可利用管材制造复杂变截面件,具有零件数量少、模具费用低、零件强度高、刚度高,尤其疲劳强度高等优点。

图 10.11 所示为自主品牌轿车副车架零件几何形状。该件是典型的封闭空心变截面构件,轴线为三维空间变化的曲线,截面沿轴线变化复杂,具有多个不同形状和尺寸的截面,形状包括矩形截面、梯形截面、多边形截面等,无法采用传统的冲焊工艺整体制造。

副车架的内高压成形工艺过程一般包括以下几道主要工序:CNC 弯曲、预成形、内高压成形和液压冲孔,如图 10.12 所示。

弯曲工序是将管材弯曲到轴线与零件轴线形状相同或相近。由于副车架零件轴线多为复杂空间曲线,为了保证弯曲件精度,需要采用 CNC 弯曲。弯曲工艺的关键问题是控制外侧减薄和内侧起皱,同时要掌握回弹量控制。外侧减薄主要通过在绕弯的同时在轴

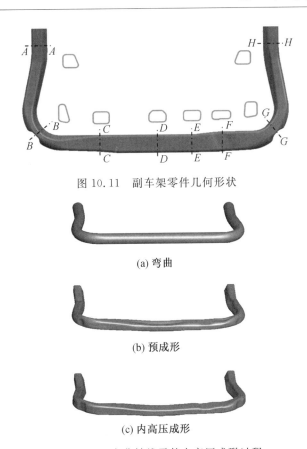

图 10.11　副车架零件几何形状

(a) 弯曲

(b) 预成形

(c) 内高压成形

图 10.12　弯曲轴线零件内高压成形过程

向加上推力抑制轴向拉伸变形以防止过度减薄,如果外侧减薄严重,在较低压力下就会引起角部开裂,导致整个零件无法成形。

如果零件的横截面比较简单,预弯以后可以直接进行内高压成形。对于形状和尺寸相差较大的复杂截面零件,很难直接通过内高压成形获得最终的零件,一般需要预成形工序。预成形是内高压成形工艺中最关键的工序,预成形管坯形状是否合理直接关系到零件的形状和尺寸精度及壁厚分布。预成形不仅要解决将管坯顺利放到终成形模中的问题,更重要的是通过合理截面形状预先分配材料,以控制壁厚分布、降低成形压力,并避免终成形合模时在分模面处发生咬边形成飞边。

由于零件不同部位的截面形状不同,需要预成形的截面形状也不同,因此预成形件设计非常困难,目前还没有一般的设计准则。通常做法是首先针对典型截面采用二维数值模拟方法,设计不同截面预制坯形状,根据典型截面结果集合成三维预制坯形状,然后进行三维全尺寸零件内高压成形数值模拟,再通过工艺试验调整预制坯形状。

预成形管坯放到终成形模具内,通过冲头引入高压液体加压,使管坯产生塑性变形成形为设计的零件。在内高压成形中,如果预成形坯形状不合理,减薄主要发生在圆角与直边过渡区域,造成最小壁厚不满足设计要求,甚至开裂。

零件壁厚分布是内高压成形件的一个重要指标。零件直段部分的壁厚分布比较均匀,平均减薄率在 5% 左右。但在拐角段,弯曲导致拐角外侧的壁厚减薄而内侧增厚,内高压成形件最小壁厚位于零件的拐角外侧,减薄率为15％,最大壁厚位于拐角段内侧,增厚率为16％,如图10.13所示。

$$\begin{array}{l}mm\\1.45\\1.54\\1.62\\1.71\\1.79\\1.88\\1.96\\2.05\\2.13\\2.21\\2.30\end{array}$$

图10.13　副车架壁厚分布

10.2　高强钢板热冲压成形

热冲压成形是20世纪90年代国际钢铁企业、汽车制造业等部门共同针对高强度钢板的研究开发和生产,为适应汽车工业对高强度钢板的需要,在欧洲率先发展起来的一项高强钢板先进成形技术。

10.2.1　热冲压的工艺原理

热冲压成形工艺就是利用金属板材在高温状态下,其塑性和延展性会迅速增加,屈服强度迅速下降的特点,通过冲压模具使零件成形的工艺。采用热加工的方法,将初始强度为500～600 MPa的钢板加热到奥氏体温度范围,使之奥氏体并均匀化,如对C的质量分数为0.2％的钢板来说,必须加热到850 ℃以上,然后钢板在压力机上冲压成所需形状,并进行快速冷却,保压一段时间以保证充分淬透,最后零件随室温冷却,热成形后零件的强度可以达到1 500 MPa左右,强度提高了250％以上,因此该项技术也被称为"冲压硬化"技术。

热成形可使板料成形时的流动应力降低、提高板料的成形性、降低成形件的回弹,并且降低所需设备的吨位。热成形工艺主要针对一些强度高、塑性差以及形状复杂等难成形的金属板料。但是为了防止热加工导致板料的强度降低,热成形方法必须辅以合适的热处理手段,主要是在冲压的过程中,板料与凸凹模接触而淬火,必须控制冷却速度以获得希望得到的微观组织结构马氏体,使零件得到最佳力学性能。图10.14给出了其成形工艺,即热冲压成形过程中板料组织转变过程。

和一般热处理不同,热冲压具有其显著的特点:

(1)通过保压淬火以得到较高尺寸精度的零件(一般车身零件装配面的公差要求在±0.5 mm范围之内)。

(2)热冲压需要一定的冷却速度以充分得到马氏体组织。图10.15所示为硼钢的CCT曲线,如果冷却速度太慢,则会出现马氏体和贝氏体的混合组织,零件的强度往往不能达标;如果冷却速度太快,则零件的延伸率往往不能达标。

(3)需要相对均匀的冷却速度,以获得相对均匀一致的金相组织和应力场分布,确保零件在出模以后有较好的形状稳定性和较小的残余应力。

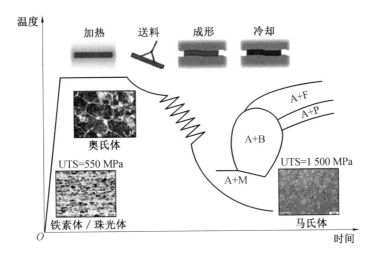

图 10.14　热冲压成形工艺原理

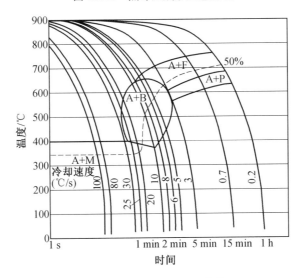

图 10.15　硼钢的 CCT 曲线

10.2.2　热冲压的工艺分类

高强钢板热冲压可分为直接式热冲压(direct hot stamping)和间接式热冲压(indirect hot stamping),两种形式示意图如图 10.16 所示。直接式热冲压是将板料在加热炉中加热并保温一定时间,待板料充分奥氏体化后在压力机上进行冲压,冲压结束后施加一定的保压力,使板料与模具充分接触传热的过程;间接式热冲压是将板料首先进行一部分预成形,然后将预成形板料加热,传递到压力机上进行矫形或成形的过程。根据成形件特点和要求,两种热冲压形式在实际生产中均有应用。

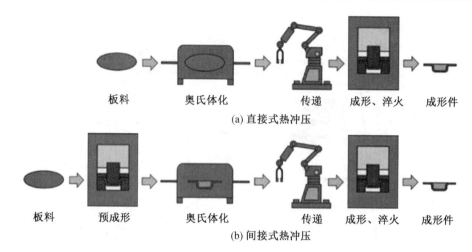

(a) 直接式热冲压

(b) 间接式热冲压

图 10.16　热冲压两种形式

10.2.3　热冲压的应用范围

热冲压工艺主要适用于制造车身安全结构件,典型的热冲压车身零件有前、后门左右防撞杆(梁)、前、后保险杠、A 柱加强板、B 柱加强板、C 柱加强板、地板中通道、车顶加强梁等,图 10.17 所示为车身中典型的热冲压零件。例如,在一汽大众生产的迈腾 3.2 L V6 车身结构中,70%以上采用了高强度钢板,其中热成形钢板为 16%,主要用于上边梁、中柱及部分底梁。

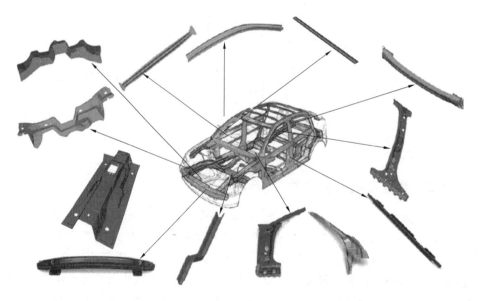

图 10.17　汽车上典型热冲压零件

热冲压还可以应用在农业、矿山机械领域,以提高主要工作部件的硬度和耐磨性。热冲压技术还可以应用在防弹车、防爆盾牌、野外营房防护钢板的制造上,既可以实现轻量化,又可以实现更高的强度。

10.2.4　热冲压的技术特点

热冲压在成形方面的技术优势主要有：

(1)显著降低压机数量和吨位。基本上 800 t 的高速压机就能满足 90％以上典型车身热冲压零件的成形需求,一台 1 200 t 的高速压机就能满足所有典型车身热冲压零件的成形。

(2)提高零件的冲压成形性。尽管热冲压的摩擦因数是冷冲压的 3～4 倍,但由于其是在高温下下冲压成形,钢板屈服强度较低,成形性比同等强度钢板冷冲压要好得多。

(3)提高零件的尺寸精度。对于热冲压而言,回弹相对要小得多,而且也相对好控制,一旦调整好以后,原板性能的波动对最终零件尺寸精度的影响就不敏感了。

(4)模具开发周期短。热冲压模具的开发调试周期一般在 4～5 个月。

热冲压零件在服役性能上的优势主要表现在：

(1)提高零件的碰撞性能。

(2)实现最大程度的减薄高强。

(3)提高零件的硬度和耐磨性。

(4)借助车身结构的优化,可以有效控制(乃至降低)综合制造成本。

热冲压的劣势主要表现在以下几个方面：

(1)需要采用专用钢板材料。一般而言,冷冲压适用的钢板种类比较多,如 IF 钢、DP 钢、QP 钢、TRIP 钢、CP 钢等,而热冲压只能采用硼钢。

(2)热冲压生产节拍较慢。受制于加热及其保压淬火的需要,常见的生产节拍在每分钟 3～5 个冲程之内。

(3)热冲压能耗较大。热冲压需要对钢板从室温加热到 900 ℃ 左右,并支持连续生产,因此需要大功率的加热炉(装机功率通常在数百 kW 以上)。

(4)热冲压质量影响因素多。热冲压零件成形质量的影响因素较一般冷冲压要多得多,如加热温度、保温时间、保压力、保压时间、外部冷却水入口温度、水压等。要得到高质量的热冲压零件,必须对这些因素进行优化,并通过长期生产积累影响因素与质量的关系。

(5)需要激光切割进行切边冲孔。热冲压以后的零件其抗拉强度一般在 1 500 MPa 以上,依靠传统的利用压机和模具进行切边冲孔技术难度很大,往往需要激光切割来离散地进行切边冲孔,生产效率低,成本高。

(6)检测内容多。对于热冲压零件,除了冷冲压零件的检测要求以外,还要额外进行诸多内容的检测,不少还是零件破坏性检测,如金相组织、断面硬度、力学性能、脱碳层厚度等。

10.2.5　热冲压在车身 B 柱成形中的应用

1.零件设计

图 10.18 所示为典型 B 柱的热冲压工艺,和传统冷冲压工艺相比,压边圈尺寸明显变小了,而且采用局部活料芯来控制起皱。正确的热冲压工艺设计,必须考虑实际量产

情况。

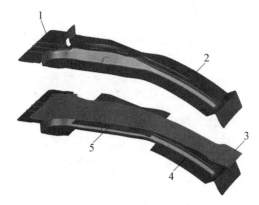

图 10.18   典型 B 柱的热冲压工艺
1—活料芯;2—凹模;3—板料;4—凸模;5—压边圈

热冲压成形性和温度、应变速率是密切相关的,图 10.19 所示为通过反复试验获得的硼钢在不同温度、不同应变速率下的真实应力—应变曲线。

对钢板热冲压而言,摩擦因数是一个非常重要的输入参数。不同冲压温度、不同镀层材料、不同模具表面状态,热冲压摩擦因数也有差异。一般而言,钢板热冲压的摩擦因数在 0.3~0.6 之间。

高温成形极限是判断热冲压开裂失效的重要依据,目前还没有特别成熟可靠的试验方法和数据。热冲压是否开裂,需要借助于减薄率分析,并和已有案例数据库进行对比。

总体而言,热冲压零件设计,需要遵守以下通用规范:

(1)拉延深度:要求尽量控制在 70 mm 以内,具体需要根据零件尺寸大小和厚度确定。

(2)反向翻边:尽量避免反向翻边结构。

(3)垂直翻边孔:尽量避免,确实需要设计,其翻边高度不宜太高,控制在 10 mm 以内。

(4)局部凸台:凸台的高度与圆角半径和侧壁斜度有关,为了保证成形性,尽量凸台高度控制在 5 mm 以下,并且以上圆角半径大于 3 mm,下圆角半径大于 5 mm,侧壁角度大于 10°为宜。

(5)切边角度:与高强钢切边一样,钢板厚度与切边角度相关,尽量能控制在 10°以内为宜。

(6)零件起皱会严重影响热冲压模具寿命,因此,控制零件起皱是设计考虑的重要因素,热冲压与冷冲压不同,不能用过多的吸皱筋以及凸台、凹坑等局部特征来控制起皱。

(7)零件整体过渡平缓,不要有急剧变化的特征。

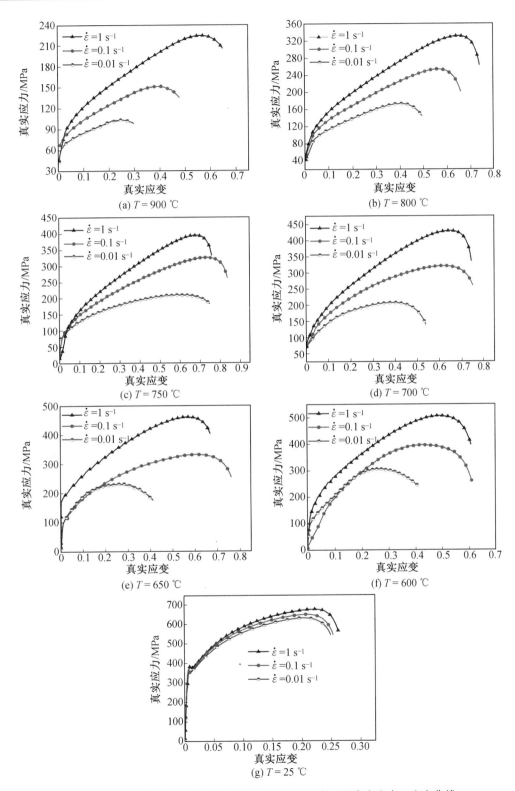

图 10.19　热冲压钢板在不同变形温度、不同应变速率下的真实应力-应变曲线

2. 热冲压模具设计

（1）考虑成形性、热胀冷缩效应和回弹补偿的工艺、型面设计。即根据热冲压 CAE 分析确定其工艺，考虑热冲压热胀冷缩效应给予 0.2% 的补偿，再根据零件外形特征给予相应的回弹补偿，以此来最终确定模具型面。

（2）镶块的合理分块。热冲压模具需要分块以保证冷却足够而且均匀，并且具有良好的可制造性。镶块分块总体原则如下：

①所钻的孔尽可能均匀逼近模具型面。

②单个镶块起吊、安装方便。

③模具钢加工量尽可能少。

④便于局部调整。

⑤对于易磨损镶块，其尺寸尽可能小。

（3）冷却回路设计。对于冷却回路，又有三个关键因素，即冷却孔的直径、距模具型面的距离、冷却回路的总体走向。

对于冷却孔的直径，既要考虑均匀足够的冷却效果，又要考虑钻孔的可行性，一般在 6～20 mm 范围内。

对于距模具型面的距离，理论上说，冷却孔越靠近模具型面，冷却效果就好，但模具的强度就变差。可以通过模具强度 CAE 分析和保压淬火 CAE 分析对冷却孔的直径和模具型面的距离这两个关键要素进行相应的优化，取得冷却效果和模具强度的最佳匹配。

对于冷却回路的总体走向，要综合考虑均匀、足够的冷却效果和有效防止冷却水泄漏这两方面的需要。图 10.20(a)是行业内常用的冷却回路的总体走向（上下通水式），这种冷却回路设计对防止冷却水泄漏比较有效，但在均匀、足够的冷却效果方面，效果较差。镶块交界处，有 40 mm 左右的区域模具型面没有冷却水通过。图 10.20(b)是另一种常见的冷却回路，也即直通式冷却回路。这种冷却回路冷却效果好，但镶块之间容易发生泄漏缺陷，镶块之间必须强有力缩紧。

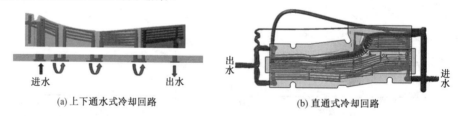

(a) 上下通水式冷却回路　　　　　(b) 直通式冷却回路

图 10.20　上下通水式冷却回路

图 10.21 所示为典型 B 柱热冲压模具三维模型，值得注意的是，为了避免氧化皮累积在模具上，需要凸模在下，凹模在上。图 10.22 所示为典型 B 柱热冲压模具二维装配模型及其关键部件名称。

(a) 三维装配模型　　　　(b) 下模三维模型　　　　(c) 上模三维模型

图 10.21　典型 B 柱热冲压模具三维模型

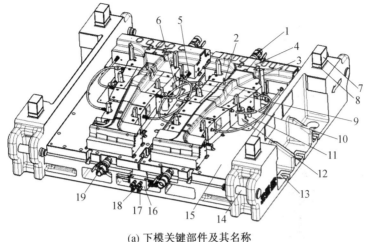

(a) 下模关键部件及其名称

1—进水快速接头；2—定位针；3—靠山；4—凸模镶块；5—外接水管接头；6—外接水管；7—运输保护垫块；8—合模块；9—压边镶块；10—限位螺钉；11—压边安装座；12—压边间隙调整块；13—压板槽；14—起吊棒；15—下模镶块安装垫板；16—液压快速接头安装块；17—液压快速接头（公）；18—液压快速接头（母）；19—出水快速接头

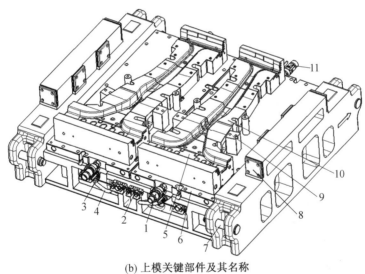

(b) 上模关键部件及其名称

1—进水快速接头；2—氮气表；3—活料芯外接水管接头；4—外接水管；5—活料芯镶块；6—上模镶块安装垫板；7—起吊棒；8—模座导板；9—压边间隙调整块；10—凹模镶块；11—出水快速接头

图 10.22　典型 B 柱热冲压模具二维装配模型及其关键部件名称

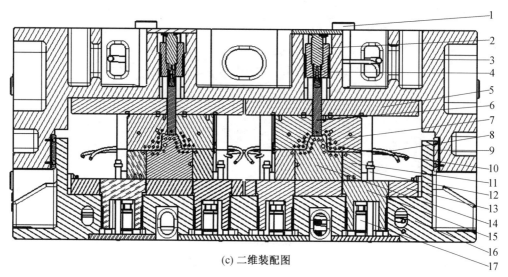

(c) 二维装配图

1—锁模块；2—活料芯氮气缸；3—上模座；4—活料芯安装座；5—上模镶块安装垫板；6—活料芯镶块；7—凹模镶块；8—外接水管；9—模座导板；10—内部水管；11—压边镶块；12—压边限位螺钉；13—下模镶块安装垫板；14—凸模镶块；15—压边安装座；16—下模座；17—压边氮气缸

续图 10.22

10.3　钛合金板材热成形

10.3.1　热成形原理

钛及钛合金(以下简称钛合金)板材热成形,即钛合金板材加热冲压,简称钛合金热成形,是指将钛合金毛料加热到一定温度$[(0.3\sim0.5)T_{熔点}]$,材料出现软化现象(图10.23),冲压变形硬化与组织回复再结晶处于动态平衡状态,在温度场、应力场、应变场及时间因素的共同作用下,产生应力松弛、蠕变成形及塑性变形,最终获得高精度、高质量钛合金零件的一种成形方法。钛合金板材热成形分为:加热成形、热校形、加热状态下一次热成形兼热校形三种成形方式。

加热成形,即预成形,是指将毛料加热到适宜温度,再冲压成形的一种成形方法。在预成形时,毛料可以不加热在室温下成形,也可以在加热状态下成形,但毛料加热温度相对较低、成形时间相对较短;模具可以不加热在室温下使用,也可以在预热状态下使用;仅以获得零件基本形状为目标,零件材料变形量相对较小。因为预成形加热方式、成形方式和变形量等限制,钛合金板材热成形零件的内部残余应力较大、形状和尺寸精度较低且存在开裂倾向,存在一定潜在使用风险。

通常,钛合金板材热成形零件需要后续热校形及热处理。热成形包括闸压、落压、胀形、旋压、超塑、翻边、拉深、拉弯、滚弯、拉型等成形方式。热校形,是指利用带有精确间隙的耦合模具,在更高温度、更高压力、更长时间条件下,对预成形的钛合金钣金零件实施二次热成形,以降低材料内部残余应力、减少变形回弹、提高形状尺寸准确度,使钛合金零件

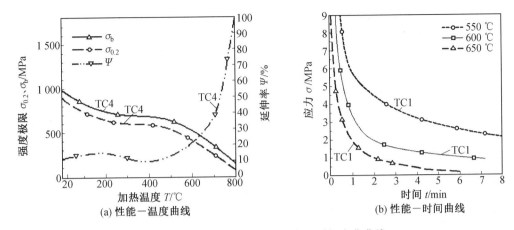

图 10.23　TC1 和 TC4 性能随温度和时间变化曲线

尺寸精度和性能满足设计使用技术要求。钛合金板材热校形要求适宜的温度、压力及持续时间,三者缺一不可、任一不适宜不可。对一些形状比较简单的钛合金零件的预成形件,可以利用专用夹具、加热装置或热处理炉对其进行热校形。

热成形兼热校形,是指在钛合金板材热成形的同时进行并完成热校形,即在同一个热循环环境、同一台成形设备、同一套偶合成形模具、两个连续时间段中依次完成热成形和热校形,既达到热成形和热校形的综合效果,又节省了部分模具、减少部分热循环及其危害、降低了热成形成本。与钛合金板材热校形要求相同,热成形兼热校形要求适宜的温度、压力及持续时间,三者俱宜方可。通常,对于一次成形能够完成热成形的零件,适宜采用这种热成形兼热校形方式。一般所说的热成形多指该热成形方式。

10.3.2　热成形特点

热成形显著改善了钛合金板材成形性能、减少了钛合金板材变形回弹、提高了钛合金零件成形精度与质量,是一种有效的钛合金板材成形手段。但同时也增加了一些特殊要求、辅助工序与成本。热成形的优缺点如下:

1. 热成形优点

(1)屈服强度、抗拉抗压强度及变形抗力减小。

(2)塑性和延展性提高,变形破裂倾向减小。

(3)抗压失稳起皱性能增强,拉深性能改善。

(4)热成形工艺性明显改善,零件复杂程度提高。

(5)变形回弹量小、成形精度高、形状尺寸稳定。

(6)内部残余应力小、零件开裂风险基本消除。

2. 热成形缺点

(1)加热氧化,产生表面氧化皮、富氧层和污染层。

(2)加热吸氢,加剧氢脆风险。

(3)加热时间过长,晶粒长大和性能降低趋势增加。

(4)成形设备复杂,新增加热、温控、隔热及冷却系统。

(5)模具限制多,材料必须具备一定的高温强度、硬度、抗氧化与生长性等;结构不能过于复杂,尺寸和质量不宜太大。

(6)辅助工序多,增加了防氧化保护、去氧化皮与污染层、除氢等工序。

10.3.3　热成形应用

钛合金相对密度小、强度大、比强度高(表 10.5)、耐腐蚀、耐热且耐低温、生物相容性好,已经成为重要航空航天材料——太空材料,被誉为第三金属、现代金属、战略金属、太空金属、海洋材料、生物材料,被广泛应用于航空航天、化工、船舶、核电、兵器、冶金、能源、汽车、生物、医疗、体育、建筑等领域,其应用领域和数量日益扩大。

表 10.5　常见金属合金比强度

序号	材　料	热处理状态	拉伸极限 σ_b /MPa	相对密度 ρ /(g·mm^{-3})	比强度 σ_b/ρ
1	镁合金	热处理强化	245~275	1.7	15~16
2	铝合金	热处理强化	491~589	2.8	18~20
3	合金结构钢	热处理强化	1 275~1 472	7.9	16~19
4	高强度结构钢	热处理强化	1 570~1 766	8.0	20~23
5	$\alpha+\beta$ 型钛合金	退火或热处理强化	1 030~1 177	4.5	23~27
6	可热处理钛合金	热处理强化	1 275~1 373	4.5	27~29

常温钛合金板材屈服强度高,变形抗力大,屈强比大,均匀延伸率和断面收缩率低,塑性变形范围窄,单次变形量小;弹性模量小,模屈比小(弹性模量与屈服强度比值),变形回弹大且不均匀;弯曲性能差,受压稳定倾向大,易起皱和破裂;冷作硬化倾向大,对变形速度敏感度高,摩擦易冷焊和黏结,切口、缺口和其他表面缺陷敏感性高,易开裂、表面易擦伤;各向异性严重等。上述问题导致钛合金板材常温冲压成形十分困难。

加热状态[$(0.3\sim0.5)T_{熔点}$]钛合金板材成形性能明显改善,强度下降,变形抗力减小,塑性增大(但是某些钛合金如 TA2、TC1、TC4 等在 285~455 ℃塑性下降,如图 10.23 所示);抗失稳起皱性能增强,回弹变小,缺口敏感性降低,成形性显著提高。如 TC4 板材 750 ℃变形抗力降低 65%、延伸率增加 300%,成形性能良好。

钛相对密度 4.5,比钢轻 41%,比强度约 27(表 10.5),几乎居各主要常用金属材料之首,是一种重要的战略资源。国外,自 20 世纪 40 年代成功提炼钛、获取海绵钛,20 世纪 50 年代随着钛合金在航空航天以及军事上的应用,钛合金板材热成形技术也在飞速发展,并迅速进入工程化应用阶段,被广泛应用于众多工业领域。国内钛合金板材热成形技术在飞机、航空发动机、导弹、航天器、舰艇等方面的部分应用见表 10.6、图 10.24。

表 10.6　国内钛合金热成形技术应用情况

序号	应用领域	零件类型
1	飞机	蒙皮、梁、框、口盖等
2	发动机	叶片、护罩、导管
3	导弹	壳体、舵面、整流罩、内部钣金件等
4	航天器	储箱、喷嘴、燃烧室壳体、支架等
5	舰艇	船体、声呐导流罩等

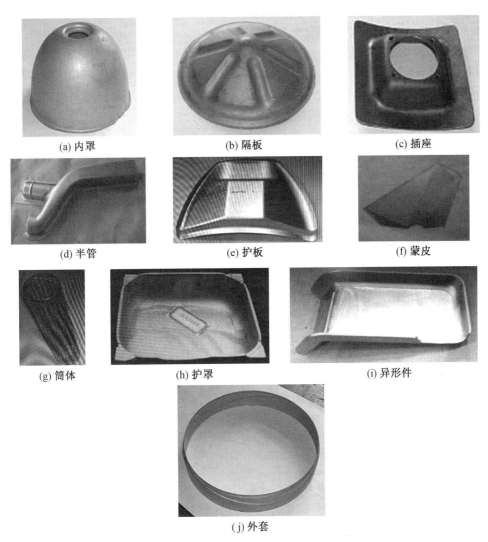

(a) 内罩　　　　　(b) 隔板　　　　　(c) 插座

(d) 半管　　　　　(e) 护板　　　　　(f) 蒙皮

(g) 筒体　　　　　(h) 护罩　　　　　(i) 异形件

(j) 外套

图 10.24　热成形钛合金板材零件

10.3.4　热成形钛合金板材种类

钛合金在这里是指钛和钛合金,钛合金板材即钛板材和钛合金板材。钛合金依据其退火状态的显微组织特征分为 α 相合金(也称 α 型,用符号 TA 表示)、β 相合金(也称 β 型,用符号 TB 表示)及 α+β 两相合金(也称 α+β 型,用符号 TC 表示)三类。α 型合金为密排六方晶格,属于低温相;β 型合金为体心立方晶格,为高温相。

α 型钛合金,主要以 α 相稳定元素如氧、氮、碳、铝、锡等为合金元素,室温为 α 单相组织,不能通过热处理强化,只能退火处理,如 TA1、TA2、TA7 等。α 型钛合金还可以细分为全 α 合金、α-Ti 基合金(包括近 α 合金、超 α 合金)、α+化合物合金。α-Ti 基合金含少量(小于 2%)β 相,但保持 α 合金的主要特征。

β 型钛合金,含有一定数量 β 相稳定元素如能够无限溶入的钼、铌、钒、钽以及有限固溶的铬、铁、锰、镁等合金元素,如 TB1、TB2 等。β 型钛合金均为加热到 β 相区固溶处理,将 β 相保留下来,室温时得到介稳定的 β 单相组织。固溶处理之后通过时效处理强化,即 β 型钛合金可以热处理强化。β 型钛合金也可以划分为热稳定合金和可热处理 β 合金,可热处理 β 合金进一步细分为亚稳定合金和近 β 合金。与 α-Ti 合金类似,也有 β-Ti 合金,包括近 β 合金、超 β 合金。

α+β 型钛合金,经过退火处理后由 α 相和 β 相组成,固溶处理之后通过时效处理强化,即 α+β 型钛合金可以热处理强化,但强化效果不如 β 型钛合金,如 TC3、TC4 热处理强化效果有限,不推荐热处理强化。此外,TC1 和 TC2 不能热处理强化。

不能热处理强化的钛合金唯一的热处理方式是退火,工序间退火以恢复材料塑性,最终退火以消除材料内部残余应力。

钛合金板材热成形应用较多的钛合金牌号主要有 TA15、TC1、TC2 和 TC4 等,其特性及应用情况见表 10.7。

表 10.7　国内常用热成形钛合金板材、特性及应用

牌号	类型	特性	应用范围
TA15	α 型	具有中等的室温和高温强度、良好的热稳定性和焊接性能,工艺塑性稍低于 TC4。长时间(3 000 h)工作温度可达 500 ℃,瞬时(不超过 5 min)可达 800 ℃。450 ℃以下工作时,寿命可达 6 000 h。热成形加热温度一般为 680~780 ℃	可用于制造飞机结构和航空发动机中的各种承力构件
TC1	α 型	具有良好的工艺塑性、焊接性能和热稳定性,长时间工作温度可达 350 ℃,一般在退火状态下使用,不能采用固溶时效处理进行强化。热成形加热温度一般为 550~650 ℃	可用于制造飞机结构和航空发动机中的各种板材冲压成形零件及蒙皮等

续表 10.7

牌号	类型	特性	应用范围
TC2	α 型	具有较好的工艺塑性、焊接性和热稳定性,长时间工作温度可达 350 ℃,短时间使用温度为 750 ℃,不能进行热处理强化,只在退火状态下使用。热成形加热温度一般为 550～650 ℃	可用于制造飞机和发动机中的各种板材冲压成形零件与焊接零件等
TC4	α+β 型	具有良好的工艺塑性和超塑性,适合于各种压力加工成形。长时间工作温度可达 400 ℃,主要在退火状态下使用,也可以采用固溶时效处理进行一定的强化。热成形加热温度一般为 650～750 ℃	可用于制造发动机的风扇和压气机盘及叶片,以及飞机结构中的梁、接头和隔框等重要承力构件

10.3.5　钛合金板材热成形主要工艺参数

钛合金板材热成形工艺主要影响因素有温度、压力、速度、时间、摩擦等,它们与材料塑性密切相关,直接决定着零件的成形质量。

1. 温度

温度是钛合金板材热成形最重要的工艺参数。合理的加热温度可使钛合金板材软化、最大变形程度增加、变形抗力降低、零件成形准确度提高,热成形温度与钛合金种类、工序形式、变形程度及成形精度等密切相关,应结合钛合金板材温度-性能曲线、温度-组织演变(如晶间腐蚀、氢脆、氮化、脱碳等)规律等合理选择钛合金板材热成形温度。如一些钛合金,300～500 ℃塑性降低,自 500 ℃以后塑性逐步增加,但 800～850 ℃容易产生氧化、吸氢、晶粒长大、组织变化等不利现象。

2. 压力

成形压力大小依照热成形模具完全合模为原则。合模之后骤然大幅升高的压力无必要而且往往有害,应尽量选用成形温度下所需成形压力的最小值,既满足热成形需要,又可避免工装模具甚至设备平台变形,同时也节约设备资源。

3. 速度

变形速度对钛合金板材塑性影响较为复杂(图 10.25)。随着变形速度增加,钛合金板材塑性呈现先降(Ⅰ区间)后增(Ⅱ区间)的抛物线式变化特点,而且塑性-变形速度曲线及其转折拐点随温度变化。较低温度热成形时,塑性有限是钛合金板材成形的主要问题,较低压制速度可以提高材料塑性和提高零件成形质量。在中、高温热成形时,复杂形状钛合金零件适当控制变形速度有助于其热成形,大变形量热成形必须严格控制钛合金变形速率;通常,中、高温热成形时,表面污染成为钛合金板材成形主要问题,提高压制速度、缩短成形时间,从而降低零件表面污染层厚度。

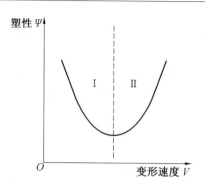

图 10.25　TC4 钛合金板材塑性－变形速度曲线示意图

4. 时间

热成形时间在热成形温度和压力足够而且已经完全合模的条件下,决定成形零件的精度与质量,足够的时间是钛合金板材热成形零件形状尺寸精度、成形质量和使用性能的保证。与热成形速度的要求一样,在满足钛合金板材热成形需要的前提下,时间越短越好。此外,热成形时间应考虑零件结构形式和变形程度,一般开式(相对闭合式)零件和变形程度小的零件热成形时间要稍长一些。

5. 摩擦

摩擦是影响塑性变形的重要因素之一,对钛合金板材热成形弊大于利。摩擦易致不均匀变形产生内应力降低材料塑性,易引起工件表面划伤等,具有降低表面质量、增加变形力与功耗而加速模具磨损等缺点。润滑、降低表面粗糙度、增大凹模圆角半径等有利于减少摩擦。

10.3.6　钛合金板材热成形缺陷

钛合金板材热成形主要缺陷有以下几种。

1. 褶皱

钛合金板材受压稳定性只有钢或铝的一半左右,极易产生褶皱,如拉深工艺凸缘区域,因热成形温度偏低、变形速度偏大、压边力设置不合理等会引起失稳褶皱。另外,零件变形区域金属流动不均匀,也会出现褶皱。

2. 破裂

热成形过程中当变形力或变形量超过的相应极限时,钛合金板材则会发生破裂。同种材料成形极限与变形温度、应变速率等有关。通常,破裂因应变速率较大即成形速度较快所致;钛合金板材拉深成形时,破裂也会因压边力过大、润滑不佳、毛料偏大、凹模圆角过小等导致变形力过大而产生。

3. 翘曲

热成形过程中,当热成形工艺参数选取和实际操作不当时,钛合金板材零件便会出现翘曲现象,与热成形零件内部存在较大残余应力、热态刚度差、冷却不均匀等因素有关。通常通过预成形后热校形或热处理兼热校形等途径消除热成形零件翘曲;此外,改进钛合金板材热成形操作,如保形取件、合理支撑及均匀冷却等均有利于避免钛合金热成形零件翘曲。

4. 啃伤

热成形过程中,因模具型面配合面多、配合间隙修配不均、安装误差大、加热温度不均匀及操作不当等因素极易在钛合金零件上产生啃伤、挤伤,往往导致零件报废。

10.3.7 钛合金热成形在薄壁内罩成形中的应用

钛合金薄壁内罩件外形尺寸如图 10.26所示,外形为回转抛物面,壁厚 0.8 mm,属于薄壁钣金件,TC1 钛合金材料,成形过程中悬空区域易失稳起皱。

1. 工艺方案

钛合金整流内罩热成形采用热拉深、热翻边和热校形三者合一的工艺方法。

2. 热压模具

钛合金薄壁内罩热压模具如图 10.27 所示,偶合形式,自身回转型面自动导向。

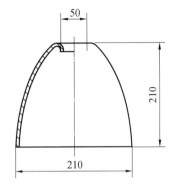

图 10.26 钛合金薄壁内罩外形尺寸

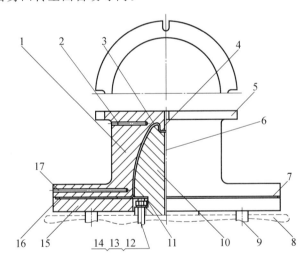

图 10.27 钛合金薄壁内罩热压模具

1—凹模;2—热电偶孔;3—工件;4—凹模排气孔;5—凹模台;6—凸模排气孔;7—平板毛坯;8—加热平台(下);9—顶料杆;10—凸模;11—凸模槽口;12—螺栓;13—垫片;14—螺母;15—压边圈;16—毛料槽;17—热电偶孔

3. 热压校形

钛合金薄壁内罩板材毛料直径 ϕ690,热压工艺参数:成形温度(630±10) ℃时,设备压力 20 t,保温保压 15 min。热压校形工艺流程:下料(圆形板材毛料)→打磨毛边→清洗并晾干→表面涂抗氧化涂料并晾干→表面涂润滑剂并晾干→加热至成形温度→热拉深校形→切边并打磨→清洗→吹砂或酸洗去氧化皮→检验等。热压成形钛合金薄壁内罩如图 10.28 所示。

图 10.28　热压成形钛合金薄壁内罩

参 考 文 献

[1] 李春峰.金属塑性成形工艺及模具设计[M].北京:高等教育出版社,2009.

[2] 李硕本.冲压工艺学[M].北京:机械工业出版社,1982.

[3] 胡世光,陈鹤峥,李东升,等.钣料冷压成形的工程解析[M].2版.北京:北京航空航天大学出版社,2009.

[4] 肖景容,姜奎华.冲压工艺学[M].北京:机械工业出版社,1999.

[5] 李硕本,李春峰,郭斌,等.冲压工艺理论与新技术[M].北京:机械工业出版社,2002.

[6] 杨玉英.大型薄板成形技术[M].北京:国防工业出版社,1996.

[7] 梁炳文.板金成形性能[M].北京:机械工业出版社,1999.

[8] 吴诗惇,李淼泉.冲压成形理论与技术[M].西安:西北工业大学出版社,2012.

[9] 卢险峰.冲压工艺模具学[M].3版.北京:机械工业出版社,2018.

[10] 姜奎华.冲压工艺与模具设计[M].北京:机械工业出版社,2011.

[11] 邓陟,王先进,陈鹤峥.金属薄板成形技术[M].北京:兵器工业出版社,1993.

[12] 王传杰,张鹏.板材成形性能与塑性失稳理论[M].哈尔滨:哈尔滨工业大学出版社,2021.

[13] 夏巨谌.金属材料精密塑性加工方法[M].北京:国防工业出版社,2007.

[14] BANABIC D. 金属板材成形工艺:本构模型及数值模拟[M]. 何祝斌,林艳丽,刘建光,译. 北京:科学出版社,2015.

[15] MARCINIAK Z, DUNCAN J L, HU S J. Mechanics of sheet metal forming[M]. England:Butterworth-Heinemann,2002.

[16] 郭斌,郎利辉.锻压手册(第2卷 冲压卷)[M].4版.北京:机械工业出版社,2021.

[17] 苑世剑. 现代液压成形技术[M].2版.北京:机械工业出版社,2017.

[18] 曾元松.航空钣金成形技术[M].北京:航空工业出版社,2014.

[19] 林建平,田浩彬,张燕,等.超高强度硼钢板热冲压成形技术[M].北京:机械工业出版社,2017.

[20] 胡平,盈亮,戴明华,等.热冲压先进制造技术[M].北京:科学出版社,2018.